# 山东省煤矿安全双重预防机制建设

## ——山东煤矿安全监察局双重预防机制建设纪实

主　编　王端武　田学起　李　爽

副主编　曹宝琳　张传新　贺　超

中国矿业大学出版社

·徐州·

**图书在版编目(C I P)数据**

山东省煤矿安全双重预防机制建设 ：山东煤矿安全
监察局双重预防机制建设纪实 / 王端武，田学起，李爽
主编. —徐州 ：中国矿业大学出版社，2019.12

ISBN 978 - 7 - 5646 - 4605 - 9

Ⅰ．①山… Ⅱ．①王…②田…③李… Ⅲ．①煤矿—
矿山安全—安全管理—体系建设—山东 Ⅳ．①TD7

中国版本图书馆 CIP 数据核字(2019)第 298506 号

| | |
|---|---|
| 书　　　名 | 山东省煤矿安全双重预防机制建设——山东煤矿安全监察局双重预防机制建设纪实 |
| 主　　　编 | 王端武　田学起　李　爽 |
| 责任编辑 | 黄本斌 |
| 出版发行 | 中国矿业大学出版社有限责任公司 |
| | （江苏省徐州市解放南路　邮编 221008） |
| 营销热线 | (0516)83884103　83885105 |
| 出版服务 | (0516)83995789　83884920 |
| 网　　　址 | http：//www.cumtp.com　**E-mail**：cumtpvip@cumtp.com |
| 印　　　刷 | 虎彩印艺股份有限公司 |
| 开　　　本 | 787 mm×1092 mm　1/16　**印张** 14.75　**字数** 368 千字 |
| 版次印次 | 2019 年 12 月第 1 版　2019 年 12 月第 1 次印刷 |
| 定　　　价 | 48.00 元 |

（图书出现印装质量问题,本社负责调换）

# 《山东省煤矿安全双重预防机制建设》
# 编委会

主　　编：王端武　田学起　李　爽

副 主 编：曹宝琳　张传新　贺　超

参编人员：陈昌一　杨传印　曹文敬　陈新洁

　　　　　虎东成　周　滔　黄　朝　韩世锋

　　　　　张　夏　黄晨晨　赵　亮　许　冉

　　　　　王　超　吴东风　秦　超　丁汉亮

　　　　　王建清

# 前　言

　　双重预防机制是习近平总书记在2015年年底的中央政治局常务委员会会议上首次提出的安全管理方法创新。在会议上,习近平总书记要求必须坚决遏制重特大事故频发势头,对易发重特大事故的行业领域采取风险分级管控、隐患排查治理双重预防工作机制,推动安全生产关口前移。2016年,国务院安全生产委员会(简称"安委会"),各省、直辖市、自治区政府都先后下文要求在所辖范围内开展双重预防机制建设工作。

　　双重预防机制主要是用来遏制重特大事故,通过风险辨识评估提前预知风险,解决"认不清、想不到"的问题;通过风险分级管控控制风险,减少隐患的发生;通过隐患排查及时发现潜在的隐患;通过隐患治理使风险重新回到受控状态,从而避免隐患演变成事故,解决"管不住"的问题。

　　煤炭行业是我国主要的高危行业之一,每次重特大事故的发生都会引起社会的极大关注。安全监管部门对于煤炭行业安全形势的好转起到了重要的保障作用。从统计数据来看,自2000年国家煤矿安全监察机构成立以来,煤矿事故起数、死亡人数、百万吨死亡率等关键指标均呈现出非常明显的下降趋势,2018年百万吨死亡率更是降低到0.1以下,为历史最好成绩。虽然近年来我国煤矿安全生产形势有了明显的好转,但也应该看到煤矿安全形势仍然不能掉以轻心,具体表现为事故起数继续下降难度加大,煤矿重大事故仍时有发生。在这种情况下,虽然双重预防机制是面向企业提出的,以推动企业落实安全生产主体责任,但是政府安全监管部门在这项工作中也不能置身事外。政府监管部门的责任主要体现在两个层面:第一,推动所监管企业的双重预防机制的建设和运行;第二,利用所监管企业的双重预防的信息,创新安全监管方法,提升安全监管效率和效果。

　　2017年7月正式实施的煤矿安全生产标准化中纳入了双重预防机制建设的相关要求,极大地推动了双重预防机制在煤炭行业的应用。虽然各煤矿对于双重预防机制建设非常重视,但是由于双重预防机制理论提出的时间不是很长,与传统的煤矿安全管理方法在思想和具体做法上都有很大的不同,因此很多煤矿在建设双重预防机制过程中面临诸多问题,突出表现为"三个不统一"和"三个两张皮"。

　　(1)理解不统一。一些煤矿对风险、隐患等概念混淆,对具体建设方法、解读、流程等无法达成一致。在开展双重预防机制工作中边探索边建设,无标准可循,工作开展千差万别,管理漏洞百出,不能真正起到防控风险、治理隐患、预防事故的效果。

　　(2)口头、行动不统一。有些煤矿真重视、真落实,双重预防机制工作进展快、水平高、效果好;但也有些煤矿则是口头上重视,行动上忽视,在实际工作中既不布置风险管控任务,也不检查风险管控效果,实际工作进展非常缓慢。

（3）长期、短期运行不统一。双重预防机制是一个长期持续改进的机制，但很多煤矿将其理解成一个短期静态的工作，对风险缺乏动态管控，最终使双重预防机制缺乏生命力。

（4）风险、隐患管控两张皮。很多煤矿在安全生产标准化达标建设过程中，将风险预防和隐患预防作为两个独立专业进行建设，或在煤矿双重预防机制管理信息系统中，风险数据与隐患数据没有关系，造成风险和隐患相互割裂、脱节。风险管控不能为隐患提供防火墙，无法实现"双重预防"的目的。

（5）系统、实际管理两张皮。个别煤矿安装的双重预防机制管理信息系统的流程与企业实际运行的安全管理流程不一致，导致系统与实际管理脱节，煤矿双重预防机制信息管理系统成了摆设。

（6）建设、应用两张皮。煤矿按照各种法规、标准、文件等的要求，设置了机构和人员，建立了各种制度，安装了符合要求的煤矿双重预防机制信息系统，但在实际安全管理中并不遵照执行，为应付检查而建设，不是为了应用而建设，双重预防工作仅停留在纸面上、文件中，没有真正落地。

上述"三个不统一"和"三个两张皮"在很多煤矿中普遍存在，最终导致风险管控责任难以落实、风险管理工作虚化，双重预防机制弱化成隐患排查治理，无法达到将风险管控挺在隐患前面的目的。而这些问题中有些并不是单一煤矿能够有效解决的，需要更高层面的规划。

山东省是我国东部重要的煤炭生产省份，煤矿安全管理一直走在全国前列。面对双重预防机制建设过程中出现的问题，山东煤矿安全监察局勇于担当、主动作为，从顶层规划开始，开展大量细致的工作，逐步推进全省煤矿的双重预防机制建设，并在数据采集的基础上，实现了更加精准的监管，取得了良好的效果。

1. 组织机构顶层设计——成立全省煤矿双重预防机制建设工作小组

山东煤矿安全监察局建立了全省煤矿双重预防工作的领导机构，主要负责人亲自担任领导小组组长，指定专人负责双重预防工作的统筹推进和协调，同时还吸纳了部分专家、学者进入领导小组，为双重预防工作开展提供技术支撑。

2. 双重预防理论顶层设计——出台地方双重预防机制建设标准

双重预防机制提出后，各方对其概念、内涵、逻辑等的理解都不统一，极大影响了双重预防机制的建设。山东煤矿安全监察局召集煤矿企业集团和煤矿院校的专家、学者共同制定了全国煤炭系统第一个双重预防机制建设地方标准——《煤矿安全风险分级管控和隐患排查治理双重预防机制实施指南》(DB 37/T 3417—2018)（见本书附录三），为煤矿双重预防机制建设统一了认识。

3. 双重预防建设顶层设计——试点先行，全面推广

山东煤矿安全监察局在山东省内选择了兖矿集团有限公司（简称"兖矿集团"）的兴隆庄煤矿、南屯煤矿和山东能源淄博矿业集团有限公司许厂煤矿为试点煤矿，进行先行先试。在试点建设过程中，专家组全面介入，共同总结经验，最终形成一套可复制、可推广的煤矿双重预防机制建设方式、方法，在山东省煤矿全面推广应用。

4. 信息监管顶层设计——双重预防机制监察体系与平台建设

除了推动煤矿进行双重预防机制建设外,山东煤矿安全监察局在工作开展之初就利用煤矿双重预防信息提高安全监管水平,在信息化建设时,出台了山东省煤矿双重预防机制联网基础数据规范,并建设完成了"山东煤矿双重预防机制监察体系平台"。通过大数据分析、监测、评判煤矿的双重预防工作开展情况,全面提升煤矿安全监察的信息化、智能化水平,创新安全监察方法。

经过近两年的工作,山东省煤矿的双重预防机制建设推进工作取得了良好的效果,既提高了煤矿安全管理水平,又加强了煤矿安全监察工作的针对性和有效性,实现了政府和企业的双赢。

本书是对山东省煤矿双重预防机制建设工作的经验总结,提供了一套适用于政府对煤矿安全监管或监察部门推进所监管企业开展双重预防机制建设的较完整解决方案。该方案不仅可供其他煤矿安全监管部门参考,而且对非煤矿山、化工、电力、交通运输等涉危行业的安全监管部门也有重要的参考意义。本书主要内容包括山东省煤矿双重预防机制建设的背景及建设步骤、山东省煤矿双重预防机制地方标准出台的过程及标准内容、山东省煤矿双重预防机制在试点企业的建设过程以及在山东全省煤矿企业推广的思路和具体步骤等。

本书在纂写过程中得到了中国矿业大学、兖矿集团、山东能源集团有限公司和江苏中矿安华科技发展有限公司等单位的诸多学者、专家的支持,也借鉴了专家们已有的研究成果,在此表示感谢。

安全管理永无止境,双重预防机制是一个持续改进的过程,无论是煤矿企业还是监管部门都应不断提升,因此非常欢迎广大读者就如何推进煤矿双重预防机制建设、如何利用双重预防信息创新安全监管等问题与我们进行探讨,共同完善双重预防机制的理论体系,真正发挥双重预防机制防范、遏制重特大事故的作用。

编　者

2019 年 7 月

# 目　录

# 第一章　山东省煤矿双重预防机制建设概述

自习近平总书记提出双重预防机制以后，各级政府下发相关文件，从政府强推，企业不理解、不清楚、不明白，逐步到煤炭企业的广泛重视与积极响应，形成企业自愿参与、主动建设，离不开政府主管部门的引导、推动和帮助。作为长期以来走在全国煤矿安全监察前列的山东煤矿安全监察局，面对问题时勇于担当，有为、敢为、善为，推动了双重预防机制在山东全省煤矿的率先落地，为全国其他省份推动煤矿双重预防机制建设工作探索出了可复制、可借鉴、可推广的成功经验。

## 第一节　双重预防机制建设背景

安全生产是人类社会文明进步的重要体现之一，社会主义国家更加重视生产生活中的安全问题。改革开放以来，党和政府一直非常关注安全、重视安全，制定了一系列的法律法规、行业标准文件，推动我国安全生产形势日渐好转。但是安全管理工作永远在路上，每个从事安全管理的人员都要清醒地认识到，我国的安全生产水平还不是很高，安全基础工作还不是很稳固，安全生产重特大事故仍时有发生，安全生产工作同党和政府的要求、同人民群众的期望仍有差距，同国外先进水平相比仍有很大的提升空间，仍需要学习先进的安全管理理念。习近平总书记提出的双重预防机制符合安全管理的趋势，实现了安全管理关口的前移，做到风险分级管控和隐患排查治理的一体化管理。

习近平总书记指出："平安是老百姓解决温饱后的第一需求，是极重要的民生，也是最基本的发展环境。"因此，我们首先要明确当前的安全生产形势，分析当前存在的问题。然后才能知道未来如何在现有的基础之上，进一步提升我国煤矿安全生产水平。这是每一个政府安全负责人、安全监管部门工作人员、煤矿从业人员都必须始终关注的重要课题。

### 一、1949 年以来煤矿安全生产整体形势

图 1-1 和图 1-2 分别是 1949—2014 年煤矿事故死亡人数变化趋势图和煤矿百万吨死亡率变化趋势图。

根据这两个图的数据，我们可以将煤矿事故的发生在时间维度上分为 3 个阶段：

（1）改革开放前的安全形势大幅震荡阶段。这一阶段，安全生产事故受政府重视程度、全社会的安全意识变化影响，安全生产情况存在大起大落的特点。在 1960 年事故达到一个高峰，死亡 6 000 多人，其后的迅速下降则与经济恢复和对煤矿安全的重视程度有关。

图 1-1　1949—2014 年煤矿事故死亡人数变化趋势图

图 1-2　1949—2014 年煤矿百万吨死亡率变化趋势图

（2）改革开放后到 20 世纪末的安全形势波动好转阶段。这一时期纠正了之前在安全管理方面的很多错误思想和错误做法，百万吨死亡率虽有波动但整体呈下降趋势。但由于经济发展的要求，全国煤炭产量快速提升，加之小煤矿的大量上马，全行业死亡人数始终在高位波动，长期保持在每年 6 000 人左右。20 世纪 90 年代末，由于国内外经济形势的变化，煤矿死亡人数重新反弹，给煤矿安全管理带来了巨大的压力。

（3）21 世纪后的安全形势快速改善阶段。由于前一时期严峻的煤矿整体安全管理形势，2000 年国家建立煤矿监察体制。随着监管力度的加大、装备水平的提升，尽管产量大幅度增加，但煤矿事故死亡人数整体呈现快速下降趋势，如图 1-3 所示。

然而，需要重视的是，在煤炭行业快速发展的"黄金十年"（2002—2012 年）中，虽事故死亡人数在不断下降，但重特大事故却频频发生，是煤矿一次死亡百人以上事故最为集中的一个时期。2002—2009 年，共发生了 9 起百人以上死亡事故，其中 2004、2005 年就发生了 6 起。这主要是由于在摆脱亚洲金融危机影响后，煤炭工业迎来了煤炭需求旺盛时期，各个煤矿都在快速扩张，以期弥补之前的亏损。在这个时期，虽然对安全生产也非常重视，但超能力生产成为一个非常普遍的现象，加之前期安全欠账非常严重，煤矿重特大生产安全事

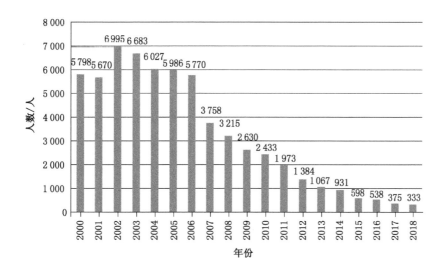

图 1-3　2000—2018 年煤矿事故死亡人数变化趋势图

故尤其是一次死亡百人以上的煤矿重特大事故频发,煤矿安全成为党和政府以及社会最关注的重要问题之一。

通过对中华人民共和国成立以来煤炭行业安全形势的变化情况分析,可以发现煤炭行业是一个和经济、政策关联度非常高的行业,非常容易受到市场波动和各方对安全管理重视程度的影响。其中,市场波动方面的影响不仅包括逆向的下降(市场环境不好,煤炭企业效益下降),还包括安全管理水平的提升跟不上市场正向的快速扩张。经济保持平稳发展,没有大起大落,是煤炭安全管理比较理想的外部环境。当前我国的国内外形势风云变化,经济下行压力增大,煤炭作为重要的基础性能源行业更是首当其冲。从几十年来煤矿安全形势的发展规律来看,这需要引起所有煤矿安全管理和监管人员的充分重视。

当前重特大事故相对多发的领域基本集中在交通运输、矿山、危险化学品、建设施工、消防等领域。根据 2002—2015 年全国重特大事故情况统计,矿业事故占到 36%,仅次于交通运输业,排名第二。因此,如何在事故总量相对下降的背景下,遏制重特大事故发生,成为煤炭行业安全管理工作亟待回答的一个重大课题。

**二、2015 年安全生产整体形势**

2015 年是中国安全生产加强责任体系和法制建设的关键一年,出台的很多法律、法规、文件对安全生产都有深远而重大的影响,全国的事故发生起数、伤亡人数以及财产损失出现了明显下降。2015 年,全国事故起数、死亡人数同比分别下降 7.9%、2.8%,但是安全生产事故中重特大事故比往年较为频发。大部分地区和重点行业领域安全状况基本稳定,11 个省级单位未发生重特大事故,煤矿事故起数和死亡人数同比分别下降 32.3%、35.8%;非煤矿山、危险化学品、烟花爆竹、道路交通、建筑施工、消防火灾、水上交通、铁路交通及冶金机械等行业领域事故也都实现"双下降"。

2015年,煤矿安全生产事故主要有:4月19日,大同煤矿集团有限责任公司(简称"同煤集团")姜家湾煤矿"4·19"重大透水事故,21人死亡;11月20日,黑龙江龙煤矿业集团股份有限公司(简称"龙煤控股集团")杏花煤矿"11·20"重大火灾事故,22人死亡;12月16日,黑龙江省鹤岗市向阳煤矿"12·16"重大爆炸事故,19人死亡;等等。这些事故反复提醒,煤矿安全生产仍有很长的路要走,还有很多的工作要做。

2015年,最为惨痛的事故是长江"6·1""东方之星"沉船事故和天津"8·12"滨海新区天津港危险化学品燃爆事故,两起事故分别造成442人死亡和165人死亡。其中,天津"8·12"滨海新区天津港危险化学品燃爆事故影响尤为恶劣,除死亡人员外,该事故造成近800人受伤住院,直接经济损失将近70亿元,是一起特别重大的安全生产责任事故,尤其是该事故由于情况掌握不清,造成110名消防民警牺牲,突出体现了各方对于风险了解不清,对于现场处置措施不熟悉的问题。此次事故性质恶劣、损失巨大,产生了不好的社会影响。公安机关先后依法对24人立案侦查并采取刑事强制措施,检察机关依法对25人立案侦查并采取刑事强制措施,事故调查组另外对123名责任人提出了处理意见。

从中华人民共和国成立以来煤矿的安全生产趋势以及2015年全国的安全生产总体形势可知,我国安全生产形势虽有巨大的好转,但重特大事故仍时有发生,给人民群众造成了惨痛的生命财产损失,给社会和谐稳定造成了严重的负面影响。这些重特大事故的不断发生,暴露了当时安全管理的几个重要问题。

(1)安全风险想不到。尤其是2015年的几起典型的重特大事故,如"6·1""东方之星"沉船事故和"12·20"深圳山体滑坡事故等,都完全没有想到那种情况下可能发生如此惨痛的事故。

(2)对隐患情况掌握不明。隐患是造成事故的直接原因。很多情况下,责任主体对于事故隐患认识不足、管控不到位、信息缺失,不但造成事故,而且给事故救援带来巨大的困难。典型的如天津滨海新区天津港危险化学品燃爆事故,大量的危险化学品长期在人员较集中的生活区、工作区存储,相关人员对危险化学品的管理方法、危险化学品的危害和应急处理措施不了解等。

(3)安全管理过于被动,追着事故跑。传统的安全管理工作主要是隐患闭环管理和事故后的亡羊补牢,这些工作虽然也很重要,但都没有真正抓住问题的本身,都是就隐患防控隐患,就事故治理事故。这个时候,隐患已然产生,发生事故的风险已经非常之高。从全国、全行业来看,发生事故几乎是必然的。这种安全管理模式过于被动,往往陷入不断处理事故、不断总结经验,同时又不断发生新事故的怪圈,所有人都疲于奔命,丧失了安全管理的主动权。

(4)安全管理方法创新不足,难以应对新的形势。传统的安全管理方法主要是基于罚款的隐患闭环管理和各个煤矿的一些个性化管理方法等,这些方法长期以来为我国煤矿的安全生产做出了重要的贡献。从近几年的情况看,煤矿百万吨死亡率已经相对较低,但重特大事故仍时有发生。传统安全管理方法的缺陷已经暴露出来,单纯的隐患治理不能有效防范煤矿重特大事故的发生,同时也不能继续提升煤矿安全生产整体水平,煤矿安全发展遇到了"瓶颈"。传统的安全管理方法难以实现新形势下的安全生产目标。

在新的安全生产形势下,如何创新安全管理方法,坚决遏制重特大事故发生,是我国安全管理人员当前和未来一段时期所面临的关键课题之一,也是所有人必须要承担的历史责任。

新的安全生产管理方法必须具备以下三方面的特点。

1. 能够抓重点,有效遏制重特大事故

经过几十年的不懈努力,煤矿事故由高发到相对平稳,事故数量和死亡总人数已大幅度降低,然而当前重特大事故却仍时有发生,成为当前安全管理的主要矛盾之一。新时期的安全管理方法,必须能够突出对重大风险的管控,突出对重特大事故的提前预防。

2. 推动安全管理持续提升

长期以来,隐患闭环管理一直是煤炭行业最主要的安全管理方法,但该方法也始终面临隐患常治常有、类似隐患反复发生的困境。隐患闭环管理强调的是闭环,即能够确保隐患得到治理,但对于如何减少隐患没有关注。而一旦产生隐患,煤矿的安全风险就已然上升。显然,这种情况下,煤矿安全管理水平始终是在原地踏步,难以得到真正的提升。新的安全管理方法必须能够形成 PDCA 循环,即计划(plan)、执行(do)、检查(check)、处理(action),推动企业安全管理水平螺旋式上升。

3. 兼容原有的安全管理方法

煤矿生产环境、方式、员工特点等与其他行业都有非常明显的不同,长期以来也形成了诸多有行业特色的安全管理方法。这些方法一方面给企业安全生产做出了巨大贡献,另一方面也得到了企业和员工的认可。如果完全抛弃原有方法,在过渡期间,容易造成煤矿安全管理水平的下降,也容易出现因机械套用新方法而不适应各个企业的实际情况,使新方法最终沦为形式主义,反而对煤矿的安全生产产生负面影响。因此,新的安全管理方法必须有良好的兼容性,能够将企业原有的、好的安全管理方法纳入其中,但又能从根本上提升安全管理的效能,成为鲜活有效的安全管理方法。

**三、双重预防机制的提出**

在当时整体安全生产的背景之下,企业和各级监管部门都热切期盼着安全管理理念、方法的创新,为下一步的安全管理工作开拓新的局面。

在2015年年底的中共中央政治局常委会会议上,习近平总书记对全面加强安全生产工作提出明确要求。习近平总书记指出:重特大突发事件,不论是自然灾害还是责任事故,其中都不同程度存在主体责任不落实、隐患排查治理不彻底、法规标准不健全、安全监管执法不严格、监管体制机制不完善、安全基础薄弱、应急救援能力不强等问题。有鉴于此,习近平总书记对加强安全生产工作提出了五点要求:

(1) 必须坚定不移保障安全发展,狠抓安全生产责任制落实。要强化“党政同责、一岗双责、失职追责”,坚持以人为本、以民为本。

(2) 必须深化改革创新,加强和改进安全监管工作,强化开发区、工业园区、港区等功能区安全监管,举一反三,在标准制定、体制机制上认真考虑如何改革和完善。

(3) 必须强化依法治理,用法治思维和法治手段解决安全生产问题,加快安全生产相关法律法规制定修订,加强安全生产监管执法,强化基层监管力量,着力提高安全生产法治化水平。

(4)必须坚决遏制重特大事故频发势头,对易发重特大事故的行业领域采取风险分级管控、隐患排查治理双重预防性工作机制,推动安全生产关口前移,加强应急救援工作,最大限度减少人员伤亡和财产损失。

(5)必须加强基础建设,提升安全保障能力,针对城市建设、危旧房屋、玻璃幕墙、渣土堆场、尾矿库、燃气管线、地下管廊等重点隐患和煤矿、非煤矿山、危险化学品、烟花爆竹、交通运输等重点行业以及游乐、"跨年夜"等大型群众性活动,坚决做好安全防范,特别是要严防踩踏事故发生。

习近平总书记在上述的第四点要求中正式提出了双重预防机制,这也是双重预防机制作为一个安全管理理念、方法被首次完整提出。

2016年4月28日,国务院安全生产委员会办公室发布《国务院安委会办公室关于印发标本兼治遏制重特大事故工作指南的通知》(安委办〔2016〕3号)。通知要求:从构建双重预防性工作机制、强化技术保障、加大监管执法力度等方面入手,从制度、技术、工程、管理等多个角度,制定采取有针对性的措施,对症下药、精准施策,力争尽快在减少重特大事故数量、频次和减轻危害后果上见到实效。在《标本兼治遏制重特大事故工作指南》中明确提出坚持标本兼治、综合治理,把安全风险管控挺在隐患前面,把隐患排查治理挺在事故前面,扎实构建事故应急救援最后一道防线,要求企业着力构建安全风险分级管控和隐患排查治理双重预防性工作机制。该文件重点面向遏制重特大事故,涵盖了安全风险管控、隐患排查治理和事故应急救援三个部分,而安全风险管控和隐患排查治理是事故之前的环节,更为重要。在具体工作中,《标本兼治遏制重特大事故工作指南》遵照习近平总书记的要求,强调对风险要进行分级管控,即重大风险应由一把手亲自管控,切实落实安全生产责任。抓住一把手这个"牛鼻子",遏制重特大事故发生的目标才有可能实现。

2016年10月9日,国务院安全生产委员会办公室发布《国务院安委会办公室关于实施遏制重特大事故工作指南构建双重预防机制的意见》(安委办〔2016〕11号),再次强调落实《标本兼治遏制重特大事故工作指南》,要求全国所有高危、涉危企业事业单位构建双重预防机制。该意见提出了双重预防建设的总体思路和工作目标,从企业如何构建双重预防机制、政府如何健全完善双重预防机制的监管体系到如何强化政策引导和技术支撑等方面提出了相关的要求。

随着国家对双重预防机制建设的重视,从2016年开始,山东、山西、陕西、内蒙古、河南、甘肃等诸多省(自治区)人民政府或其安委会都先后下文要求在本省(自治区)内进行双重预防机制建设,并逐步提出了不断细化的建设要求和方案。至此,双重预防机制作为未来我国安全管理新工作方法的地位基本得到了确立。

作为一个广受社会关注的安全生产高危行业,煤炭行业的安全生产长期以来得到了各级党委、政府的高度重视,煤矿从业人员的自我安全意识也不断提高。自双重预防机制提出以来,很多煤矿,尤其是东部、中部产煤大省的国有煤矿,对于在本企业内部落实双重预防机制的积极性非常高,很多煤矿都开始了自己的探索。从整体来看,煤炭行业的双重预防机制建设走在了全国各行业的前列。双重预防机制工作的顺利开展,除了煤矿对安全的重视程度不断提高、政府监管部门推动以外,煤矿安全生产标准化的建设在其中同样起到了非常重要的推动作用。

2017年1月24日,国家煤矿安全监察局印发《煤矿安全生产标准化考核定级办法(试行)》和《煤矿安全生产标准化基本要求及评分方法(试行)》两个文件取代原有的安全质量标准化,将双重预防机制作为两个专业正式引入到煤矿安全生产标准化体系中,各赋予了10%的权重,仅次于通风和地测防治水管理专业。上述两个办法于2017年7月1日正式施行后,煤炭行业迅速掀起了一波学习建设双重预防机制的高潮。随着煤矿安全生产标准化建设和标准化矿井等级验收工作的不断推进,双重预防机制在全国煤矿中得到了广泛的了解和认可,煤矿都或深或浅地开展了双重预防机制的建设和运行工作。

**四、双重预防机制对煤矿安全生产的重要意义**

双重预防机制的提出正当其时,对当前以及未来的煤矿安全生产具有重要的意义。

(1)有效遏制煤矿重特大事故时有发生的势头,推动行业安全形势好转。双重预防机制提出的直接目标就是遏制重特大事故频发,其全面实施将极大改善煤炭行业整体安全态势,使我国煤矿安全管理水平全面与国际先进水平接轨。

(2)推动煤矿安全管理工作关口前移,实现风险管控。现有的安全管理方法主要从隐患开始,部分煤矿进行了风险管理的初步探索,但由于各种原因,大多没有真正落实到工作中去。双重预防机制不但提出了风险管控的环节,而且将其与原有的隐患管理有机结合,实现了安全管理的关口前移。

(3)兼容煤矿现有安全管理方法,实现安全管理系统化。双重预防机制将从安全状态到事故中间的演变过程分为三个阶段,构筑了两道预防事故的防火墙。在这个"双重预防"的过程中,双重预防机制可以有效兼容煤矿各种安全管理方法,将各煤矿原有零散的安全管理方法系统化,形成合力,共同遏制事故发生。

(4)推动煤矿安全管理水平持续提升。双重预防机制并不是一个开环的结构,而是一个不断提升的闭环管理体系。风险管控在隐患之前,因而可以通过提前辨识、预判存在的风险,通过管控减少隐患的发生。隐患是由风险管控失效而来,因此可以通过对隐患的分析,查找导致风险管控措施失效的原因,从而完善风险辨识、评估等的结果,为下一周期风险管控提供改进经验。通过这样的一轮轮持续改进,双重预防机制能够有效推动煤矿安全管理水平的持续提升。

基于双重预防机制的重要意义,自其提出以来就引起了各煤矿的广泛重视。但是由于国家层面并没有对双重预防机制的概念、内涵、流程等出台可操作的标准,各个煤矿企业只能根据自身的理解进行建设,于是就出现了各种各样的问题。从政府监管部门角度而言,如何推进所监管的煤矿能够快速地建立起符合双重预防机制内涵的双重预防机制,就成了各级负有安全监管职责的政府部门亟须解决的重要问题。

# 第二节　山东省煤矿安全生产概况

截至 2018 年年初,山东省煤矿数量由 2012 年的 227 处减至 121 处。2017 年的原煤总产量为 12 945.6 万吨,同比增长 2.3%,全国排名第六,约占全国总产量的 3.7%。随着大量小型煤矿、生产条件较差煤矿的关停,山东省煤矿安全生产态势有了较大的好转,但山东省煤矿整体地质条件差、生产危险性高的特征没有改变,安全生产工作和警惕性仍然都不能放松。

## 一、山东省煤炭资源分布

山东省总面积约 15.8 万平方公里,预测含煤面积约占三分之一,预测煤炭储量 2 680 亿吨,按地质勘探程度分为 20 多个煤田和预测区,在全省 134 个县(市)中,有煤炭资源的县(市)76 个,约占 57%。山东省并不是我国煤炭资源大省,但其煤炭开采时间较早,工艺较成熟,为山东省以及我国东部地区的经济建设做出了重要贡献。

山东省煤炭资源储量大、分布广,煤类多样,煤质优良,广泛分布于鲁西及鲁中地区,主产地有兖州、新汶、枣庄等矿区,煤种以炼焦煤为主。山东省煤炭资源除兖州矿区主要由兖矿集团负责开采外,其他矿区煤炭资源主要由山东能源集团负责开采。实际上由于开采时间长,很多集团都在异地购买煤矿,各个矿区的生产企业呈现交叉态势。

山东省的煤类以气煤、肥煤为主,亦有焦煤、瘦煤、贫煤、无烟煤、褐煤和天然焦,已探明储量中,气煤、肥煤约占 82.7%,且具有低灰、低硫、低磷、高发热量、结焦性强等特点,是优质工业用煤。鲁西亿吨级煤炭基地是国家发展和改革委员会(简称国家发改委)批复建设的 14 个大型煤炭基地之一。

## 二、山东省煤矿安全生产基础

山东省属于东部沿海地区,在各个产煤省份中经济相对发达,员工素质、安全意识、设备水平、管理水平等都相对较高,煤炭品质较好,且距离煤炭消费地近,物流成本低,整体经济效益普遍较好。从安全管理角度来说,山东省煤矿安全管理整体水平走在全国前列,但同时也因各种因素面临一系列严峻的挑战。

### (一)煤矿开采条件复杂,灾害严重

山东省的煤炭储量相对山西省、内蒙古自治区等地煤炭储量较小,煤矿资源赋存条件比较差。煤矿开采条件复杂,受水、火、瓦斯、煤尘、冲击地压威胁较严重,特别是冲击地压矿井有 42 处(占全国的 30%,核定产能 8 000 余万吨/年,占全省煤炭产能的 60% 左右),千米以上矿井有 16 处,占全国的 37.2%。山东省的冲击地压矿井和千米矿井数量均居全国之首,而当前冲击地压灾害监测预警技术不完善,防治难度大,是威胁山东省煤矿安全的最重要灾害。随着矿井向中深部开采,瓦斯、水害、冲击地压等自然灾害加重,有些矿井灾害耦合叠加,隐蔽致灾因素凸显,一些意想不到的灾害风险正在逐步加大。

（二）设备管理不均衡，落后生产方式仍存在

从设备角度来说，煤矿安全欠账比较多，安全硬件设备维护更新不及时。山东省煤矿技术装备水平不平衡，虽然大型煤矿实现了100%采掘机械化，有些煤矿还实现了自动化、智能化开采，但仍有一些煤矿在推进装备升级上不积极、不主动，投入不足，机械化、自动化程度不高，炮采炮掘等落后采煤工艺依然存在并占一定比例。在减少井下作业人员方面，虽然2018年完成了预期的30%减人目标，但井下作业人员总量依然偏多。截至2018年下半年，全省煤矿井下作业人员仍有11.8万人，最大单班作业总人数4.2万人。

（三）人才流失严重，安全管理仍停留在事故控制阶段，职业健康意识淡薄

山东省处于东部较发达地区，平均工资较高，就业机会也较多，导致很多煤矿近年来难以招到满足自身需要的人才。因此，从人员角度来说，山东省煤矿管理人员、技术人员和熟练技术工人大量流失的情况不断加剧，一人多岗的情况不断出现。部分煤矿采掘失调，频繁招用新职工，人员素质不高、操作技能不熟练等因素导致安全风险加剧。此外，山东省煤矿对于安全的认识更多地仍停留在控制事故阶段，对于职业健康关注不足，煤矿职业健康一体化管理的水平还较低，"重安全、轻健康""重红伤、轻白伤"的思想还比较顽固。

（四）安全管理自满情绪、麻痹大意思想在增长

从管理和思想意识来说，一些煤矿思想麻痹、疏忽大意的情况有所抬头。由于各方长期以来的不懈努力，山东省煤矿安全生产态势相对稳定，到2018年年底前，长时间未发生大事故。随着越来越多煤矿的安全生产周期不断增长，部分煤矿企业产生了麻痹思想和厌战情绪，盲目自信地认为山东省煤矿安全水平很高，出不了大事，忽略了煤矿安全的潜在风险。安全生产上的短视麻痹了思想，导致了一些煤矿盲目自信，听不进各方的监督和建议，忽视向兄弟省份、国际先进管理方法、其他安全管理先进行业学习，安全管理有所松懈。在巨额利益的驱动下，部分煤矿开足马力超能力生产，致使生产接续紧张，加之山东省衰老矿井多，很多矿井疏于安全投入，该做的安全工程没有做，该落实的安全措施没有落实，诱发煤矿事故的各种隐患屡禁不绝，为煤矿事故，甚至是重特大事故发生埋下了定时炸弹。

尽管山东省煤矿安全生产存在诸多的挑战，山东省各级政府安全监管部门和山东煤矿安全监察局始终积极落实党和政府、国家煤矿安全监察局等主管部门关于煤矿安全生产的各项要求，不断开拓创新，以极强的党性、政治性、原则性，为山东省煤矿安全生产工作做了大量的工作。自习近平总书记提出双重预防机制以来，山东煤矿安全监察局积极作为，从顶层规划推动全省煤矿双重预防机制建设工作，并将双重预防工作与创新安全监管方式结合起来，为全国各省、市煤矿安全监管部门类似工作的开展，积累了宝贵的经验。

**三、山东省煤矿安全生产现状**

从全国整体情况来看，山东省煤矿安全管理水平整体较高。2017年，山东省发生事故3起，死亡4人，百万吨死亡率0.031。与2016年同期相比，事故起数减少3起，死亡人数减少3人。省属煤矿百万吨死亡率0，同比下降0.020；市（县）属煤矿百万吨死亡率0.145，同比下降0.024。

在经历了长期的安全生产状态后，2018年10月20日23时左右，山东能源龙口矿业集

团龙郓煤业有限公司（简称"龙郓煤业"）接到井下报告，1303泄水巷掘进工作面附近发生冲击地压事故，造成约100 m范围内巷道出现不同程度破坏。该矿当班下井334人，险情发生后312人升井，22人被困井下。最终仅1人生还，21人遇难。

龙郓煤业"10·20"冲击地压事故为山东省，也为全国煤矿安全生产再次敲响了警钟。安全生产永无止境，永远在路上，必须时刻保持清醒的认识，不能有任何的懈怠情绪。但总体来说，山东省煤矿安全整体情况仍好于全国平均水平。

**四、山东省煤矿安全生产面临的挑战**

由于山东省煤矿基本赋存条件没有变化，但生产技术的机械化、自动化、信息化、智能化水平不断提升，因此安全生产的挑战更多来自管理方面。主要的挑战来自以下三个方面。

第一，风险叠加的挑战。煤矿安全生产中一些顽固性问题持续存在，为了提高经济效益，煤矿"五假、五超"现象有反弹回潮迹象，突出体现在超能力生产上，一些煤矿为赶进度甩掉各类保护进行作业，极易诱发煤矿事故。此外，近年还将有一批煤矿关闭退出，在当前煤炭市场较好的情况下，不排除会出现"最后的疯狂"现象。

第二，安全责任不实的挑战。一方面，煤矿主体责任落实存在差距，一些煤矿责任意识差，履行责任口号多、落实少，对待监察执法应付、凑合，安全生产主体位置摆不正，安全体检期间，一些煤矿自检不认真，仅自查出几条问题，面对安监部门的检查，采取停产迎检、静态达标、资料造假、纸面整改、隐瞒作业等方法，为监察执法设立重重障碍；另一方面，基层监管责任落实有差距，一些县区监管力量薄弱，甚至没有专业人员，有些产煤县区没有设置监管机构，属地监管责任没有有效落实。

第三，思想麻痹懈怠的挑战。习近平总书记指出功成名就时做到居安思危，保持初期励精图治的状态不容易。山东省煤矿安全形势多年保持稳定向好，地方各级党委政府做了大量工作，但个别地方认为煤矿不会出大事故，对煤矿安全生产的要求和重视有弱化倾向。许多煤矿的安全生产周期越来越长，麻痹思想和厌战情绪日益滋长，往往安全重视在文件中，忽视在工作中。2018年发生的龙郓煤业"10·20"冲击地压事故和山东裕隆矿业集团有限公司（简称"唐阳煤矿"）"12·7"采空区自燃热解气体爆炸事故就在一定程度上印证了这一点。

从山东省煤矿安全生产的情况来看，切实提高煤矿安全常抓不懈的意识，继续抓好安全生产责任落实，踏踏实实做好各级部门的安全管理工作，是煤矿和各级安全监管部门的重要任务。双重预防机制是从风险辨识开始，全面掌握企业安全生产所面临的各种风险，根据风险等级制定相应的管控措施，并将管控措施在企业内部层层落实。最后再通过隐患排查、治理，防止隐患演变成事故，体现对重特大事故的双重预防。显然，双重预防机制非常切合山东省当前煤矿安全管理的需要，也是真正能够起到作用的好方法。

## 第三节　山东省煤矿双重预防机制建设思路

正是认识到双重预防机制对煤矿安全生产的重要作用,以及对全省安全生产状况和挑战的深刻理解,山东省在全国率先提出要进行双重预防机制建设。早在 2016 年 3 月 18 日,山东省人民政府办公厅就下发了《关于建立完善风险管控和隐患排查治理双重预防机制的通知》(鲁政办字〔2016〕36 号),其时间还在国务院安委会办公室下发的《标本兼治遏制重特大事故工作指南》(安委办〔2016〕3 号)之前。在该通知中,山东省人民政府办公厅提出了全省双重预防机制建设的总体目标、责任分工以及技术支撑等要求,并从企业与政府两个层面提出了双重预防机制的具体建设步骤。

2016 年 4 月 5 日,山东省人民政府安全生产委员会办公室进一步下发了《加快推进安全生产风险分级管控与隐患排查治理两个体系建设工作方案》(鲁安办发〔2016〕10 号),对各个行业的双重预防机制工作进行了详细的部署。在这样的背景下,山东省煤矿双重预防机制建设工作在山东煤矿安全监察局的引导之下,迅速拉开了序幕。

### 一、双重预防机制建设目标

2017 年 6 月 22 日,山东煤矿安全监察局下发了《关于推进煤矿安全风险分级管控和隐患排查治理双重预防机制建设的意见》(鲁煤监政法〔2017〕55 号),明确提出了山东省煤矿双重预防机制建设的目标,即全省所有煤矿要立即启动双重预防机制建设,对照煤矿安全风险分级管控和事故隐患排查治理的相关要求,加强领导、建立机构、完善机制、健全体系、强化措施、扎实推进,力争 2017 年年底前建立安全风险分级管控和隐患排查治理双重预防工作机制,并实现与山东煤矿事故风险分析平台联网,2018 年 6 月底前形成"功能完善、衔接有序、运行良好"的双重预防机制。

### 二、双重预防机制建设总体路线

双重预防机制建设的整体工作思路是:以安全风险辨识评估和分级管控为基础,根据矿井不同的生产环节、生产工艺和装备水平,建立包含全部作业岗位在内的风险清单数据库,制作岗位员工安全风险告知卡,设置重大安全风险公告栏,制定重大安全风险管控措施及双重预防机制运行的相应制度,循序渐进、稳步推进,开展矿井系统风险辨识评估,真正把风险管控挺在隐患前面;建立完善隐患排查治理制度,落实企业隐患排查治理各级责任,及时消除安全隐患,切实把隐患排查治理挺在事故前面;以山东省煤矿事故风险分析平台为支撑,强化煤矿企业和安全监管监察部门信息化的深度融合,构建双重预防机制信息数据库,实现安全风险分级管控和隐患排查治理的信息化、自动化和智能化。

上述工作思路与煤矿安全生产标准化中对安全风险分级管控和事故隐患排查治理两个专业有相关之处,也有根据本省情况进行个性化要求和拔高之处,以体现山东省煤矿安全管理水平。

基于上述目标和工作思路,山东省煤矿双重预防机制建设的总体路线如图 1-4 所示。

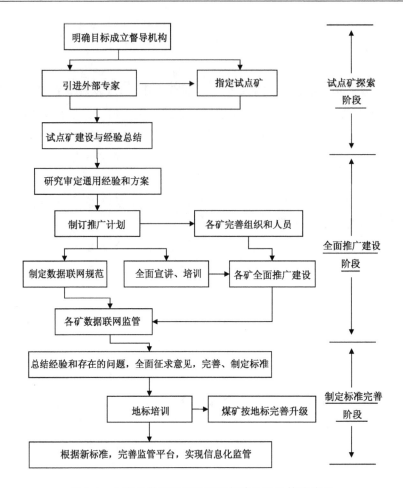

图 1-4 山东省煤矿双重预防机制建设的总体路线图

整个建设工作可以分为三个阶段。

（一）试点矿探索阶段

由于双重预防机制是国家在新时期提出的安全管理方法创新，其核心概念"风险"又引自国外安全管理体系，与我国煤矿长期以来熟悉的隐患管理有较大的区别，因此在双重预防机制提出之初，只有一个大致的思路，并没有详细的方案。在这种情况下，首要的任务就是拿出一套行之有效的、能够在企业落地的、经过验证的完整建设和运行方法体系。为此，山东煤矿安全监察局在对全省煤矿进行调研摸排的基础上，结合各集团公司的意见，首先安排了三家煤矿进行试点。

（二）全面推广建设阶段

试点矿探索工作结束后，山东煤矿安全监察局到各矿对建设情况进行调研，并集中全省主要煤矿集团和中国矿业大学的评估专家，进行了为期一周的封闭式研讨。在研讨会上，各方就双重预防机制的理解和试点矿的经验，提出了山东省煤矿双重预防机制建设的思路和指南，并编制标准的解读资料。

山东煤矿安全监察局在试点矿召开现场会，到各个集团宣讲省局制定的标准解读资料，制定时间节点,在全省范围内全面推广双重预防机制建设。在建设过程中,一方面定期出简报;另一方面召开调研会议,提调各集团公司、各矿的建设情况,督促建设工作的有序推进。

（三）制定标准完善阶段

经过一年多的建设,一方面全省的煤矿双重预防机制建设取得了良好的效果;另一方面在实施过程中也发现了一些值得进一步改进和完善的地方。山东煤矿安全监察局接受了山东省安委会交予的制定本省煤矿双重预防机制地方标准的任务。根据标准制定要求,结合一年多来的实践经验和教训,成立了标准起草小组,多次召开封闭式会议和进行外部调研,形成山东省地方标准《煤矿安全风险分级管控和隐患排查治理双重预防机制实施指南》(简称《实施指南》)(DB 37/T 3417—2018)。这也是全国煤炭行业第一个地方双重预防机制建设的标准。

2018 年 9 月 14 日,标准公布后,山东煤矿安全监察局组织专家编制了标准各个方面的宣讲培训课件,并于青岛进行了七期培训,基本覆盖了全省所有煤矿的管理层和双重预防机制建设专职工作人员。根据地方标准的要求,山东煤矿安全监察局继续制订了本省煤矿双重预防机制建设的升级计划,并在不断有序推进过程中。

山东省煤矿双重预防机制建设走在全国煤炭行业的前列,为各省的煤矿安全主管部门推进本省煤矿的双重预防机制建设闯出了一条有效的、可操作的、可复制的道路,对于其他行业的政府主管部门在本行业内部推进双重预防机制建设工作,也有很好的借鉴作用。

**三、双重预防机制建设的经验**

双重预防机制建设是一项全新的工作,在一个省的范围内如何有序推进该工作建设,对省监管部门而言是一个非常具有挑战性的工作。山东煤矿安全监察局在全省煤矿推进安全风险分级管控和隐患排查治理双重预防工作机制过程中,结合实际总结出七项工作经验。

一是有目标。山东省所有生产煤矿全面启动双重预防机制建设工作,2017 年年底前,全部建立双重预防工作机制;2018 年 6 月底前,实现“功能完善、衔接有序、运行良好”的目标。以上目标均按期实现。

二是有组织。监管监察部门要加强协调督导,发挥试点带动作用,确保如期完成目标。煤矿企业要落实主体责任,加强组织领导,主要负责人亲自上手、集中力量、稳步推进。

三是有方案。要对照煤矿安全风险分级管控和事故隐患排查治理标准化要求,结合实际、制订方案、明确职责、强化进度,及时研究解决遇到的困难和问题,持续改进、不断完善。

四是有培训。组织安全管理人员学习有关双重预防机制建设的标准规定。组织到试点矿学习借鉴,开展相关业务培训,邀请高校专家、煤矿有实践经验的管理人员进行授课。

五是有措施。煤矿企业要结合自身特点,制定风险评估分级标准和风险辨识评估的程序、方法,建立风险评估管控责任制度。要完善隐患排查治理体系,实现隐患排查治理全过程闭环管理。

六是有保障。要建立资金保障机制，列支专项资金。要加快信息化建设，实现对风险记录、跟踪、统计、分析、上报的信息化管理。要强化考核奖惩，将结果纳入工作绩效考核。

七是有结合。要与煤矿事故风险分析平台紧密结合。公布双重预防信息监管标准，加大投入，加快监控系统升级改造，实现数据上传。各煤矿企业的双重预防信息化系统要实现与煤矿事故风险分析平台联网。

# 第二章　山东省煤矿双重预防机制理论体系

## 第一节　双重预防机制的理论内涵

双重预防机制,是一种对事故尤其是重特大事故构建风险分级管控和隐患排查治理的预防机制。双重预防机制,是准确把握安全生产的特点和规律,以风险分级管控为核心,坚持超前防范、关口前移,从风险辨识入手,以风险管控为手段,把风险控制在隐患形成之前,并通过隐患排查治理,及时找出风险控制过程中可能出现的缺失和漏洞,将隐患消灭在事故发生之前。

### 一、安全风险分级管控

安全风险分级管控主要包括安全风险辨识评估和安全风险管控两个部分。辨识的目的是应用,每项辨识需要列出重大安全风险清单,制定安全风险管控措施,用于指导后续工作。

企业中不同角色的领导和员工根据自己的管控责任,通过岗位风险辨识评估表,开展现场安全风险确认。如果风险管控到位,则其处于可控风险的状态;如果管控不到位,风险就会失去控制演变成隐患,从而进入隐患闭环管理流程。显然,风险管控的过程也是隐患排查的过程,双重预防机制是一个有机整体,这也是双重预防机制的内涵和建设的核心。

风险分级管控内在逻辑的关键在于减少隐患。风险分级管控依靠组织机构、制度以及信息平台支撑,以减少隐患。其中,通过风险辨识技术培训,包含年度安全风险辨识、专项安全风险辨识、岗位安全风险辨识,解决风险在哪里以及谁去管风险;通过风险辨识成果的培训,包含安全风险清单尤其是重大风险防范措施、风险定期管控方式和风险日常管控方式,解决如何去管控风险;通过制定、执行重大风险管控措施、方案、应急预案等减少后果。安全风险分级管控各组成部分之间的关系如图 2-1 所示。

风险的分级管控的关键是"预",即提前想到可能存在的风险,并提前想好需要采取的措施,将措施落实到部门、岗位。为了便于落实风险分级管控,本书提出了新的安全风险分级管控业务流程,如图 2-2 所示。

从风险管控计划开始,编制分级、分专业的风险管控责任清单,供各级人员参照清单管控风险。在风险管控巡查中,通过信息定位人员位置,并依据"互联网＋"的思想,通过手机主动向检查人推送信息,实现了对风险管控场景的信息支持。风险管控活动一方面形成风险管控记录;另一方面对管控不到位的措施,进入隐患排查治理闭环流程。通过定期对风

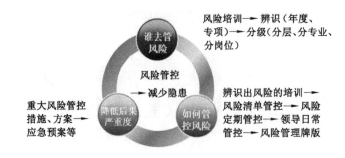

图 2-1 安全风险分级管控各组成部分之间的关系

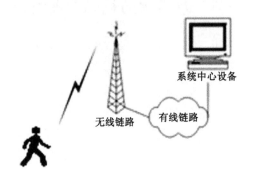

图 2-2 安全风险分级管控业务流程

险管控数据的综合分析,实现风险管控考核和预警。上述流程实现了四方面的创新:风险管控计划管理、风险清单化管理、基于井下定位的"互联网＋"信息推送以及管控记录的痕迹化,解决了如何开展风险管控的问题。

**二、隐患排查治理**

发现隐患应及时治理,避免其造成事故,即关键是"闭环"。新标准中的过程督办、超期升级预警等,都是出于这方面的考虑。

隐患排查治理的目的就是预防事故,包含三个方面的工作:"隐患在哪里""隐患怎么治理""是否真治理了"三个闭环步骤。"隐患在哪里"通过制订年度排查计划,确定排查内容和方式,并培训职工如何进行隐患排查,通过周期性排查以后上报隐患排查记录。"隐患怎么治理"必须执行"五落实"(责任、措施、资金、期限、预案落实)要求,在治理过程中需要注意二次风险防范。"是否真治理了"这个步骤通过隐患督办治理、验收销号、隐患治理情况及时公示并接受职工监督,对隐患未按规定治理的单位采取考核管理,确保隐患在规定期限内得到整改。隐患排查治理各组成部分之间的关系如图 2-3 所示。

隐患排查治理分为排查和治理两个阶段。隐患排查采取分级组织排查,由不同层级的人员按照不同周期、不同频次进行隐患排查。隐患治理则强调闭环,同时强调分级监管和督办的问题,即出现重大隐患时必须要上报,上级挂牌督办,整改后销号需要上级复查、验收,突出了对重大隐患的治理力度。事故隐患排查治理流程如图 2-4 所示。

将排查出的隐患形成清单后,对隐患按照"五落实"要求治理。与原有的隐患管理不

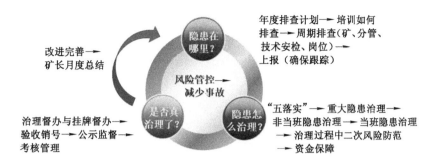

图 2-3　隐患排查治理各组成部分之间的关系

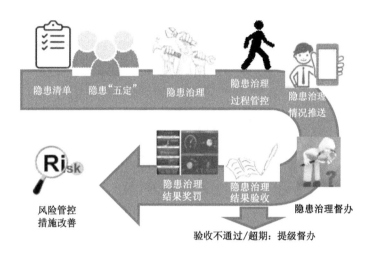

图 2-4　事故隐患排查治理流程

同,该流程强调对隐患治理的过程管控,确保隐患能够按时、保质完成治理。在隐患治理过程中,通过信息平台向有督办责任的人员推送有关隐患治理情况,实现对隐患督办治理。在验收环节,隐患治理结果如验收不通过或超期,则提级督办,并按考核管理制度进行奖罚。分析隐患排查治理相关信息,可以得出结论是哪些风险没有得到有效管控,需要完善相应管控措施,从而实现风险和隐患两者之间的大闭环。这个流程实现了四个方面的创新:实现了隐患治理过程督办、超期及验收不通过督办升级、隐患治理结果奖罚制度有机结合,以及通过隐患治理驱动风险管控措施优化提升,完善了隐患排查治理机制。

### 三、双重预防机制

安全风险分级管控和事故隐患排查治理两个专业相辅相成、相互促进,双重预防机制的内涵是将二者实现"一体化"管理。

安全风险分级管控是隐患排查治理的前提和基础,通过强化安全风险分级管控,从源头上消除、降低或控制相关风险,进而降低事故发生的可能性和后果的严重性。

隐患排查治理是安全风险分级管控的强化与深入,通过隐患排查治理工作,查找风险管控措施的失效、缺陷或不足,采取措施予以整改,同时,分析、验证各类危险有害因素辨识评估的完整性和准确性,进而完善风险分级管控措施,减少或杜绝事故发生的可能性。

从整个双重预防的角度来看,双重预防可分为三个相互联系的阶段:年度风险辨识和专项风险辨识,明确需要管控的风险;风险分级管控实现对风险的全面管控;隐患排查治理,即对于管控不到位的风险,采取措施使隐患得到有效治理,并通过隐患治理情况实时评估风险变化,实现对生产安全状况的实时评估预警,有效提升安全管理的针对性和及时性。然后再通过一个分析环节,即风险管控分析和隐患治理分析,完善风险管控措施,补充风险辨识,实现对年度辨识结果的完善,确保所有的风险得到有效管控。这三个阶段是一个连续的、不断提升的统一体,其相互关系如图 2-5 所示。

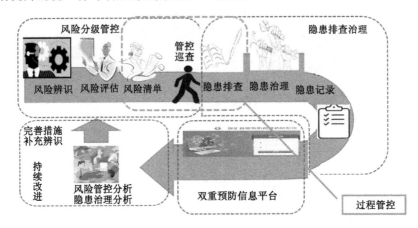

图 2-5    双重预防三个组成部分关系图

上述三个阶段和后续的风险管控分析与隐患治理分析共同构成了一个 PDCA 循环。因此,双重预防机制流程实现了以下四个方面的创新:风险隐患"一体化"管理,风险分级、分专业、分岗位清单化管控,风险情况实时评估预警,以及整个双重预防机制闭环运作、持续改善。

## 第二节    山东省煤矿双重预防机制建设的主要任务

### 一、山东省煤矿双重预防机制建设目标

山东省煤矿双重预防机制建设的目标是通过理论研究,提出适应煤矿安全管理特点的、易于操作落地的双重预防理论体系,开发出适合煤矿运用和集团监管的双重预防机制管理信息系统,并进一步研究政府双重预防监管模式,进行政府监管平台开发,全面推进山东省煤矿双重预防机制建设工作,提升全省煤矿安全管理水平。

### 二、山东省煤矿双重预防机制建设内容

山东省煤矿双重预防机制建设的内容主要包括以下四个方面:

(1)研究适合在煤矿落地的双重预防机制与流程,提出"三个闭环"的双重预防机制运

行模式,并以地方标准的形式制定山东省煤矿双重预防机制建设实施指南。

（2）研究能够有效帮助煤矿双重预防机制落地的、具有一定共性的煤矿双重预防管理信息系统,以及煤炭集团安全监管平台。

（3）研究具有山东特色的煤矿安全风险基础数据库,在符合山东煤矿安全监管需要的基础上,使其既能够满足煤矿基本的安全管理需要,又能够兼容各个矿的个性化安全风险管控要求。

（4）研究政府推动双重预防机制建设的安全监管模式,并发布山东省双重预防监管数据规范,研发山东省煤矿双重预防监管平台,有序推进全省煤矿双重预防机制建设工作。

### 三、山东省煤矿双重预防机制建设技术路线

山东省煤矿双重预防机制建设技术路线如图 2-6 所示。

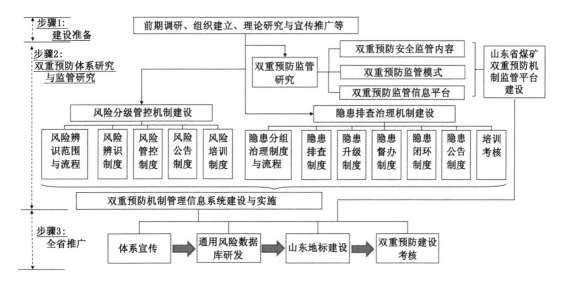

图 2-6　山东省煤矿双重预防机制建设技术路线图

## 第三节　山东省煤矿双重预防机制的关键要素

山东省煤矿双重预防理论研究要解决的核心问题是制定全省统一的、符合山东煤矿安全管理特点的双重预防机制建设标准,标准内容包括:范围、规范性引用文件、术语和定义、基本要求、风险分级管控、隐患排查治理、过程管控、信息平台建设、培训、文件管理、持续改进等 11 个部分,其中核心内容有 5 个。

### 一、风险分级管控

该部分对煤矿双重预防工作中的风险类型、风险点划分原则、风险辨识评估的组织、风险辨识评估方法、风险等级确定、管控措施和责任、辨识评估结果应用等双重预防机制建设

过程中的关键问题做出了规定。

（一）风险类型

本书根据《煤炭工业企业职工伤亡事故报告和统计规定（试行）》中划分的"顶板、瓦斯、机电、运输、放炮、火灾、水害和其他"8类事故，以及《企业职工伤亡事故分类》（GB 6441—86）给出的20种事故类别，即"物体打击、车辆伤害、机械伤害、起重伤害、触电、淹溺、灼烫、火灾、高处坠落、坍塌、冒顶片帮、透水、放炮、火药爆炸、瓦斯爆炸、锅炉爆炸、容器爆炸、其他爆炸、中毒和窒息、其他伤害"，按照风险的伤害类别，进行合并融合，将风险类型综合划分为："水灾、火灾、瓦斯（爆炸、中毒、窒息、燃烧、突出）、煤尘爆炸、冲击地压、冒顶（片帮）、放炮、机电（触电、机械伤害）、运输、物体打击、起重伤害、淹溺、灼烫、高处坠落、坍塌、锅炉爆炸、容器爆炸、职业病危害、其他伤害"19个类型。考虑冲击地压的特殊性，本书将"冲击地压"类型单独列出。风险类型的划分，不但为风险数据的检索和分析提供了依据，更重要的是为煤矿安全风险辨识提供了指引，防止煤矿安全风险辨识遗漏安全风险。

（二）风险点划分原则

风险点伴随着工作的系统、区域、场所和部位，及在其特定条件下的作业活动，或两者以上的组合，是安全风险管控和隐患排查治理的基本单元。煤矿双重预防中的风险点划分，实现了对安全风险的空间定位，有助于落实主要安全风险区域的管控单位责任，方便了煤矿用四色图对安全风险的分布进行直观展示。在风险点的划分方面，标准明确了按照点、线、面相结合进行排查划分的原则。标准要求在风险点排查划分过程中，要关注静态和动态两个方面。静态方面是指工作的系统、区域、场所、部位，比如供电系统中的地面变电所、井下中央变电所、采区变电所、移动变电站、供电设备都可划分为一个风险点；动态方面是指作业活动，比如瓦斯排放、火区启封、探放水作业、动火作业、有限空间作业等临时性特殊作业活动也可以分别划分一个风险点。风险点划分后，煤矿应根据自身组织结构、生产规模、经营范围，排查风险点，形成风险点台账。风险点台账中应记录：风险点名称、风险类型、管控单位、排查日期、解除日期等信息。风险点台账应根据现场实际及时更新。

（三）风险辨识评估的组织

本部分对组织开展风险辨识进行了全面规定，在《煤矿安全生产标准化基本要求及评分方法（试行）》的基础上，增加了岗位风险辨识和临时施工风险辨识，即煤矿的集中风险辨识分为年度风险辨识、专项风险辨识、岗位风险辨识和临时施工风险辨识4种情况。在此基础上，对专项风险辨识的内容进行了拓展，将原来的4个方面，拓展为8个方面、23种情况，全面涵盖了当前煤矿安全生产各有关方面的较大及以上风险。

（四）风险辨识评估方法

风险辨识评估方法有很多，标准在辨识方法方面给出了安全检查表法（SCL）、作业危害分析法（JHA）和事故树分析法供选择使用，评估方法给出了风险矩阵分析法（LS）、作业条件危险性评价法（LEC）。为了解决煤矿双重预防信息平台对风险自动预警的问题，标准给出了经验类比法。根据关联的危害因素对应的隐患等级，逐项评估风险等级，将最高风险等级确定为该风险的等级。风险动态管控时，风险等级依照隐患等级和数量类比确定。该方法能够利用现有成熟的隐患分级管理，实现信息系统对风险等级的自动评定，方法简单，易于理解和把握。

（五）风险等级确定

煤矿安全风险等级从高到低可划分为重大风险、较大风险、一般风险和低风险，分别用红、橙、黄、蓝四种颜色标示。原则上煤矿的安全风险的等级按照选定的评估方法，结合煤矿实际情况评估确定。标准同时也对部分危害性大、影响范围广的安全风险也采用了直接认定办法确定级别，共计10项安全风险。如果直接认定为重大安全风险，则按照重大安全风险级别强化安全管控。

（六）管控措施和责任

山东省煤矿双重预防机制理论研究在保持对煤矿安全风险分级管控的基础上，增加了区域、系统、专业管控责任，既实现各等级安全风险管控责任的逐级传递，又保证了各单位、各系统、各专业、各岗位风险管控责任的全面覆盖，真正实现网格化管控。在制定风险管控措施方面，标准要求考虑工程技术、安全管理、培训教育、个体防护和现场应急处置等方面，按照安全、可行、可靠的要求制定风险管控措施，对风险进行有效管控。煤矿对安全风险进行管控，应按照分级、分区域、分系统、分专业的原则进行管控。一般重大风险由煤矿（企业）主要负责人管控，较大风险由分管负责人和科室（部门），一般风险由区队（车间）负责人管控，低风险由班组长和岗位人员管控。上一级负责管控的风险，下一级必须同时负责管控。矿井各生产（服务）区域（场所）的风险一般由该区域风险点的责任单位进行区域管控，矿井各系统的风险由该系统分管负责人和分管科室（部门）进行系统管控，矿井各专业风险由该专业分管负责人和专业科室（部门）进行专业管控。重大风险应及时编制风险管控方案，管控方案包括风险描述、管控措施、经费和物资、负责管控单位和管控责任人、管控时限、应急处置等内容。对于全矿的安全风险，应当建立安全风险管控清单进行管理。年度、专项、岗位和临时施工安全风险辨识评估后，要对矿井安全风险管控清单进行补充完善。一般情况下，矿井安全风险管控清单包括风险点、风险类型、风险描述、风险等级、危害因素、管控措施、管控单位和责任人、最高管控层级和责任人、评估日期、解除日期、信息来源等内容。

（七）辨识评估结果的应用

山东省煤矿双重预防机制地方标准对煤矿安全风险辨识评估结果的应用分为四个层次：年度辨识评估结果、专项辨识评估结果、岗位辨识评估结果和临时施工辨识评估结果的应用。这些应用主要是用于指导编制或完善相关的煤矿安全生产计划、设计方案、作业规程、操作规程、安全技术措施和安全管理制度等，使安全风险辨识评估的结果真正落实到安全生产工作实际，提升煤矿安全生产管理工作的针对性和实效性。

**二、隐患分级治理**

该部分对隐患分级、分类、治理措施和分级治理做出明确要求。

（一）隐患分级

山东省煤矿双重预防机制地方标准沿用了《安全生产事故隐患排查治理暂行规定》（国家安全生产监督管理总局令第16号）等规定对安全隐患分级的传统做法，将安全隐患分为重大隐患和一般隐患。重大隐患的判断,依据《煤矿重大生产安全事故隐患判定标准》(国家安全生产监督管理总局令第 85 号)确定。一般隐患借用山东煤矿近年来通用的细分做法,按照危害程度、解决难易、工程量大小等分为 A、B、C 三级。A 级是有可能造成人员伤亡或严重经济损失,治理工程量大,需由煤矿(企业)或上级企业、部门协调、煤矿(企业)主要负责人组织治理的隐患;B 级是有可能导致人身伤害或较大经济损失,治理工程量较大,需由煤矿(企业)分管负责人组织治理的隐患;C 级是治理难度和工程量较小,由煤矿(企业)基层区队(车间)主要负责人组织治理的隐患。这种隐患分级,为煤矿安全隐患分级治理提供了条件。

(二)隐患分类

为便于山东省煤矿双重预防地方标准与安全风险的融合,隐患类型的划分参照风险类型进行划分,分为 19 种类型。这种类型划分,既延续原有隐患分类方式,又便于同风险管控相衔接,方便煤矿双重预防信息系统对安全隐患的相关数据进行多维度分析。

(三)隐患治理措施

隐患治理应制定或落实治理措施,在治理过程中对伴随的风险进行管控,存在较大及以上风险的,应有专人现场指挥和监督,并设置警示标识。重大隐患和 A 级隐患,必须编制隐患治理方案,应当包括以下主要内容:治理的目标和任务,采取的治理方法和措施,经费和物资,机构和人员的责任,治理的时限,治理过程中的风险管控措施(包含应急处置)。

(四)隐患分级治理

煤矿对隐患排查的结果进行记录,建立隐患清单。隐患清单内容主要包括:风险点、隐患类型、隐患描述、隐患等级、治理措施、责任单位、责任人、治理期限、排查日期、销号日期、信息来源等。煤矿隐患清单中,应根据煤矿(企业)管理层级,实行分级治理、分级督办、分级验收。验收合格的予以销号,实现闭环管理;未按规定完成治理的隐患,应提高督办层级。重大隐患治理,由煤矿(企业)主要负责人组织实施。

### 三、过程管控

过程管控是山东省煤矿双重预防机制地方标准将安全风险管控和隐患排查治理有效融合的关键部分。煤矿(企业)要以风险点为基本单元,分系统、分专业对照安全风险管控清单开展安全风险管控效果检查分析和隐患排查。过程管控就是对煤矿(企业)生产经营全过程、全工序伴随的安全风险实施综合管控、专业管控和动态管控,规避安全风险或将安全风险降为企业可承受的风险状态。

(一)综合管控

煤矿(企业)主要负责人每月组织一次综合安全检查,检查安全风险管控措施的落实情况,同步开展隐患排查;月度检查是全面的系统性检查,必须落实检查计划、人员、时间、线路,做到全覆盖。检查人员对照各风险点安全风险管控清单进行检查,对查出的隐患落实到有关责任单位和责任人,并录入双重预防信息系统。检查后要组织会议分析安全风险管控效果和隐患产生原因,调整完善安全风险管控措施;对辨识的安全风险要进行补充并制定管控措施;在会议上通报隐患治理情况,对新发现的隐患要补充完善隐患清单,明确隐患分级治理责任;补充完善安全技术措施和作业规程。年度风险辨识评估报告、专项风险辨识评估报告及风险管控措施的审查审批,可以在月度会议上进行。

（二）专业管控

煤矿（企业）各专业分管负责人每旬组织一次安全检查,检查分析各专业的安全风险管控措施落实情况,同步开展隐患排查;也要对照安全风险管控清单进行检查。对查出的隐患要落实到有关责任单位和责任人,并录入双重预防信息系统。对新辨识的风险和排查出的隐患要补充完善安全风险管控清单和隐患清单。

（三）动态管控

动态管控分为区队、班组、岗位三个层次,对作业条件、重点工序、岗位风险进行安全确认,全过程排查隐患。同时上报新增的高级别风险和隐患,以便于管理者及时完善管控措施,制定隐患治理措施。

（1）区队（车间）每天开展安全检查,此项检查由区队（车间）管理人员进行,重点检查本单位所辖区域安全风险管控措施落实情况,排查治理隐患;发现隐患立即整改,不能立即整改的隐患及时上报,并录入双重预防信息系统。危及人身安全时停止作业并撤出作业人员,上报矿调度室,按程序处置;对发现新增风险要采取必要管控措施,使风险处于受控状态。

（2）班组长应对作业环境和重点工序进行安全检查,检查风险管控措施落实情况,排查治理隐患;对于危险区域的作业要进行照单检查,照单确认。发现隐患要组织整改,不能立即整改的隐患及时上报,当危及人身安全时停止作业,按程序处置;对新增风险采取有效风险管控措施,使风险处于受控状态,并及时上报。

（3）作业人员对岗位作业条件进行安全检查,依照岗位风险落实风险管控措施,排查治理隐患;发现隐患要立即整改,不能立即整改的要向班长和跟班领导汇报,当危及人身安全时应停止作业;发现新增风险及时汇报。

**四、信息平台建设**

信息平台建设是煤矿双重预防工作有效运行的关键,是确保双重预防工作落地的重要手段,能够大大提高双重预防机制运行效率,减少管理人员和工作人员的烦琐事务,提高管理水平。同时借助信息化手段来实现对相关工作的全过程记录、跟踪、统计、分析和预警,实现全过程的可查、可控、可追溯,进而达到双重预防工作实施的最终目的。

山东省煤矿双重预防地方标准的信息平台部分主要功能模块有3个,即安全风险分级管控、隐患排查治理、决策分析及预警,这3个模块共用数据库,实现对年度、专项和岗位风险辨识管理内容的全覆盖,实现数据库应用的无缝衔接,从而达到双重预防机制的管理要求。

（1）安全风险分级管控模块。实现对风险的全流程信息化管理,具备风险点管理以及辨识评估的管理功能,涵盖了风险分级管控的全过程。通过对年度和专项风险辨识结果的管理,实现风险的审核、上报功能,同时能够直观地展现煤矿（企业）的风险管控清单,能够按条件筛选风险,实施重点管理,同时通过综合管控、专业管控、动态管控等风险管控方式,跟踪各管理层级的风险管控落实情况。

（2）隐患排查治理模块。在实现隐患闭环辅助管理的基础上,实现对隐患和风险的链接管理,真正实现风险和隐患管理的相互融合。同时将重大隐患上报、排查计划管理、统计都纳入信息平台,实现对隐患排查治理的全流程、全覆盖。

（3）决策分析及预警模块。它是为管理层安全决策分析提供支持,按条件生成分析图表,用于对安全管理工作进行评价、分析。通过对安全风险和事故隐患的日常监测和多维度统计分析,能够实现可视化预警功能,当系统判定某项监测值超过预设的阈值(风险失控和隐患治理异常),即自动报警,从而达到国家关于安全风险动态管理"一张图""一张表"功能,提供更直观、更智能的预警信息。下一步将与生产相关系统集成,通过人员定位系统、监测监控系统等实现对人的行为、物的状态、环境的因素实时监测,为信息平台实现风险动态监测、评价、预警提供基础。

信息平台的过程管控,可以使用台式电脑信息系统、井下检查移动终端和手机 App 来实现实时录入、分析、处理功能,并通过短信或微信发送预警信息。

信息平台的运行与监管监察部门联网,实现数据上传功能,同时与政策方向保持一致,为政策方向调整做好了基础。信息平台本身将保证数据安全和数据的真实性。

**五、持续改进**

山东省煤矿双重预防地方标准的持续改进主要有 4 个方面,即年度系统性评审、煤矿从业人员安全培训、双重预防信息系统更新和安全风险管控措施强化等。

（一）年度系统性评审

矿井每年至少对本单位双重预防机制运行进行一次系统性评审,立足于整体性、实效性和大数据等 3 个层面,对全年双重预防工作数据进行多维度分析,评审双重预防机制管理制度的合理性和有效性,风险辨识评估工作的全面性和准确性,风险分级管控的科学性和有效性,隐患排查工作的规范性和全面性,双重预防信息系统的便捷性和实用性。通过分析查找制约煤矿双重预防工作发挥作用的环节,采取弥补措施,改进工作,提高煤矿双重预防工作的安全管理效能。

（二）煤矿从业人员安全培训

煤矿双重预防要求全员参与,全过程控制。培训作为有效开展双重预防的重要基础性工作,必须开展管理人员和技术人员等全员安全培训。只有通过培训才能全面提高煤矿从业人员对双重预防工作的认识,提高煤矿从业人员控制安全风险的能力。山东省煤矿双重预防地方标准要求每年对安全管理技术人员至少组织一次风险管理、辨识评估、隐患排查治理知识培训。每年对全体从业人员开展双重预防安全培训,内容至少应包括:双重预防的基本知识,年度辨识评估和专项辨识评估结果,与本岗位相关的风险管控措施,其目的就是推动煤矿双重预防工作能够实现持续改进,不断提升煤矿安全管理工作的有效性,实现煤矿安全生产工作的稳定。

（三）双重预防信息系统更新

煤矿在安全生产相关的法律法规标准等发布或发生变化时应当更新危害因素数据库

资料,在煤矿管理机构发生重大变化时应当更新相应的安全岗位制度,在国家对双重预防要求发生变化时应当更新煤矿的双重预防管理制度,在风险辨识评估发现新的危害因素时应当补充危害因素数据库资料,在煤矿双重预防信息系统功能发生变化时应当更新相应运行管理制度等。系统更新的目的是增加双重预防的针对性、实用性,防止系统与国家安全管理要求以及煤矿安全生产实际脱节,确保双重预防机制始终有效。

（四）安全风险管控措施强化

煤矿双重预防的核心要义是管控风险,管控安全风险措施的制定要考虑工程技术、安全管理、培训教育、个体防护和现场应急处置等方面,并落实安全、可行、可靠的要求。因此,煤矿在管控安全风险过程中,必须高度重视工程技术,优先采用安全、可行、可靠的新装备、新技术、新工艺和新材料等,提升对煤矿安全风险的管控能力。

# 第四节　山东省煤矿双重预防机制的内在关系

双重预防机制是一种防范生产安全事故的工作机制,是指在事故发生前,通过对安全风险进行分级管控和对事故隐患进行排查治理,将可能发生事故的各种因素进行有效的控制和排除,在事故发生前筑起两道"防火墙",以防范事故发生,实现安全生产的一套体系,即将风险分级管控和隐患排查治理两个不同阶段相互关联的一种工作机制,如图 2-7 所示。

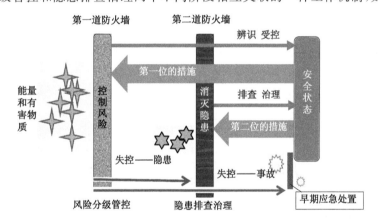

图 2-7　风险分级管控与隐患排查治理两道防火墙

山东省煤矿双重预防地方标准的核心部分关系可以用"533"概括,其中,"5"就是 5 个核心部分,即风险分级管控、隐患分级治理、过程管控、双重预防信息平台建设和持续改进等。

第一个"3"是指 3 个闭环,即通过风险辨识,风险评估分级,制定管控措施,落实分级管控责任,再到检查风险管控措施的有效性,形成风险分级管控闭环。通过对风险管控措施的有效性进行检查,确认安全隐患,制定隐患治理措施,落实隐患的分级治理责任,隐患治理、验收、销号等形成隐患排查治理的闭环。通过获取风险辨识评估控制闭环和隐患排查治理闭环中的基础数据以及其他相关环节中的基础数据,然后对双重预防机制的运行情况进行评审,查找失效或效果差的环节,制定改进措施,不断提高、完善双重预防机制工作,形成持续改进的闭环,如图 2-8 所示。

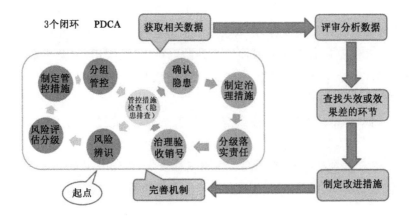

图 2-8　山东省煤矿双重预防地方标准中的 3 个闭环示意图

第二个"3"是指 3 个融合,即安全风险分级管控和隐患排查治理的有机融合,煤矿双重预防工作同现有安全管理工作的有机融合,双重预防工作同信息化的有机融合。其中,安全风险分级管控和隐患排查治理的有机融合,要求安全风险的辨识评估管控必须立足于减少、回避和控制风险,防止隐患产生。隐患的排查必须依照风险管控措施展开,隐患治理必须立足于完善风险管控措施。煤矿双重预防工作同现有安全管理工作的有机融合,就是在当前煤矿安全管理流程中,植入双重预防机制的内容,不是另起炉灶,不另搞一套。双重预防工作同信息化的有机融合,是指利用信息化手段,实现双重预防机制中的各项工作信息化,让信息多跑路,管理人员少跑腿,减轻安全管理人员工作量。山东省煤矿双重预防地方标准中的 3 个融合示意如图 2-9 所示。

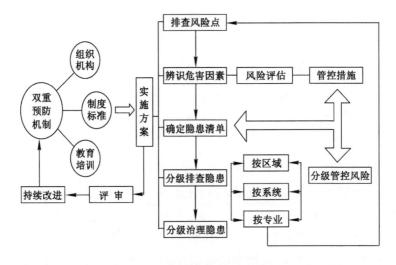

图 2-9　山东省煤矿双重预防地方标准中的 3 个融合示意图

# 第三章　山东省煤矿双重预防机制地方标准制定

## 第一节　标准的出台过程

### 一、标准的出台背景

（一）中央文件要求

1.《中共中央　国务院关于推进安全生产领域改革发展的意见》（图 3-1）

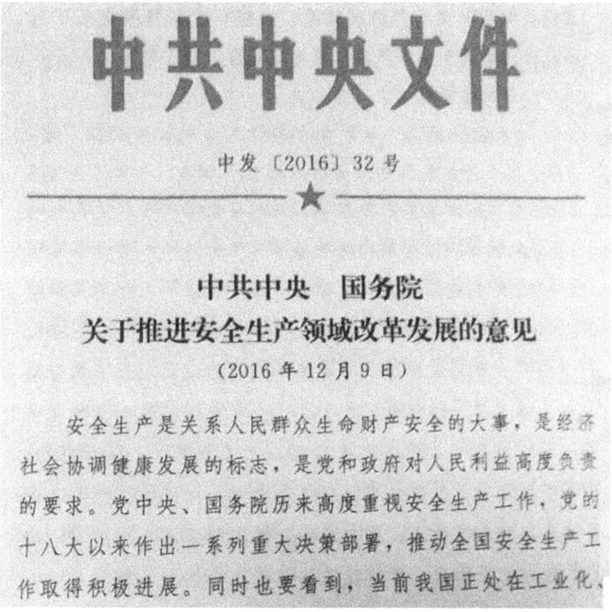

中共中央文件

中发〔2016〕32号

★

中共中央　国务院
关于推进安全生产领域改革发展的意见
（2016年12月9日）

安全生产是关系人民群众生命财产安全的大事，是经济社会协调健康发展的标志，是党和政府对人民利益高度负责的要求。党中央、国务院历来高度重视安全生产工作，党的十八大以来作出一系列重大决策部署，推动全国安全生产工作取得积极进展。同时也要看到，当前我国正处在工业化、

图 3-1　《中共中央国务院关于推进安全生产领域改革发展的意见》

《中共中央 国务院关于推进安全生产领域改革发展的意见》（中发〔2016〕32 号）在“五、建立安全预防控制体系”部分要求“（二十二）建立隐患治理监督机制”。《中共中央 国务院关于推进安全生产领域改革发展的意见》是中华人民共和国成立以来，第一个以党中央、国务院名义出台的安全生产工作的纲领性文件。

该文件坚持源头防范，构建风险分级管控和隐患排查治理双重预防工作机制，严防风险演变、隐患升级导致生产安全事故发生的基本原则。明确提出对重点行业、重点区域、重点企业实行风险预警控制，有效遏制重特大生产安全事故发生。

文件要求强化企业预防措施。企业要定期开展风险评估和危害辨识，建立分级管控制度。树立"隐患就是事故"的观念，建立健全隐患排查治理制度，实行自查自改自报闭环管理。建立隐患治理监督机制。负有安全生产监督管理职责的部门要建立企业隐患排查治理系统联网的信息平台，完善线上线下配套监管制度。

2.《国务院安委会办公室关于印发标本兼治遏制重特大事故工作指南的通知》

《国务院安委会办公室关于印发标本兼治遏制重特大事故工作指南的通知》（安委办〔2016〕3号）（图3-2）要求"健全安全风险评估分级和事故隐患排查分级标准体系"。

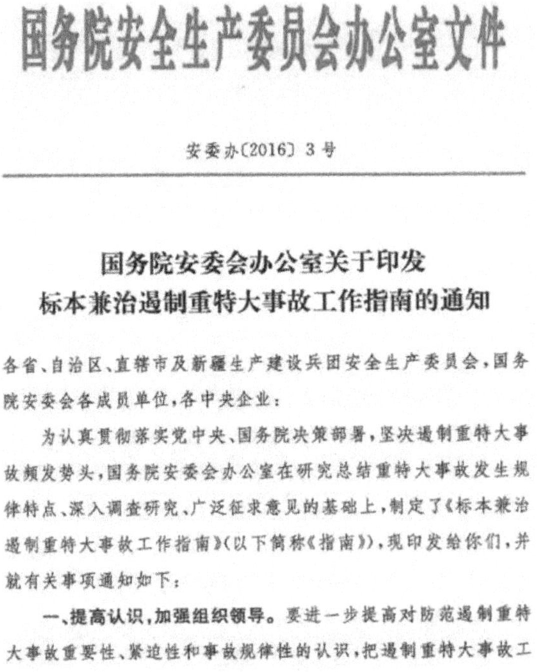

国务院安全生产委员会办公室文件

安委办〔2016〕3号

国务院安委会办公室关于印发
标本兼治遏制重特大事故工作指南的通知

各省、自治区、直辖市及新疆生产建设兵团安全生产委员会，国务院安委会各成员单位，各中央企业：

为认真贯彻落实党中央、国务院决策部署，坚决遏制重特大事故频发势头，国务院安委会办公室在研究总结重特大事故发生规律特点、深入调查研究、广泛征求意见的基础上，制定了《标本兼治遏制重特大事故工作指南》（以下简称《指南》），现印发给你们，并就有关事项通知如下：

**一、提高认识，加强组织领导。**要进一步提高对防范遏制重特大事故重要性、紧迫性和事故规律性的认识，把遏制重特大事故工

图3-2 《国务院安委会办公室关于印发标本兼治遏制重特大事故工作指南的通知》

《国务院安委会办公室关于实施遏制重特大事故工作指南构建双重预防机制的意见》（安委办〔2016〕11号）要求"国务院安全生产监督管理部门要协调有关部门制定完善安全风险分级管控和隐患排查治理的通用标准规范""各省级安全生产委员会要结合本地区实际，在系统总结本地区行业标杆企业经验做法基础上，制定地方安全风险分级管控和隐患排查治理的实施细则；地方各有关部门要按照有关标准规范组织企业开展对标活动，进一步健全完善内部预防控制体系，推动建立统一、规范、高效的安全风险分级管控和隐患排查治理双重预防机制。"

（二）地方文件要求

1.《山东省人民政府办公厅关于建立完善风险管控和隐患排查治理双重预防机制的通知》

《山东省人民政府办公厅关于建立完善风险管控和隐患排查治理双重预防机制的通知》（鲁政办字〔2016〕36号）（图3-3）规定的总体目标：全面开展安全生产隐患大排查、快整治、严执法集中行动，深入研究重特大事故的规律特点，认真分析安全风险大的行业领域和

关键环节,加快推行隐患排查治理、风险分级管控双重预防机制,建立完善安全生产风险分级管控体系、隐患排查治理体系和安全生产信息化系统,实现关口前移、精准监管、源头治理、科学预防。到 2019 年年初,在全省构建形成点、线、面有机结合,省、市、县、乡镇无缝隙对接,实现标准化、信息化的风险管控和隐患排查治理双重预防,从根本上防范事故发生,构建安全生产长效机制。

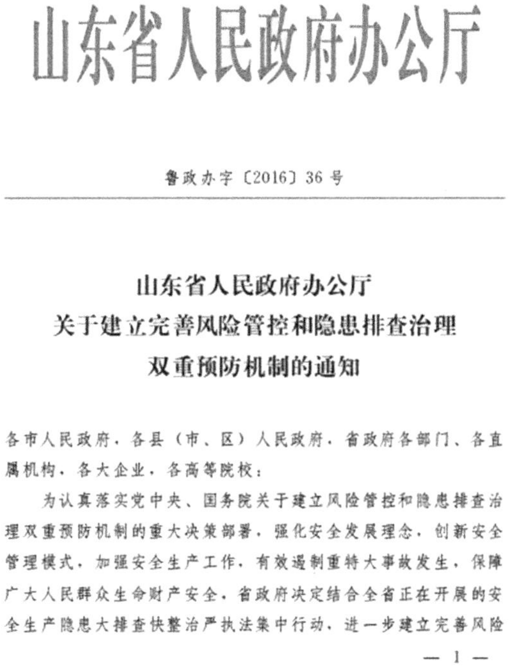

# 山东省人民政府办公厅

鲁政办字〔2016〕36 号

### 山东省人民政府办公厅
### 关于建立完善风险管控和隐患排查治理
### 双重预防机制的通知

各市人民政府,各县(市、区)人民政府,省政府各部门、各直属机构,各大企业,各高等院校:

为认真落实党中央、国务院关于建立风险管控和隐患排查治理双重预防机制的重大决策部署,强化安全发展理念,创新安全管理模式,加强安全生产工作,有效遏制重特大事故发生,保障广大人民群众生命财产安全,省政府决定结合全省正在开展的安全生产隐患大排查快整治严执法集中行动,进一步建立完善风险

— 1 —

图 3-3 《山东省人民政府办公厅关于建立完善风险管控和隐患排查治理双重预防机制的通知》

2.《中共山东省委　山东省人民政府关于深入推进安全生产领域改革发展的实施意见》

2018 年 1 月 23 日,《中共山东省委　山东省人民政府关于深入推进安全生产领域改革发展的实施意见》(鲁发〔2018〕5 号)(图 3-4)要求"强化安全风险管控。制定各行业安全风险分级管控地方标准。督促企业严格落实安全风险管控主体责任,对排查确认的风险点,要逐一明确管控层级(公司、车间、班组、岗位)和管控责任、管控措施。鼓励安全风险管控标杆企业和市场化运作的中介机构合作推进其他企业的风险管控。利用安全风险分级管控和隐患排查治理网上巡察平台,对重大风险点实施动态监控和事故预警。"

(三)山东省双重预防机制建设工作需要

1. 山东省双重预防地方标准制定工作推进迅速

山东省除煤矿外的其他行业,在双重预防地方标准制定方面启动比较早。2016 年国务院安委会部署此项工作后,地方随机启动了标准制定工作,2016 年 12 月 7 日就公布了《山东安全生产风险分级管控体系通则》(DB 37/T 2882—2016)和《山东安全事故隐患排查治理体系通则》(DB 37/T 2883—2016)。2016 年以来,山东省 71 个具体行业门类中已经立项的 164 个细分行业都已启动双重预防工作地方标准的编制工作。到 2018 年初,已有 20 个细

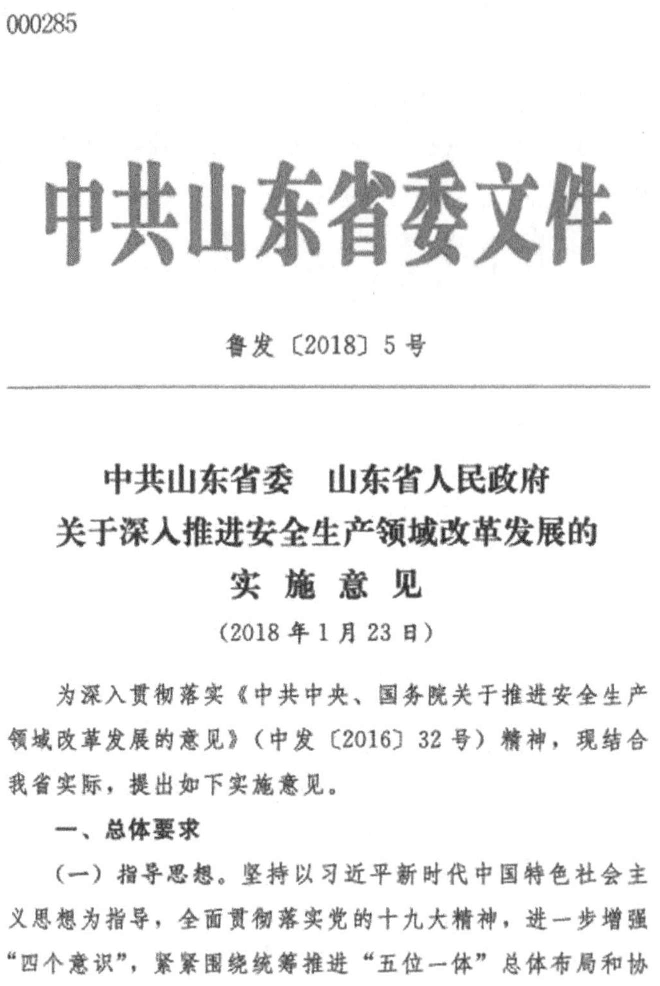

000285

# 中共山东省委文件

鲁发〔2018〕5号

## 中共山东省委　山东省人民政府
## 关于深入推进安全生产领域改革发展的
## 实　施　意　见
### （2018 年 1 月 23 日）

为深入贯彻落实《中共中央、国务院关于推进安全生产领域改革发展的意见》（中发〔2016〕32 号）精神，现结合我省实际，提出如下实施意见。

**一、总体要求**

（一）指导思想。坚持以习近平新时代中国特色社会主义思想为指导，全面贯彻落实党的十九大精神，进一步增强"四个意识"，紧紧围绕统筹推进"五位一体"总体布局和协

图 3-4　《中共山东省委 山东省人民政府关于深入推进安全生产领域改革发展的实施意见》

分行业制定并公布了地方标准。煤矿双重预防机制地方标准的启动，在山东省已经属于启动比较晚的。

2. 山东煤矿双重预防工作标准亟待统一

近几年，山东煤矿在双重预防方面做了大量扎实有效的工作，整体推进比较迅速，但是也暴露出诸多问题。一是建设和使用"两张皮"。一些煤矿为建设而建设，系统建立了不使用。二是风险分级管控和隐患排查治理"两张皮"。没有把隐患和风险关联起来。三是有的担心数据上传省局平台后，山东煤矿安全监察局会作为行政处罚的依据，不敢上传。四是有的集团公司没有引起重视，没有统筹考虑推进双重预防机制建设工作。五是认识不统一。有些煤矿由于没有深入学习研究，对一些问题争议不断。六是做法不统一。有些煤矿是全面抓，参与人员比较多；有些煤矿则是只有几个人在做，完全是为了应付安全生产标准化达标。七是工作进展不统一。重视的单位，持续推进，工作做得比较好；有的单位则是进展到一定的程度后，开始等待观望；有的甚至认为安装了双重预防信息系统就算完成了

任务。这些问题不解决,严重制约着双重预防工作的继续推进,亟须出台具体的工作标准进行统一。

3.地方法规中关于双重预防机制要求建设的要求需出台具体标准

近两年,山东省修订的《山东省安全生产条例》和《山东省经营单位安全生产主体责任规定》中,规定了企业在建设推行双重预防机制建设方面的相关责任,并制定了相应的罚则,使推进双重预防工作做到了有法可依。但由于双重预防机制建设是安全管理方法的探索创新,且这两部法规都是地方法规,受立法权限限制,只能对双重预防工作进行原则的规定。这就亟须标准来细化、具体化,才能有比较强的操作性,《煤矿安全风险分级管控和隐患排查治理双重预防机制实施指南》正是契合了这样一个需求,使煤矿双重预防机制的各项要求变得明确而具体,为双重预防执法工作奠定了基础。

## 二、标准的出台过程

2018年年初,山东煤矿安全监察局根据山东省委、省政府的工作部署,将制定煤矿双重预防机制地方标准作为年度重点任务,并迅速启动了标准制定工作。

（一）起草前工作调研

2018年新春伊始,山东煤矿安全监察局就紧锣密鼓地开展了调研,先后到双重预防机制开展比较好的兖矿集团(图3-5)、枣矿集团(图3-6)、临矿集团及其下属会宝岭铁矿调研,还专程到已经完成双重预防机制标准制定的临矿集团会宝岭铁矿(图3-7)调研。调研丰富了经验,开拓了思路,坚定了制定山东省煤矿双重预防机制地方标准的信心。同一时间,煤监局向山东地方标准主管部门提交标准立项建议书,如图3-8所示。

图 3-5　兖矿集团调研　　　　图 3-6　枣矿集团调研　　　　图 3-7　会宝岭铁矿调研

（二）成立标准起草组

2018年3月16日,山东煤矿安全监察局联合兖矿集团、中国矿业大学成立标准起草领导小组和工作组,成立起草组文件(图3-9),明确了起草工作组的相关人员。在起草组成立会议上,邀请山东省标准化院专家讲解地方标准制定规则和要求,探讨研究了制定煤矿双重预防机制地方标准的总体思路和标准架构,明确了各参编单位和人员的任务分工以及工作进度要求。

山东省地方标准项目建议表

| 项目名称 | 煤矿安全风险分级管控和安全隐患排查治理双重预防体系实施指南 | 计划周期 | （6）个月 |
|---|---|---|---|
| 标准类型 | ☑制定 □ 修订（修订标准名称及编号） | | |
| 标准性质 | □ 强制性　☑ 推荐性 | | |
| 主导起草单位 | 山东煤矿安全监察局、兖矿集团有限公司、中国矿业大学 | 联系人 | 姓名：张传新<br>电话：0531-85686132<br>邮箱：sdzhangchuanxin@163.com |
| 省级行业主管部门 | 山东煤矿安全监察局 | 联系人 | 姓名：张传新<br>电话：0531-85686132 |

一、立项必要性和可行性

（一）必要性

2015 年 12 月份，习近平总书记在中央政治局常委会上发表重要讲话，强调："必须坚决遏制重特大事故频发的势头，对易发重特大事故的行业领域采取安全风险分级管控、隐患排查治理双重预防性工作机制，推动安全生产关口前移"。2016 年 12 月 18 日，中共中央国务院印发的《关于推进安全生产领域改革发展的意见》"坚持源头防范"的基本原则要求，"构建风险分级管控和隐患排查治理双重预防工作机制"。国务院安委会办公室 2016 年 4 月印发《标本兼治遏制重特大事故工作指南》（安委办〔2016〕3 号）提出"到 2018 年，构建形成点、线、面有机结合、无缝对接的安全风险分级管控和隐患排查治理双重预防性工作体系"的主要目标。2016 年 3 月份，山东省人民政府办公厅《关于建立完善风险管控和隐患排查治理双重预防机制的通知》（鲁政办字〔2016〕36 号），2017 年 3 月份，山东省人民政府安全生产委员会印发《关于进一步加强风险分级管控与隐患排查治理"两个体系"建设工作的通知》（鲁安发〔2017〕12 号）。2016 年 6 月 7 日公布实施《山东省生产经营单位安全生产主体责任规定》（省政府 303 号令），2017 年 5 月 1 日施行的《山东省安全生产条例》对生产企业开展安全生产双重预防体系建设作出了明确

图 3-8　《实施指南》立项建议书

# 山东煤矿安全监察局文件

鲁煤监政法〔2017〕64 号

山东煤矿安全监察局
关于成立推进煤矿风险分级管控和
隐患排查治理双重预防机制建设
领导小组的通知

各产煤市、县（市、区）煤矿安全监管部门，各省属、市县属矿业集团，各煤矿：

为扎实推进全省煤矿风险分级管控和隐患排查治理双重预防机制（以下简称"双防机制"）建设，强化组织机构，加强协调

图 3-9　成立起草组文件

（三）形成标准草稿

标准参编单位和人员分工协作,搜集、查阅了大量国内外现行风险分级管控和隐患排查治理方面的法规、文件和研究资料。经过两次封闭办公,认真分析研究相关文献资料、全省煤矿的安全管理现状和双重预防工作经验,经过充分的酝酿讨论,思想碰撞,几易其稿,形成了《实施指南》初稿,初稿形成过程中的部分工作如图 3-10、3-11 所示。

图 3-10　标准起草培训现场　　　　　图 3-11　东滩煤矿起草标准讨论会

（四）形成意见征求稿

2018 年 4 月下旬,山东煤矿安全监察局组织标准起草工作人员同山东能源新矿集团、枣矿集团、淄矿集团、肥矿集团、龙矿集团,济矿集团等单位的双重预防工作人员对《实施指南》初稿进行认真讨论(图 3-12),进一步完善,形成了《实施指南》征求意见稿。

图 3-12　起草组同部分矿业集团和监察分局分管人员讨论修改初稿

（五）书面征求意见

2018 年 4 月 28 日至 5 月 31 日,山东煤矿安全监察局就《实施指南》征求意见稿并附"编制说明"向省内各地市煤矿安全监管部门和主要煤矿集团、煤矿企业进行了为期一个多月的书面征求意见(图 3-13)。共计收到 41 个单位的 88 条修改意见,其中包括 6 个地市级煤矿安全监管部门,2个县市级煤矿安全监管部门,8个矿业集团公司,25处各类型煤矿。

# 山东煤矿安全监察局

## 山东煤矿安全监察局
### 关于征求《煤矿双重预防机制建设实施指南》
### 修改意见的通知

各市煤矿安全监管部门,各矿业集团公司:

为深入推进和规范山东煤矿安全风险分级管控和隐患排查治理双重预防机制建设,根据《中共山东省委、山东省人民政府关于深入推进安全生产领域改革发展的实施意见》(鲁发〔2018〕5号),国务院安委会和山东省政府有关文件要求,山东煤矿安全监察局在充分调研的基础上,提出立项并组织编制了《山东煤矿安全风险分级管控和隐患排查治理双重预防机制建设实施指南》(征求意见稿),现书面征求意见。

图 3-13  书面征求意见

## (六)形成送审稿

2018年6月中旬,标准起草组对征求到的意见和建议进行认真梳理研究。研讨期间,还邀请枣矿集团和淄矿集团的有关人员进行面对面交流,对《实施指南》进一步进行修改完善,6月15日形成送审稿,如图3-14所示。

**山东省地方标准**
**《煤矿安全风险分级管控和隐患排查治理双重预防机制建设实施指南》编制说明**

为指导煤矿(企业)和相关阅读者、使用者准确理解把握《煤矿安全风险分级管控和隐患排查治理双重预防机制建设实施指南》(以下简称《实施指南》)的相关概念、内涵及逻辑关系,起草工作组编制了本说明。

一、项目背景

(一)全省煤矿现状

2018年底,山东共有煤矿121处,核定生产能力15257万吨。2017年全省煤矿生产原煤13098.7万吨,占山东2017年煤炭消费的34.26%。

山东煤矿安全监察监管部门、煤矿企业以习近平总书记关于安全

图 3-14  《实施指南》送审稿

## (七)专家评审

2018年7月18日,山东省质量技术监督局组织山东科技大学、山东省安全生产标准化委员会、山东省标准化研究院、中国煤炭协会和部分煤矿企业从事双重预防工作的专家学者对《实施指南》进行了审查。与会专家按照《山东省地方标准管理办法》要求,逐条逐项进行了严格审查,严格把关,并提出了部分修改意见。经过审查,与会专家一致通过了《实施指南》,认为该标准内容科学、合理,可操作性强。审查工作结束后,起草组逐条落实了专家

审查意见,最终形成报批稿。专家评审现场及会议纪要如图 3-15 所示。

山东省地方标准
《煤矿安全风险分级管控和隐患排查治理
双重预防机制实施指南》专家审查会
会议纪要

　　2018 年 7 月 18 日,山东省质量技术监督局在济南组织召开了地方标准《煤矿安全风险分级管控和隐患排查治理双重预防机制实施指南》(以下简称《标准》)专家审查会。来自国家煤矿安全监察局、中国煤炭工业协会、山东省安全生产技术标准化委员会、山东省标准化研究院、山东科技大学、山东煤炭工业信息计算中心、枣矿集团、肥矿集团等单位共 8 名专家组成审查委员会,听取了《标准》起草组编制情况的汇报,对《标准》的内容逐条进行了审查,形成意见如下:

图 3-15　专家评审现场及会议纪要

（八）公示发布

　　2018 年 8 月 2 日至 8 月 17 日,山东省质量技术监督局在其官方网站向社会公示《实施指南》。在内部审批通过后,9 月 14 日正式向社会发布(图 3-16)。

# 山东省地方标准公告

## 2018 年第 20 号

## 山东省质监局关于批准发布《煤矿安全风险分级管控和隐患排查治理双重预防机制实施指南》等 10 项山东省地方标准的公告

　　山东省质量技术监督局批准《煤矿安全风险分级管控和隐患排查治理双重预防机制实施指南》等 10 项山东省地方标准,现予以公布(见附件)。

　　附件:《煤矿安全风险分级管控和隐患排查治理双重预防机制实施指南》等 10 项山东省地方标准（不随文件发送）

山东省质监局
2018 年 9 月 14 日

图 3-16　《实施指南》正式向社会发布

# 第二节　标准的基本思路

## 一、标准起草工作思路

标准起草工作组在最初的时候也是想按照山东省地方标准《安全生产风险分级管控体系通则》(DB 37/T 2882—2016)和《生产安全事故隐患排查治理体系通则》(DB 37/T 2883—2016)要求的模式分开编写,上报山东省质量技术监督局的立项文件也是分成两个部分。但是,在充分研究了关于双重预防工作的文件资料和已经出台的相关标准后,起草组一致认为,双重预防是一项工作,而不是两项工作。风险管控和隐患排查治理之间的关系,就像我们中国的太极图,黑中有白,白中有黑,黑白不可分,共同组成一个完整的图案。在达成共识之后,标准起草工作组专门到山东省质量技术监督局进行了沟通,最终形成编制该标准的新思路。

## 二、编制原则

### (一)规范性

《实施指南》遵照国家规定、标准通则以及国家和山东省的最新文件要求,引用部分行业标准,借鉴和吸收国际、国内安全风险管控体系和隐患排查治理工作的相关标准、现代安全管理理念和生产经营单位的安全风险分级管控和隐患排查治理双重预防机制工作成功经验,根据职业健康、安全管理工作及安全生产标准化建设等相关要求,结合山东省煤矿(企业)安全生产实际编制。

### (二)整体性

《实施指南》一是实现了安全风险分级管控和原有隐患排查治理工作的统一;二是实现了双重预防机制和煤矿日常安全管理工作有机融合,统一于煤矿安全生产工作的整体之中,真正把风险分级管控挺在隐患前面,把隐患排查治理挺在事故前面,实现两者无缝对接,杜绝"两张皮"现象。

### (三)高效性

《实施指南》把安全检查、安全风险分级管控和隐患排查治理以及信息化管理有机结起来,通过规范管控流程,实施过程管控,节省了人力、物力和时间,提高了安全管理工作的效率。

### (四)实用性

《实施指南》立足简单、易行,好理解,好接受,紧密结合现有工作实际,明确了风险辨识评估结果应用,实现了与实际工作有机结合,提高了设计、规程措施的科学性和针对性,日常管理工作中能够做到照单检查,照单评估。

### (五)前瞻性

《实施指南》在信息平台建设方面,充分结合煤矿实际和未来发展需要,明确了信息平台模块的基本功能,也为安全风险管控和隐患排查治理的不断完善和提升做了充分考虑,预留了后期提升空间,比如微信、短信推送功能,其他监控系统异常数据接入功能、移动终端接入功能等。

### 三、整体架构

《实施指南》的整体架构是采用动态管控的方式将风险管控、隐患排查治理和煤矿现场管理实际充分融合,形成一个完整的工作机制。各部分之间的核心联系可以用"133"概括。

"1"是指危害因素,是贯穿煤矿双重预防机制的一条主线。煤矿首先通过建立本单位的危害因素数据库,接着危害因素辨识安全风险,然后对风险进行分级管控。最后,根据管控措施排查隐患,发现安全隐患后,再借助危害因素在双重预防信息平台中实现对相关安全风险的动态预警,同时还可在信息平台中实现对危害因素风险等级的动态评估。

第一个"3"是指"3个闭环",即通过风险辨识,风险评估分级,制定管控措施,落实分级管控责任,再到检查风险管控措施的有效性,形成风险分级管控闭环;通过对风险管控措施进行有效性检查(这个环节也就是隐患排查,视同风险闭环的节点),确认安全隐患,制定隐患治理措施,落实隐患的分级治理责任,治理隐患,验收,销号等形成隐患排查治理的闭环;通过获取风险辨识评估控制闭环和隐患排查治理闭环中的基础数据以及其他相关环节中的基础数据,然后对双重预防机制的运行情况进行评审,查找失效或效果差的环节,制定改进措施,对双重预防机制工作进行不断完善、不断提高,形成持续改进的闭环。弄清楚这"3个闭环",也就弄明白双重预防机制的关键部分;认真贯彻好了这"3个闭环",才能落实好煤矿双重预防机制,推动煤矿安全管理工作实现螺旋式上升,不断提高安全管理效果。

第二个"3"是指"3个融合",即安全风险分级管控和隐患排查治理的有机融合,煤矿双重预防工作和现有安全管理工作的有机融合,双重预防工作和信息化的有机融合。其中,安全风险分级管控和隐患排查治理的有机融合,要求安全风险的辨识评估管控必须立足于减少回避和控制风险,防止隐患产生。隐患的排查必须依照风险管控措施展开,隐患治理必须立足于完善风险管控措施。煤矿双重预防工作和现有安全管理工作的有机融合,就是在当前煤矿安全管理流程中,植入双重预防机制的内容,而不是另起炉灶、另搞一套。双重预防工作和信息化的有机融合,是指利用信息化手段,实现双重预防机制中的各项工作信息化,让信息多跑路,管理人员少跑腿,减轻安全管理人员工作量。

### 四、《实施指南》对信息化的要求

(一)为什么《实施指南》中着重强调信息平台的建设

1. 煤矿安全管理信息化发展的需要

双重预防机制作为现代化的管理理念,不可能用传统的方式来实现,必须适应信息化发展的需要,用信息化的手段来实现。山东省的煤矿生产已经在向着智能化方向发展,没有信息化做支撑是不可行的,这也是为智能化奠定基础。

2. 数据庞大、关系复杂,必须利用信息化手段才能实现

煤矿风险点多(如采掘作业地点,通、提、压、排等各大系统,提升机、压风机、供电等作业场所,各种特殊作业)、风险类型多(水、火、瓦斯等 19 大类)、管控措施非常多,数据量非常大,而且往往一点多险(一个风险点内有多个风险和危害因素)、一险多因(一个风险有多个

危害因素)，还存在相互的重叠和交叉(如通风系统这个风险点的风险和管控措施与采煤工作面这个风险点在通风方面的风险和管控措施，是存在重叠和交叉的)。数据庞大、关系复杂，如果还运用传统的手段，不借助信息化手段，双重预防机制是无法高效流畅运行。

3.提高工作效率，提升工作质量

信息化建设可以减少管理人员和工作人员的烦琐事务，提高管理水平，能够大大提高双重预防机制运行效率。借助信息化手段来实现对相关工作的全过程记录、跟踪、统计、分析，实现全过程的可查、可控、可追溯，运用传统的方法信息都是零散的、孤立的。能够对风险状况的动态变化快速、高效、准确的反应，达到实时动态预警的功能。

4.双重预防机制信息化是煤矿安全生产信息化重要的组成部分

由于监控各种灾害因素的需要，近年来煤矿安装了很多的监控系统，这些系统每时每刻都在产生着海量的安全信息数据，根据原国家安全生产监督管理办公厅《关于印发全国安全生产"一张图"地方建设指导意见书的通知》(安监总厅规划〔2017〕69号)的要求，"要按照全国安全生产信息化'一盘棋''一张网''一张图''一张表'的总体目标要求，结合各省煤矿特点，建设省级高危行业(煤矿)风险预警与防控系统"。煤矿双重预防信息系统也是全国煤矿安全信息"一张图"的一部分。

(二)信息平台的主要功能模块

基于以上4个方面原因和具体工作运行的需要，对双重预防机制的信息化建设提出了要求，规定了基本要求，并设置了"风险分级管控""隐患排查治理""统计分析及预警"和"系统接口"等4个功能模块。

## 第三节　标准的主要内容

《实施指南》虽然有11个部分，但是主要内容有4个部分，即安全风险辨识评估、隐患排查治理、风险过程管控和信息平台建设，其中安全风险辨识评估、隐患排查治理、风险过程管控之间形成了严密的逻辑关系。

首先，进行风险辨识，辨识的同时进行风险评估，形成风险清单。风险清单是风险分级管控的基础。各级管理人员、技术人员和安监人员根据各自的清单进行风险动态管控，形成管控记录。这部分就是风险分级管控。

其次，风险管控过程中发现管控不到位的措施，则记录隐患，进行隐患整改和验收工作。这部分就是隐患排查治理。

最后，矿井管理人员必须定期对风险管控情况和隐患治理情况进行分析，根据分析情况完善措施或补充辨识，从而形成一个完整的、不断提升的闭环管理。双重预防信息平台实现了上述流程的信息化运作。

《实施指南》编写的目的是规范双重预防机制建设思想和体系，消除当前各方理解不一致的混乱局面，为煤矿的双重预防机制建设提供一个可操作的框架，切实落实国家对双重预防机制建设的要求，满足煤矿安全生产标准化的规范。

《实施指南》主体内容可分为7大块，共11个小节，内容框架如图3-17所示。

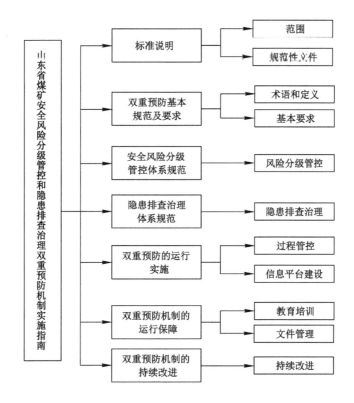

图 3-17 《实施指南》内容框架

《实施指南》从内容主题上可划分为标准说明、双重预防基本规范及要求、安全风险分级管控体系规范、隐患排查治理体系规范、双重预防的运行实施、双重预防机制的运行保障以及双重预防机制的持续改进 7 部分内容。这 7 部分内容涵盖了双重预防机制建设的方方面面,从整体策划、实施运行、检查考核和改进提升 4 个方面,形成机制本身的一个完整的 PDCA 循环,确保了机制的可操作性和持续改进的要求。下面分别从 7 个主题内容来介绍《实施指南》。

**一、标准说明**

该部分内容包括标准的适用范围和引用的规范性文件,明确《实施指南》标准的适用对象为山东省行政区域内各合法生产的煤矿,省内煤矿企业需按标准要求开展双重预防机制的建设工作,省外同行业企业可视自身情况作为参考借鉴。

规范性引用文件阐述《实施指南》编写的基础,即在国家法律、法规基础之上编制,满足国家的标准。规范性引用文件中同时还包括山东省地方政府的文件要求,满足了地方政府对行政区域内企业双重预防机制的建设要求。

**二、双重预防机制的基本规范及要求**

该部分内容是企业建设双重预防机制的基础,明确了相关术语的定义以及基本的规范要求。

首先是术语的定义,包括风险、风险点、危害因素、风险辨识评估、风险预警、风险分级管控、风险管控措施、隐患和隐患排查。其中大部分术语引用于国家标准或地方(行业)标准,如风险、风险点、隐患等,它们是安全管理领域内的基本概念,已经被相关行业的从业人员广泛接受。另有部分术语是根据山东省企业双重预防机制建设的实际情况而创新定义或根据实际需要改写引用文件中的相关术语,如危害因素、风险预警等。

以危害因素为例,"危害因素"是《实施指南》中首次提出的,其定义为:"存在能量或有害物质,或导致约束、限制能量或有害物质意外释放的管控措施失效或破坏的不安全因素。"《实施指南》摒弃了危险源这一概念,因其并不适用于煤炭行业的安全管理,其定义并不完全符合煤矿生产中涉及的所有有毒、有害物质和能量的载体,危险源这一概念更适用于危化品行业。如危险源中对重大危险源的定义在煤矿中就无法适用。因此在煤炭行业的双重预防机制建设中,山东省结合在试点企业实际的双重预防建设经验创造性提出了危害因素这一概念,使风险辨识工作思路和逻辑更加清晰。相关的术语定义都是遵循实际建设工作的可操作性以及逻辑的清晰明确。

其次是基本要求,对建立双重预防机制的人员职责和制度做了明确的要求。《实施指南》对企业建设双重预防机制过程中工作的责任主体做了明确。而企业需要在此基础上,进一步细化双重预防建设工作的责任体系,如风险分级管控工作责任、隐患排查治理工作责任以及双重预防机制运行考核工作责任等等,只有明确细化人员职责,双重预防建设工作才能有序开展。如果想将工作职责内化为员工的习惯,那么就要建立相应的制度予以规范。

双重预防机制工作制度是其在企业有效落地运行的保障,包括:安全风险分级管控制度、隐患排查治理工作制度、双重预防机制教育培训制度和双重预防机制运行考核制度等。需要注意的是,这并不是要求企业完全抛开自己长期运行的安全管理方法、流程、制度等重新设立,安全生产标准化中也没有要求单独建立双重预防机制的制度和流程,强调的也是与企业现有制度的融合,在企业中有效落地。因此,企业必须全面梳理自身与安全有关的管理制度、流程、方法,按照双重预防机制的要求重新体系化,实现新体系的可操作、可运行。

**三、安全风险分级管控体系规范**

该部分内容按照安全风险分级管控的实际工作开展,依次说明了相应步骤的规范要求,如图 3-18 所示。工作步骤包括:风险点——风险辨识——风险评估——制定风险管控措施——管控责任——风险管控清单——评估结果应用。

(1)风险点内容包括风险点划分和风险点排查。该部分内容明确了风险点的划分原则与方法,并对形成的风险点台账提出内容要求。风险点划分是风险辨识的基础,只有在确定煤矿企业所有风险点之后,才能依据风险点类型和特点,组织相应安全、生产技术人员去辨识风险点内的风险。

(2)风险辨识包括辨识组织、风险类型和辨识方法。辨识组织明确了风险辨识活动

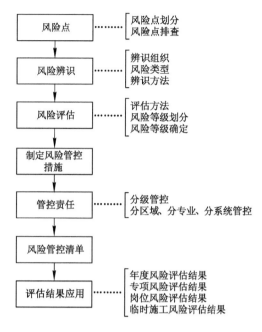

图 3-18　安全风险分级管控工作步骤

的组织人和参与人,列举出煤矿企业每年应开展的风险辨识活动,包含年度风险辨识、专项风险辨识、岗位风险辨识以及临时施工作业前的风险辨识。风险类型在事故伤害类型的基础上增加了煤矿生产中特有的事故类型,以便于风险辨识时更全面、不遗漏。辨识方法的列举,是为了规范辨识的逻辑流程,如利用安全检查法(SCL),辨识系统以及设备、机器装置和操作管理、工艺、组织措施中的各种不安全因素,罗列成表进行分析。辨识方法并不局限于《实施指南》中列举的方法,煤矿企业可根据实际情况,选择合适的方法进行风险辨识。

(3)风险评估是对辨识出来的风险,按照特定的定性分析方法,把主观辨识的风险参考实际情况进行定量衡量,并依据其风险值进行等级划分。该内容主要分为三部分,包括评估方法、风险等级划分和风险等级确定。评估方法即对风险进行定性分析的评价方法,如风险矩阵分析法(LS)、作业条件危险性评价法(LEC)等。风险等级的划分则按照评价的风险值从高到低划分为重大、较大、一般和低风险。需要说明的是煤矿企业大部分风险等级都可以按照评估方法并结合实际情况自行划分,但根据地区水文地质特点或事故破坏后果等因素,某些情形下存在的风险,需直接认定为重大风险,如在本书直接确定为重大风险的情形包括:水文条件复杂、极复杂矿井的主排水系统可能导致淹井的风险;主副提升系统断绳、坠罐风险等(详情可参见本书附录三)。

(4)制定风险管控措施。该部分内容《实施指南》中没有制定详细的规范,因为风险管控措施的制定需要"因地制宜",从工程技术、管理、培训教育、个体防护、应急处置等方面考虑具体的安全技术措施,按照安全、可行、可靠的要求对风险制定相应的管控措施。重大风险还应根据要求编制相应的风险管控方案,并对方案内容做具体的要求。

（5）管控责任内容主要包含两个方面，一方面是满足《煤矿安全生产标准化》的基本要求，分层级管控，从矿长级到班组岗位都有相应级别的风险管控责任；另一方面从区域、系统和专业角度对风险的管控责任又进行了细化，做到风险管控的无遗漏。

（6）风险管控清单。以上工作完成之后，至少要形成两个清单，一个是安全风险分级管控清单，另一个是重大安全风险清单。《实施指南》中对两个清单均明确了相应的内容，以便之后的检查评审有规可循。需要注意的是，清单内容并不是一成不变的，要根据日常的管控排查活动和定期的总结分析对风险清单内容进行更新，只有不断地查漏补缺，才能完善企业的风险信息库。

（7）评估结果的应用。应用内容参考煤矿安全生产标准化要求，主要分年度风险评估结果的应用、专项风险评估结果的应用、岗位风险评估结果的应用和临时施工结果的应用等。

### 四、隐患排查治理体系规范

该部分内容主要按照隐患闭环治理的流程展开，隐患排查治理流程如图 3-19 所示。

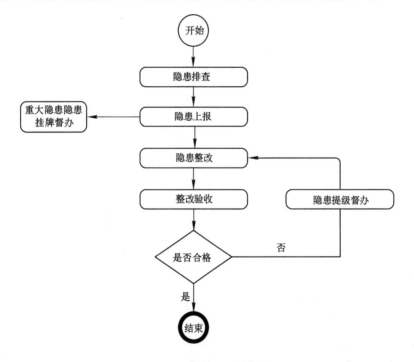

图 3-19　隐患排查治理流程

针对流程中的关键步骤，《实施指南》中都做了相应的规范。在隐患上报环节，对上报的隐患根据其治理难度和可能导致的事故后果和影响范围，进行了相应的隐患分级，除依据国家煤矿重大生产安全事故隐患判定标准确定重点隐患外，《实施指南》中对一般隐患又根据其危害程度、解决难易及工程量大小等划分成 A、B、C 三级（划分细则可参见本书附录三）。在隐患的类型划分中，除考虑隐患在实际治理中的划分依据，还要考虑风险和隐患之间的关联关系。因此《实施指南》中对隐患类型的划分规定参考了风险类型的划分。

在隐患的治理环节,《实施指南》强调在治理过程中对伴随风险的管控,如对存在较大及以上风险的,要求专人现场指挥和监督,并设置警示标识。对于重大隐患和一般 A 级隐患,强调应有编制相应的隐患治理方案(方案内容规定可详见本书附录三)。

《实施指南》对隐患的闭环管理强调分级管理,实行分级治理、分级督办、分级验收。其层级的划分和风险管控层级相对应,实现不同的风险等级与不同等级的隐患划分同一级别的管理层中,使不同层级的风险隐患管理职责明确。同时对于未能按期完成治理或治理不合格的隐患进行提级督办。

**五、双重预防的运行实施**

双重预防机制的运行实施,主要体现在对过程管控和信息化平台建设的要求方面。双重预防机制中对风险和隐患是一体化管理,换言之,风险的管控和隐患的排查是同时进行的,在山东省的《实施指南》中,过程管控体现的风险隐患一体化管理流程,如图 3-20 所示。

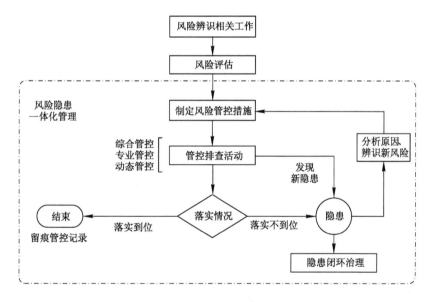

图 3-20　风险隐患一体化管理流程图

如图 3-20 所示,虚线框中的活动流程体现了风险隐患一体化管理的主要思想。根据管控排查活动的不同结果,分别对应不同的处理流程:

首先是照单排查后如果发现风险管控的措施有效,那么风险处于可接受状态且没有发现新隐患,此时只需留痕管控记录即可。

其次是照单排查后如果发现风险管控措施存在漏洞或措施失效,那么此时失效的措施已经成为隐患,需要记录并进行措施的补充完善(即隐患闭环治理流程)。

最后就是在过程管控中如果发现了新隐患(指风险清单中没有相关联的风险),那么此时需要记录隐患并上报处理,进入隐患闭环治理环节。

需要注意的是,无论是风险管控措施失效还是发现新的隐患,最终都会记录在隐患台账中,每月(旬)的分析总结会议中需要对隐患进行分析,辨识其中的新风险,并制定相应的风险管控措施。最后将新风险添加进企业的安全风险分级管控清单中,通过这种动态的补充,不断地完善企业的风险清单,使其越来越全面且贴合煤矿企业自身的实际情况。

过程管控中的排查活动主要有三种:综合管控、专业管控、动态管控。

综合管控体现的是对矿级领导的要求,其管控活动的目的是掌握本单位中较大及以上风险的管控效果以及排查发现的隐患情况;专业管控体现的是对分管领导的要求,目的是让各分管负责人实时掌握分管范围内风险和隐患的整体情况;动态管控不是具体要求某一级别的领导或部门,动态管控强调的是频次,要求相关的区队、班组及岗位人员,每天都要关注相应职责或岗位内的风险隐患情况。针对这三种管控活动,其内容在《实施指南》中都做了详细的要求。

以上是对双重预防机制中过程管控的流程进行阐述,而实现过程管控的方法就是建立信息化平台。《实施指南》对山东省内煤矿企业的信息化建设做了具体的要求,包括信息平台建设的基本要求和信息平台的主要功能模块。要求煤矿企业建立安全生产双重预防信息平台,具备安全风险分级管控、隐患排查治理、统计分析及风险预警等主要功能,实现风险与隐患数据应用的无缝连接,必要时采用移动终端来提高安全管理信息化水平。

功能模块要求风险分级管控不仅具有记录、跟踪、统计、分析和上报等功能,同时添加了风险辅助辨识评估及辅助生成文件等功能。风险辅助辨识功能可大大减少人员辨识风险的工作量,简化风险辨识工作。辅助文件生成功能不仅减少了业务科室的材料编写工作,而且规范了文件的形式和内容要求,方便上级部门的检查。隐患排查模块强调对隐患的跟踪记录,包括隐患整改、复查、销号等过程跟踪,实现闭环管理,对于整改超期或整改未达要求的进行预警。信息平台同时要求具有分析预警功能,实现安全风险和隐患的多维度统计分析,自动生成报表。根据安全风险的等级和隐患数据变化等实现风险变化的预警。此外,系统预留短信或微信提醒接口,为今后实现预警信息的及时推送做好准备。

**六、双重预防机制的运行保障**

为了确保双重预防机制在企业有效地落地运行,除在基本要求中提及的制度保障之外,企业人员的素质要求和对机制运行中的文件管理也是重要的保障措施。为提高企业员工整体素质,《实施指南》对双重预防的教育培训提出了要求,包括对管理技术人员进行风险辨识、隐患排查治理知识的培训和对职工全员开展相应的双重预防的基本知识、年度及专项风险辨识评估结果的培训。只有让企业领导和基层员工理解双重预防机制的内涵、机理、流程、所需做的工作,才能让员工认识到双重预防机制的重要性和先进性,从内心中认可双重预防机制建设,从能力上了解双重预防机制究竟是什么以及该如何做。

文件管理可以规范并保存机制运行的记录资料,进行分类建档管理,方便本企业和上级单位的查阅与监察。

### 七、双重预防机制的持续改进

为保证双重预防机制的 PDCA 循环不断运行,就需要对机制进行持续改进,要求煤矿(企业)每年应至少对本单位机制运行进行一次系统性评审。这就对需要对机制的运行效果进行综合评价,进而发现运行过程中的不合理或者不符合要求的内容,组织人员就行修订和完善,这样才能保证双重预防机制的生命力,进而为不断提升煤矿企业安全管理水平而服务。

# 第四章 山东省煤矿双重预防机制试点建设

## 第一节 双重预防机制探索试点建设的背景

双重预防机制是针对高危行业、涉危企业安全管理方法的一种创新,是遏制重特大事故的手段,是推动企业将隐患排查治理与风险管控结合,做到分级管控和治理。从管理角度出发,侧重于建设一种安全管理体系,培育一种风险管理理念,提供一种安全方法,拥有着较强的实践导向和生命力。

### 一、双重预防机制的普遍适应性

双重预防机制是一种管理方法和理念,适用于各行各业,但是由于各行业具有自己的独特属性,如何将双重预防理论与各行业安全生产紧密结合,成为摆在企业面前的一大难题。煤炭行业一直是国内高危生产行业,是国家安全重点监管的行业。如何将双重预防机制先进的安全管理理念在煤矿(企业)落地,将双重预防机制与煤矿(企业)现行的安全管理方法与安全生产标准化相结合,确保双重预防机制不是建立一套单独的体系,这成了摆在煤炭行业面前的一大难题。

### 二、双重预防机制的强理论性

各行业长久以来坚持实行隐患排查治理机制,同时也有一部分企业开展了 HSE 体系(健康、安全、环境管理体系)、NOSA 体系(南非职业安全协会五星管理体系)、OHSAS 体系(职业健康安全管理体系)的建立以及安全生产标准化的评定工作。无论是 HSE、NOSA、OHSAS 或是安全生产标准化,其中或多或少都涉及了风险辨识,但是对风险的概念,风险辨识,风险和隐患的关系一直都是模糊不清,没有深层次的分析。这样在开展双重预防机制建设时,在双重预防机制的基本理论体系、基本概念及风险和隐患之间的关系就会存在理解上的偏差,如何保证双重预防机制建设的统一性就成为亟须解决的问题。

### 三、双重预防机制建设的迫切性

近 10 年我国煤矿事故死亡人数呈现逐步下降的趋势,但 2017 年煤矿百万吨的死亡率仍为 0.106,相比英美等发达国家仍较高。由于煤炭行业作为我国能源产业的支柱行业,煤炭产量大,事故总量依然较大,安全形势仍然不乐观,重特大事故仍是时有发生。构建双重预防机制是遏制重特大事故的有效保障基础,因此煤炭行业的双重预防机制建设迫在眉睫。

### 四、安全生产标准化要求

2017 年 7 月,我国开始实施的安全生产标准化,将安全风险分级管控和隐患排查治理划分为两个专业,两专业评分比重高达 20%。企业要创建安全生产标准化一级矿井,必须进行这两个专业的达标创建,要达标,双重预防机制的建设就必不可少。

从山东省煤矿角度分析,构建双重预防机制,具有现实的必要性和可行性。山东省煤矿(企业)众多,截至 2017 年年底,全省共有煤矿 108 处,其中大型矿井 22 处,中型矿井 73 处,特大型矿井 13 处。省内主要有兖矿集团、山东能源集团两个大型煤炭企业,国有煤矿占绝大比例。矿井普遍技术装备先进,技术水平先进,全省煤矿安全生产形势良好。

但由于山东省煤矿大多开采历史悠久,采深较大,矿井冲击地压、顶板、水灾等自然灾害比较突出。另外,为认真贯彻落实《国务院办公厅关于加强安全生产监管执法的通知》(国办发〔2015〕20 号),按照《国家安全监管总局 国家煤矿安监局关于学习贯彻〈煤矿安全风险预控管理体系规范〉的通知》部署要求,2015 年 6 月,山东煤矿安全监察局制定出台了《山东煤矿安全监察局关于推进煤矿安全风险预控管理体系建设试点工作的通知》(鲁煤监政法函〔2015〕22 号),对开展煤矿安全风险预控管理体系建设试点工作做出详尽部署,并选取兖矿集团南屯煤矿、兴隆庄煤矿、山东能源淄矿集团许厂煤矿作为试点,率先开展煤矿安全风险预控管理体系建设探索。

截至 2016 年年底,这 3 处试点煤矿在风险辨识、风险评估、隐患闭环管理等方面积累了丰富的经验,均建立了安全风险数据库等,初步建成了煤矿安全风险预控综合管理信息化系统,已经具备了进一步建立煤矿双重预防机制的基础条件。

# 第二节　双重预防机制探索试点建设过程

### 一、双重预防机制建设试点的选择

山东省煤矿数量众多,在双重预防建设伊始,国内外没有任何可借鉴的经验和案例,摆在山东省煤矿(企业)面前有两条路可供选择:一条是在全省范围内全面进行探索性建设;另一条是按照一定的原则,选择部分具备条件的矿井进行试点建设,探索出一定的经验之后,再向全省的其他煤矿进行推广,最终达到全面建设双重预防机制的目的。综合分析山东省煤矿实际情况后,发现第二条路是最为可行的,不仅便于工作的组织开展,而且可以节约大量的社会资源,同时在行业内首先树立典范,起到模范带头作用,对于提升企业形象也是不无裨益的。

(一)选择试点矿井的原则

以双重预防机制信息化建设为切入点,以点带面,在山东省煤矿推广煤矿双重预防机制建设试点经验,试点选择的合适与否非常关键,会影响到该项工作能否快速实施成功,从而影响到后期全面推广的速度和效果,因此双重预防机制建设的试点选择需要遵循以下原则。

1. 全面性原则

全面性原则指的是所选择的试点矿井,要尽可能地包含所要研究和实施整体对象的全面属性。

煤矿在井下地质条件、生产工艺、机械化水平、特殊作业活动、岗位工种等方面各不相同,并且依据风险的定义,不同生产工艺的风险亦不相同,而双重预防机制建设的核心是安全风险的辨识与管控,生产工艺、地质条件及其他因素不同的煤矿双重预防机制建设实施工作需要有针对性的建设实施。因此试点矿井需要尽可能涵盖现有煤矿所有生产工艺,例如:综采、炮采、普采等采煤工艺方法;涵盖现有煤矿所有主要设备设施,例如:综采设备、联采设备、炮采设备、主提升设备、主运输设备、辅助提升设备、辅助运输设备、液压设备、管路抽采设备等;涵盖井下、地面主要生产作业场所类型,例如:各类巷道类型、硐室类型、主副井类型、地面辅助设施类型等;涵盖涉及的主要风险类型,例如:瓦斯、水灾、火灾、机械伤害(触电)、灼烫、高处坠落等风险类型;涵盖井下与地面主要岗位工种,例如:采煤工、支架工、胶带机司机、安全员、电工、机修人员、地面运输司机等各类工种。试点选择遵循全面性原则,需要详细了解全面进行双重预防机制建设的煤矿对象具体情况,进行详细和全面调研后最终确定。

2. 合理性原则

合理性原则指的是试点选择时需要对试点的各类相关指标进行合理性评价,筛选出能够满足双重预防机制建设所需要的各类指标的试点矿井。

煤矿双重预防机制建设试点的合理性评价主要包括试点矿井的地理位置优劣、生产规模大小、人员素质高低、现有安全管理理念先进性、硬件设施完备性等方面属性和能力的评价。例如选择试点时,地理位置选择应尽量选择交通便利的位置,有利于建设工作相关方能够迅速介入开展,有利于建设过程中各资源的及时更新共享;生产规模大小选择应首先针对整体建设范围内最多规模类型的煤矿进行试点建设,再分步选择其余规模类型的煤矿试点进行建设;双重预防机制试点建设时应选取人员素质较高的煤矿进行试点建设,可以缩短在建设周期,短时间内发现建设过程中存在的问题;试点应选择现有安全管理理念和安全管理基础较为良好煤矿进行建设,有利于双重预防机制顺利推进和深化;应选择硬件条件较为完备的煤矿进行双重预防机制的试点建设,有利于保障试点建设的效果等。实现试点选择的合理性,需要反复验证评价各煤矿的各类指标进行对标分析评价,对候选试点进行整体性评价后最终确定所选择的试点煤矿。

3. 可操作性原则

可操作性原则指的是选择试点矿井时需要对参与试点建设的各相关方进行可操作性评价,以满足具体实施的要求。

煤矿双重预防机制试点选择主要包括对各类实施计划、实施方法、实施步骤进行初步的可操作性评价,界定双重预防机制试点建设的范围,明确建设过程中的各个步骤、完成时间节点、完成质量和初步预期效果等。例如:煤矿双重预防机制建设过程中,风险类型的划分是否符合相关标准要求以及满足企业安全管理的需要,风险辨识与管控方法是否具有可操作性,危害因素辨识是否全面,风险隐患相关信息及管控能否达到和实现利用信息化系统记录、跟踪、统计、分析及上报的预期效果等。

（二）试点矿井的确定

按照上述试点矿井选择的原则，前期对山东省内各煤矿进行了调研，调研主要涉及煤矿地理位置、地质条件、现有采煤工艺、硬件设施、人员能力、相关方具体建设方案等内容，最终将南屯煤矿、兴隆庄煤矿、许厂煤矿等3家煤矿（企业）作为山东省煤矿双重预防机制的试点企业。

1. 南屯煤矿

南屯煤矿是1973年末建成投产的大型生产矿井，隶属于兖矿集团，先后获得"全国先进集体""全国质量标准化、安全创水平特级矿井""中国煤炭工业首批现代化矿井""全国文明煤矿""省级文明单位""省级文明社区""省企业文化创新成果奖""省自主创新模范企业""煤炭行业培育节能示范企业试点矿井"等荣誉称号。南屯煤矿地处孟子故里邹城市，北依气势恢宏的泰山，南临风景如画的微山湖，西靠玉带临风的京杭大运河。南屯煤矿毗邻京沪铁路，京沪、京福高速公路和104、327国道，交通运输网络交错，方便快捷。

南屯煤矿谨遵安全是矿井的永恒主题，坚持"一切工作看安全"，始终坚持安全第一，不安全不生产，不断开创矿井安全工作的新局面。南屯煤矿一直将安全管理工作放在重中之重，坚持"以严治矿、夯实矿井安全根基"，在1985年至1993年实现安全生产七年零八个月，创造全国同类型矿井安全生产的最高纪录。矿井着眼于创造全面、全员、全过程、可持续的安全新局面，积极推进"深、严、细、实"的安全管理，深刻认识安全工作的重要性，牢固树立"安全第一"的思想，坚持做到各类安全管理规定严格落实不走样，生产系统的每个环节细心操作不间断，各类人员责任制落到实处不动摇。

2. 兴隆庄煤矿

兴隆庄煤矿同样隶属于兖矿集团，是我国自行设计和建造的第一座年产300万吨的大型现代化矿井。兴隆庄煤矿地处济宁市，北依五岳之尊泰山，南靠烟波浩渺微山湖，东接黄海，西临京杭大运河。其地理位置优越，交通十分便利。京沪、兖石、兖新铁路纵横其间，具有得天独厚的地理交通条件。

兴隆庄煤矿一直秉承着安全工作是重中之重，从基层岗位、区队到矿长全方位地开展隐患排查治理工作。从自查入手，一直坚持全面排查整改各系统、作业场所、岗位的安全隐患，查找薄弱环节、变化环节，坚持采用现场和资料、动态和静态、检查和服务相结合的方式，加强现场措施执行。岗位人员坚持做到上标准岗、干标准活，工作中自觉做到不安全不生产，个人无三违，身边无事故。

3. 许厂煤矿

许厂煤矿隶属于山东能源淄矿集团，先后通过了ISO 9001质量管理体系、ISO 14001环境管理体系和OSHMS职业安全健康管理体系认证，连续四年被中国煤炭工业协会技术委员会评为科技创新型矿井，先后荣获煤炭工业科技进步"十佳矿井"、全省煤炭行业"十佳煤矿"、职业道德建设"十佳单位"、全国煤炭系统"企业文化示范矿"等称号。

许厂煤矿全方位推行岗位价值增值管理、安全积分制管理、"一岗双述"工作法、创建本质安全岗、岗位流程达标、内部市场化管理，自2015年开展煤矿安全风险预控管理体系建设探索,采用"13331"安全管理新模式,充分发挥风险预控统领作用,实现安全管理全方位、全覆盖,提高岗位人员安全意识。

选为试点的 3 家煤矿具有以下突出优点:

(1)示范性强。这 3 家矿井在山东省内均隶属于大型国有企业,具有良好的企业形象,能够在所属集团甚至全省范围内起到带头作用,具备典型示范的意义。

(2)能够快速开展工作。在开展双重预防机制之前,3 家煤矿均已不同程度地建立了安全风险管控体系,公司管理层和职工的风险意识较为强烈。在风险预控体系建设过程中,已经培养了参与人员的工作能力和意识,便于双重预防机制工作的快速启动和实施。隐患排查和治理体系仍是煤矿以往的日常工作内容,只不过工作的手段不同而已,在双重预防机制建设过程中,所投入的人、财、物都可以借鉴和利用原有的部分资源,便于双重预防机制建设工作的快速启动、全面开展。

(3)能够获得足够的资源支持。这 3 家试点矿井,均属于大型矿井,产量高、效益好、技术先进、人员素质高、安全管理深入人心,这就使得双重预防机制的建设具备了客观的资源条件,可以保证项目的实施。

**二、试点矿井建设规划**

**(一)程序设计**

双重预防机制在试点煤矿的建设执行的是 PDCA 循环,如图 4-1 所示。PDCA 循环是美国质量管理专家戴明博士首先提出的,所以又称戴明环。双重预防机制建设实施的思想基础和方法依据就是 PDCA 循环。PDCA 循环的含义是将双重预防机制建设分为四个阶段,即计划(plan)、执行(do)、检查(check)、处理(act)。在双重预防机制建设时把各项工作按照做出计划、计划实施、检查实施效果实施,最后将成功的纳入标准,不成功的留待下一循环去解决。这一工作方法是双重预防机制建设的基本方法,也是企业管理各项工作的一般规律。

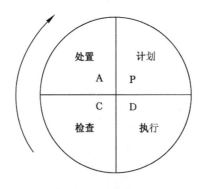

图 4-1　PDCA 循环图

在山东省双重预防机制的建设的试点过程中,实际上是执行了多个 PDCA 循环,具体包括山东省煤炭行业的整体 PDCA 循环、各试点矿井的双重预防机制建设 PDCA 循环以及安全风险分级管控 PDCA 循环以及隐患排查治理 PDCA 循环。

山东省煤炭行业的整体 PDCA 循环,包括的内容是对全省的双重预防机制建设计划的制定、选定试点煤矿部署实施、检查在试点煤矿的实施效果以及进行改进、总结经验后再向全省推广。

矿井双重预防机制建设,包括安全风险分级管控、隐患排查治理和双重预防机制整体建设 3 个不同的 PDCA 循环。安全风险分级管控 PDCA 循环,包括的内容是安全风险分级管控体系的计划制定、体系建设的实施、体系建设效果的检验及不断改进完善;隐患排查治理 PDCA 循环,包括的内容是隐患排查治理体系的计划制定,体系的建设实施和体系建设效果的检验与不断改进完善;双重预防机制整体建设 PDCA 循环,包括的内容是矿井的建设方案的制定、实施运行、检查评审和总结改进,这 3 个 PDCA 循环之间是环环相扣、合而为一的,如图 4-2 所示。

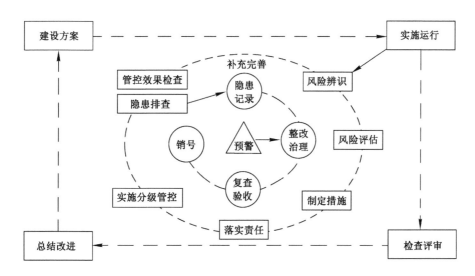

图 4-2　煤矿双重预防机制建设的 3 个 PDCA 循环图

（二）建设原则

双重预防机制建设应该坚持以下几个原则:

（1）风险优先原则。以风险管控为主线,把全面辨识评估风险和严格管控风险作为安全生产的第一道防线,构建基于风险的双重预防机制。

（2）系统性原则。通过辨识风险,排查隐患,落实风险管控和隐患治理责任,实现安全风险辨识、评估、分级、管控和事故隐患排查、整改、消除的闭环管理。

（3）全员参与原则。将双重预防机制建设各项工作责任分解落实到各层级领导、业务科室和每个具体工作岗位,确保责任明确。

（4）持续改进原则。持续进行风险分级管控与更新完善,持续开展隐患排查治理,实现双重预防机制不断深入、深化,促使机制水平不断上升。

（三）双重预防机制建设阶段划分

按照 PDCA 循环流程，将试点煤矿的双重预防机制建设工作划分为 7 个阶段。

（1）准备与启动，领导层决心下达，资源准备；

（2）方案制定，明确目标、编制实施方案，建立组织机构和双重预防制度；

（3）初始年度风险辨识与评估，建立矿井安全风险数据库；

（4）风险分级管控机制建设；

（5）隐患排查治理机制建设；

（6）煤矿双重预防机制信息化建设（包含 PC 端和移动端 App）；

（7）双重预防机制的修订与完善。

煤矿双重预防机制建设时间计划如表 4-1 所示。

**表 4-1　煤矿双重预防机制建设时间计划表**

| 阶段 | 工作任务 | 具体工作 | 所需资源 | 所需时间 |
|---|---|---|---|---|
| 1 | 准备与启动 | 文件、培训宣贯等 | 懂双重预防的安全管理人员、外部专家、会议资料准备等 | 15 个工作日 |
| 2 | 建设规划 | 组织机构建立、人员选派、建设规划 | 高层的坚决支持、双重预防建设小组 | 15 个工作日 |
| 3 | 初始年度风险辨识与评估 | 风险的全面辨识和等级评估、管理标准、措施的确定 | 双重预防建设小组、外部专家、煤矿各部门工程技术人员 | 60～120 个工作日（从零开始辨识） |
| 4 | 风险分级管控机制建设 | 风险管理制度、辨识、管控流程等 | 现有风险管理制度、文件、双重预防建设小组、外部专家等 | 15 个工作日 |
| 5 | 隐患排查治理机制建设 | 隐患管理制度、排查、治理、督办、预警流程等 | 现有隐患管理制度、文件、双重预防建设小组、外部专家等 | 15 个工作日 |
| 6 | 煤矿双重预防机制管理信息系统 | 信息系统需求调研、开发、测试、试运行及正式切换 | 现有安全管理信息系统使用情况分析、现有安全管理数据资源、双重预防建设小组、外部专家等 | 60～120 个工作日 |
| 7 | 双重预防机制的修订与完善 | 根据实际运行中的问题对各工作进行调整 | 新双重预防机制管理信息系统数据、调研、双重预防建设小组、外部专家等 | 90 个工作日 |

### 三、试点煤矿双重预防机制建设准备与启动

准备和启动阶段是进行双重预防机制建设的一个重要阶段，属于决策范围的内容，是通过对矿井领导层，特别是煤矿主要负责人进行宣贯，让其认识到构建双重预防机制的意义和使命所在，否则在未来机制建设过程中可能得不到有力支持，也难以在煤矿企业日常工作中落实和体现。领导层对双重预防机制的接受，可以通过由上级政府部门提出行政要求或政策培训宣贯，通过对先进企业的学习借鉴或者自身主动学习领会、要求建设，一般情况下是在上级政府部门的要求下被动开展的。

双重预防机制培训宣贯要达到以下目的：

（1）领导层对双重预防机制的学习和领会。企业领导层，尤其是矿长，必须要对双重预防机制的相关知识进行深入学习，学习双重预防机制的来源、内涵、机理、标准、流程、所需做的工作等，掌握双重预防机制的内涵和机理，从而从思想上真正了解、认同双重预防机制的理念和方法。

（2）领导层内部对双重预防机制建设的主要内容达成一致。矿领导班子对双重预防机制建设的主要内容、范围等，应当结合企业的实际情况达成一致。

（3）主管领导对双重预防机制建设形成初步设想。这一步工作一般由安全副矿长负责，常见的工作内容包括：双重预防机制建设的时间、主管部门和协助部门、风险辨识的基本思路和方法、对现有资源的利用程度、是否要考虑与本企业现有的安全管理制度融合等。

煤矿主要负责人在接受构建双重预防机制这一任务并与其他领导层达成共识后，由矿长签发构建双重预防机制的通知，启动双重预防机制的建设工作。以上是双重预防机制建设的初始阶段，主要责任人是矿长。

### 四、试点煤矿双重预防建设方案制定

矿井建设方案制定阶段要对本矿井构建双重预防机制的目标、内容、流程等进行详尽的安排，绘制一张本矿的建设蓝图，后续的建设工作就按照这份蓝图按部就班地实施。

#### （一）双重预防机制建设的目标

双重预防机制建设前期阶段需要明确建设的具体目标（图4-3），后续各个阶段将这些目标逐一实现，方可建成煤矿双重预防机制。这些目标具体包括建立安全风险清单和数据库、制定重大风险管控方案、设置重大风险公告栏、制作岗位安全风险告知卡、绘制煤矿安全风险四色图、绘制作业安全风险比较图、建立安全风险分级管控制度、建立隐患排查治理制度、建立隐患排查治理台账、制订重大隐患治理实施方案、建立双重预防机制管理信息系统等。

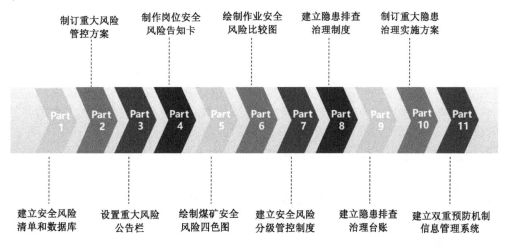

图4-3　双重预防机制建设的具体目标示意图

（二）双重预防机制建设方法

双重预防机制建设是一项需要多方参与的工作，不能仅仅依靠矿方，这与煤矿作为构建双重预防机制的责任主体并不冲突。

由于在构建双重预防机制的过程中，需要一定的理论方法支持，如安全风险辨识、评估过程中用到的风险矩阵法（LS）、作业条件危害性评价法（LEC）以及双重预防管理信息系统的开发工作，仅仅依靠煤矿很难完成或无法完成，需要专业的第三方服务机构提供专门的技术服务。因此，山东省的双重预防机制建设试点工作，就是聘请第三方机构进行建设的。

（三）双重预防机制建设流程

试点煤矿的双重预防机制建设流程，和前文双重预防机制建设阶段划分基本相同，但是相较于阶段划分，具体的建设流程更为具体，本书将在试点煤矿建设实施一节进行详细介绍。

**五、试点煤矿建设实施**

试点煤矿的双重预防机制建设按照如下的步骤进行组织实施。

（一）成立组织机构

试点煤矿双重预防机制建设伊始，需要成立专门负责该项工作开展的组织机构，明确人员、部门的职责分工，同时安排专门的办公地点，以便于建设工作的顺利开展，如图4-4所示。

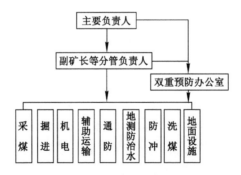

图4-4 煤矿双重预防机制建设组织机构示意图

煤矿（企业）是双重预防机制工作的责任主体，应成立负责双重预防机制工作的领导小组，设置专职或兼职管理部门，配备专职管理人员，并明确责任。

（1）主要负责人为本单位双重预防机制工作的第一责任人；

（2）各分管负责人负责分管范围内的双重预防工作；

（3）分管安全负责人组织日常监督检查，负责双重预防工作的跟踪考核；

（4）各科室（部门）、区队（车间）、班组、岗位人员的双重预防工作职责。

（二）双重预防机制建设培训

由于双重预防机制的建设工作，遵从一定的建设流程，用到一定的专业知识，因此，在工作开展之前,必须让参与该项工作的人员掌握一定的工作技能,能够独立开展工作,完成职责范围内分配的任务。

试点煤矿的双重预防机制建设培训工作由中国矿业大学的专业团队进行,培训的重点是双重预防机制的有关概念、流程、方法等,培训组织按照集中培训的方式进行。

(三)年度安全风险辨识

初次建立双重预防机制的试点煤矿,需要进行一次全面的年度安全风险辨识,以形成煤矿的安全风险数据库。

按照安全生产标准化的要求,年度安全风险辨识应每年组织一次,每年年底由矿长组织开展年度安全风险辨识,重点对煤矿重大灾害及提升运输系统等容易导致群死群伤事故的危险因素开展安全风险辨识,辨识完成后编制年度安全风险辨识评估报告,建立重大安全风险清单,制定相应的管控措施,辨识评估结果指导有关生产计划、年度安全工作重点和规程措施编制等。

年度安全风险辨识工作可以按照以下流程进行。

1. 划分风险点

在风险辨识之前,双重预防办公室组织各专业科室,按照"点、线、面"相结合的原则对风险辨识范围开展风险点排查工作。

风险点划分的原则包括:

(1)大小适中,范围不宜过细、过小,也不宜太大,根据管控的层级,合理确定大小。

(2)功能独立,即划分的风险点应具备一个较为完整独立的功能。

(3)范围清晰,易于管理。

(4)全覆盖、无遗漏,要覆盖煤矿生产经营各个场所、区域,实现无遗漏。

风险点划分完成后,形成煤矿风险点列表,如表 4-2 所示。

表 4-2　矿井风险点列表

| 序号 | 风险点名称 | 管控单位 | 排查日期 | 解除日期 |
|---|---|---|---|---|
| 1 | 10301 综采工作面 | 综采一区 | 2018-07-20 | 2019-03-20 |
| 2 | 10302 综采工作面 | 综采二区 | 2018-07-20 | 2019-03-20 |
| 3 | 10301 综采工作面 | 综采一区 | 2018-07-20 | 2019-03-20 |
| 4 | … | … | … | … |
| 5 | 10306 轨顺(轨道巷) | 综掘工区 | 2018-07-20 | 2018-10-30 |
| 6 | 10306 轨顺 | 综掘工区 | 2018-07-20 | 2018-10-30 |
| 7 | … | … | … | … |

2. 辨识危险因素及其风险类型

风险点划分完成后,需要辨识每个风险点所包括的风险类型和危害因素。

(1)风险类型

按照《企业职工伤亡事故分类》(GB 6441—1986),根据导致事故的原因、致伤物和伤害方式等，将风险的类型分为19类，分别为：水灾、火灾、瓦斯（爆炸、中毒、窒息、燃烧、突出）、煤尘爆炸、冲击地压、冒顶（片帮）、放炮、机电（触电、机械伤害）、运输、物体打击、起重伤害、淹溺、灼烫、高处坠落、坍塌、锅炉爆炸、容器爆炸、职业病危害（粉尘、噪声、辐射、热害等）及其他。

（2）危害因素

危害因素是指存在能量或有害物质，或导致约束、限制能量或有害物质意外释放的管控措施失效或破坏的不安全因素。

（3）风险识别

在完成风险点划分和风险辨识的基础上，需要进行风险识别，即针对某一风险类型所可能存在的某一类型的风险，识别可能造成这种风险发生的因素。比如，针对综采工作面的采煤机，具有机械伤害的风险，就要全面识别造成机械伤害风险发生时人的不安全行为有哪些，采煤机的不安全状态有哪些，环境可能存在的不安全状态有哪些，以及管理上存在哪些缺陷。

（四）风险评估

对于识别出来的每一条风险都需要进行风险评估，应当采用科学的方法，评估风险值的大小。

1. 常用的评估方法

（1）风险矩阵法（LS）。风险矩阵法是从风险发生的可能性和后果的严重性两个维度对风险进行评估，如图4-5所示。

$$风险值(R)=可能性(L)\cdot 严重性(S)$$

| 风险矩阵 | 一般风险（Ⅲ级） | 较大风险（Ⅱ级） | | 重大风险（Ⅰ级） | | 有效类别 | 赋值 | 可能造成的损失：人员伤害程度及范围 | 可能造成的损失：由于伤害估算的损失/元 |
|---|---|---|---|---|---|---|---|---|---|
| 6 | 12 | 18 | 24 | 30 | 36 | A | 6 | 多人死亡 | 500万以上 |
| 5 | 10 | 15 | 20 | 25 | 30 | B | 5 | 一人死亡 | 100万到500万之间 |
| 4 | 8 | 12 | 16 | 20 | 24 | C | 4 | 多人受严重伤害 | 4万到100万 |
| 3 | 6 | 9 | 12 | 15 | 18 | D | 3 | 一人受严重伤害 | 1万到4万 |
| 2 | 4 | 6 | 8 | 10 | 12 | E | 2 | 一人受到伤害，需要急救；或多人受轻微伤害 | 2 000到1万 |
| 1 | 2 | 3 | 4 | 5 | 6 | F | 1 | 一人受轻微伤害 | 0到2 000 |
| 1 | 2 | 3 | 4 | 5 | 6 | 赋值 | | | |
| L | K | J | I | H | G | 有效类别 | | | |
| 不能 | 很少 | 低可能 | 可能发生 | 能发生 | 有时发生 | 发生的可能性 | | | |

低风险（Ⅳ级）

风险等级划分

| 风险值 | 风险等级 | 备注 |
|---|---|---|
| 30～36 | 重大风险 | Ⅰ级 |
| 18～25 | 较大风险 | Ⅱ级 |
| 9～16 | 一般风险 | Ⅲ级 |
| 1～8 | 低风险 | Ⅳ级 |

图4-5　风险矩阵图

（2）作业条件危害性评价法（LEC）。作业条件危险性评价法用与系统风险有关的3种

因素指标值的乘积来评价风险大小,这 3 种因素分别是:

$L$(事故发生的可能性,likelihood);

$E$(人员暴露于危险环境中的频繁程度,exposure);

$C$(一旦发生事故可能造成的后果,consequence)。

给 3 种因素的不同等级分别确定不同的分值,再以 3 个分值的乘积 $D$(危险性,danger)来评价作业条件危险性的大小。

即:$D=L \cdot E \cdot C$

2. 安全风险分级

经过安全评估,可以获得风险的风险值,按照一定的判断准则,将风险划分为重大风险、较大风险、一般风险和低风险 4 个等级。

判断准则可以根据风险评估的方法设定,例如采用风险矩阵法评估时,可以将风险值大于 30 的风险判定为重大风险,风险值为 18～25 的风险判定为较大风险,风险值为 9～16 的风险判定为一般风险,风险值为 1～8 的风险判定为低风险。

3. 管控措施制定

对于辨识和评估的每一条风险,均要制定风险管控措施。

风险管控措施从工程技术措施、培训教育措施、应急处置措施、个体防护措施和管理措施 5 个方面进行制定,每一条风险,不一定 5 个方面全部具备,但至少要从一个方面制定一条或多条管控措施。

4. 安全风险分级管控

按照风险等级、所需管控资源、管控能力、管控措施复杂以及难易程度等因素,确定不同管控层级的管控方式。

按照分级管控原则,将每项安全风险分别确定管理责任人,上一级负责管控的风险,下一级必须同时负责管控,上一级可以提级管控下一级风险,对风险点的管控责任、措施等相关信息进行汇总,建立矿井安全风险分级管控台账。

一般情况下,重大风险由矿主要负责人管控;较大风险由分管负责人进行管控;一般风险由部室、区队负责管控;低风险由班组、岗位负责管控。

根据煤矿安全生产标准化安全风险分级管控要求,由矿长每月组织对重大安全风险管控措施落实情况和管控效果进行一次检查分析;分管负责人每旬组织对分管范围内月度安全风险管控重点实施情况进行一次检查分析;煤矿领导下井带班期间跟踪重大安全风险管控措施落实情况。

日常检查风险管控层级还包括对业务科室、区队、班组及岗位工对管控责任的落实要求。

5. 安全风险辨识成果应用

年度安全风险辨识完成后,编制年度安全风险辨识评估报告,建立重大安全风险清单,制定相应的管控措施。

辨识评估结果用于指导有关生产计划、年度安全工作重点和规程措施编制等。

同时,还应绘制煤矿安全风险四色图,制作岗位安全风险告知卡。

6. 隐患排查治理体系建设

隐患排查治理体系建设,是在煤矿现有的隐患治理的基础上,进一步完善规范,建设成为符合安全生产标准化和双重预防机制要求的体系,主要内容包括隐患排查治理、责任分工、隐患等级、隐患闭环管理等进行明确规定。

(1) 隐患排查治理

① 制定隐患排查治理的责任体系,明确矿长全面负责,分管负责人负责各自分管范围,各业务科室,生产组织单位(区队)、班组,岗位人员明确各自职责。

② 明确隐患分级治理的制度和流程。

③ 制定年度隐患排查计划和月度隐患排查计划与实施制度;制定各专业旬、日常隐患排查制度、责任、流程。

④ 制定隐患登记上报标准,建立事故隐患排查台账。

⑤ 制定隐患分级治理制度,尤其是重大事故隐患,要求做到措施、资金、责任、期限、预案"五落实"。

(2) 责任分工

隐患排查治理,需要明确煤矿不同层级工作人员的责任分工(图4-6),便于日常工作的顺利开展。

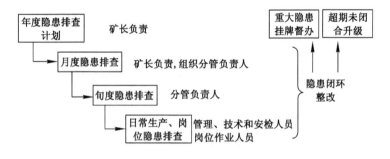

图 4-6  隐患排查治理责任分工图

(3) 隐患等级

依据《安全生产事故隐患排查治理暂行规定》,隐患等级可分为重大隐患和一般隐患。企业在实施过程中,可以对一般隐患再进行细分,划分为多个级别,便于日常管理工作的实施。

(4) 隐患闭环管理

在双重预防机制提出之前,煤矿已经在隐患治理方面做了很多的工作,积累了非常丰富的经验,比如提出了隐患治理的"五落实"原则、闭环管理、隐患的标准认定等等。这些均对煤矿的安全管理工作起到了积极的作用,但是,大部分的工作停留在传统的手工操作基础上,存在信息整理困难、闭环信息核对困难、效率慢等问题。

双重预防机制的建设,就是要在矿井现有的隐患管理基础上,将其推动到一个新的高度。全面实现隐患排查治理的全流程信息化管理,从隐患的排查、录入、整改、复查验收等环节入手,全面提高隐患排查治理的效率、质量。

### 六、试点煤矿双重预防建设经验及成果

通过对这 3 家煤矿的试点建设,本书总结出了一套成熟的双重预防机制建设经验,锻炼出了一批人才队伍,形成了一系列项目成果。

双重预防机制的建设,是由党中央提出要求,山东省级人民政府、行业监管部门进行贯彻落实,最后由企业建设实施的,这里面既有国家层面的高度重视,又有省一级的工作方式方法,还有企业的重视和积极参与。山东省从行业监管部门的角度,采取试点先行的工作方法,通过试点建设,证明是切实可行的,不但在试点企业率先建成了双重预防机制,并且远远地走在了全行业乃至全国的前列,成为构建双重预防机制的典范,这是和行业监管部门的工作思路和工作方法紧密相连的。

从企业层面,通过试点企业的建设,摸索出了一整套的双重预防机制构建方法。对双重预防机制的建设内容、流程、方法、资源进行了全方位的探索,形成了一整套双重预防机制建设制度,为后续山东省建设煤矿双重预防机制地方标准打下了坚实的基础。

在此过程当中,不管是省级监管部门的人员、企业的双重预防机制建设人员,还是第三方咨询机构,均从试点煤矿的双重预防建设实践中受益匪浅,对双重预防机制建设有了更深层次的认识,在实践操作层面从方法、流程等方面有了更多了解。

建设成果方面,通过这 3 家试点矿井的建设,形成了一整套的双重预防机制建设过程资料,特别关键的是开发形成了双重预防管理信息系统,以及配套的移动端 App 等,将双重预防机制的建设工作进行规范化、流程化和信息化,从而使得双重预防机制日趋成熟,便于建设和推广。

另外,在双重预防机制的建设过程中,紧密结合矿井的生产、安全管理流程进行,这样就避免了将双重预防机制建成空中楼阁难以落地,这也符合生产实践现场要求,确保了在基层实践中的应用。

## 第三节　矿版双重预防管理信息系统试点建设过程

### 一、开发双重预防机制管理信息系统的必要性

2015 年至 2017 年,国家出台了相关政策,层层推进工业互联网的建设以及两化融合、信息化的落地实施。2015 年 5 月 8 日,国务院印发的《中国制造 2025》成为推进工业互联网与两化融合的总行动纲领;2016 年 5 月 13 日,国务院印发了《关于深化制造业与互联网融合发展的指导意见》;2017 年 11 月 27 日,国务院印发《关于深化"互联网＋先进制造业"发展工业互联网的指导意见》,开始部署工业互联网。从政策的具体部署可以看出,工业互联网成为政府、企业未来发展的一大重要抓手。

就双重预防机制建设而言,同样脱离不开信息化的方向,或者可以说,双重预防机制的建设,离不开信息化管理手段。

煤炭行业属于基础性行业,属于劳动密集型,相当一部分的安全管理工作都是依靠人

员手工完成,比如安全隐患的查处记录、闭环管理,全部依靠纸质化流程办公,一条隐患完成闭环管理,往往要经历几天的时间,这期间要登记多套表格、电话联系多次,信息化程度很低。

双重预防机制建设将安全风险管控有机结合起来,风险管控到位进行确认,管控不到位就要按隐患排查治理流程进行治理,这就要求从技术上能够实现风险管控和隐患治理的结合。另外,煤矿呈现出风险点多、风险多、管控措施多的现象,而且每条风险都要由专门的部门、专门的人员进行持续性、周期性的管控,这项工作量非常巨大,如果单纯依靠传统的手段去实现,是不可能完成的,因此,双重预防机制的建设和推行必将落空。各种现实的需求,呼唤要通过信息化的手段进行解决,因此建设双重预防管理信息系统势在必行。

在信息挖掘和应用方面,传统情况下,对煤矿安全管理数据缺乏分析和挖掘,存在"数据是爆炸了,信息却很贫乏"的严重现象。数据和信息之间是不能画等号的,数据是反映客观事物属性的记录,是信息的具体表现形式;数据经过加工处理之后,就成为信息。煤炭行业存在的问题就是对数据的加工处理不足,导致信息的缺乏,而要对煤矿数据进行挖掘和加工,采用计算机信息技术这一手段必不可少。

另外,加强信息化建设,也是行业监管的需求。行业监管部门以往对矿井的安全监管都是组织人员到现场进行检查,发现问题,进行督办整改,这在时间和效率、效果上大打折扣。从行业监管的角度,也需要通过双重预防管理信息系统这一技术手段,实现对煤矿安全风险管控、隐患排查治理的监管效率提高。

**二、双重预防机制管理信息系统架构及功能设计**

双重预防机制管理信息系统就其架构和功能设计而言,首先要达到以下 4 个目的。

第一,满足双重预防机制建设的要求。安全风险分级管控和隐患排查治理,是双重预防机制的两个组成部分,这两个内容都要在信息系统中有所体现。

第二,满足安全生产标准化的要求。从企业安全生产标准化建设的角度来讲,安全风险分级管控和隐患排查治理是安全生产标准化的两个专业,都有明确的评分细则,这就要求,双重预防机制管理信息系统的开发,要能够满足安全生产标准化考核评分的要求,否则,在安全生产标准化考核定级过程中,会出现扣分项,这显然是不可行的。

第三,满足企业日常业务需要。从企业的实际情况出发,满足部分日常业务开展的需要,保持系统的生命力。具体到企业的生产管理活动中,安全风险管控和隐患排查治理是与部分具体业务相关联的,比如隐患考核、三违管理、罚款管理等,双重预防机制也要从这一角度考虑,尽量将这部分的具体业务和双重预防机制统一起来,形成一个整体。

第四,满足上级部门的监管要求。煤矿一般都有其上级公司,同时受到地方行业监管部门的管理,这就要求双重预防信息系统,要能从功能上为上级部门的监管提供技术支持。

鉴于上述几点设计目的,煤矿双重预防信息系统的整体架构和功能模块(图 4-7)就比较明确了。通过第三方机构、试点煤矿企业、行业监管部门等多次的会议讨论研究,确定山东煤矿双重预防机制管理信息系统包括的基本功能模块有安全风险分级管控、隐患排查治理、安全标准化考核、决策分析及预警、其他辅助管理等模块。同时,还包括矿版(包括

App）、集团版以及省局的监管平台等针对不同层次的框架设计。

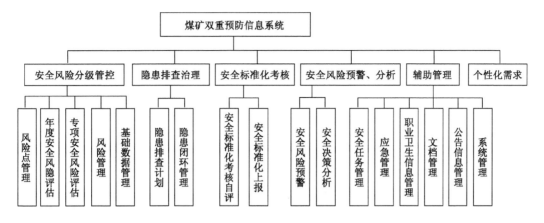

图 4-7　煤矿双重预防信息系统架构及功能设计

（1）安全风险分级管控模块。该模块经过重新优化设计，实现了年度风险辨识、专项风险辨识、岗位风险辨识、临时施工风险辨识的管理功能。结合模块化数据库，可辅助开展相关风险辨识工作，自动生成风险管控清单。

（2）隐患排查治理模块。它主要有隐患分级管理和日常隐患管理。隐患分级管理实现了对集团、煤矿、矿长、分管负责人、区队、班组、岗位等 7 级隐患管理，对不同级别隐患的治理情况进行跟踪和分级验收。日常隐患管理中，各级安全生产管理人员将现场检查的问题录入系统后，自动分解到相关责任单位，进入隐患治理、跟踪、验收流程，实现闭环管理。隐患录入时，与系统中的数据库进行关联，实现精准的统计分析。

（3）决策分析及预警。通过隐患、风险、"三违"等信息的输入，系统自动对各种数据进行多维度统计和对比分析，当其超出预设临界范围时发出警示信息，对超期和整改不合格的隐患信息进行预警，在矿图中的相关风险点上分别以红、橙、黄、蓝 4 种颜色进行可视化展现，实现矿井安全动态管控"一张图"。

（4）其他辅助管理模块。主要有职业卫生管理、安全培训管理、标准化自检、罚款单管理、绩效考核等矿井安全管理中较为常用的功能模块。

### 三、双重预防机制管理信息系统研发过程

双重预防机制管理信息系统的研发，经历了一个较为漫长的过程。在确定了系统的需求方向之后，系统研发工作经历了以下几个阶段。

（一）业务调研

项目组人员对试点煤矿的具体业务进行现场调研，了解煤矿日常的安全管理流程、输入输出表单、矿井基础信息、人员信息、矿井管理机构等，同时，与矿井的各业务人员充分交流、沟通，为制定系统的开发方案做好准备。

（二）系统方案设计

在调研的基础上，工作组完成系统开发方案的设计，形成技术文档，提交系统研发人

员。系统的方案设计经过多轮次的讨论和修改，形成定稿。

（三）系统原型设计

系统开发人员根据已定稿的开发方案设计、绘制系统的原型设计图，然后提交给另一组开发人员，按照开发设计方案和系统原型设计，进行软件系统的开发工作。

（四）系统开发

在前3个阶段工作的基础上，系统开发人员着手进行系统的开发工作，这期间，不断对方案、原型中存在的认不清、想不到的问题进行多方位、多轮次的交流沟通，并且和试点煤矿的专业人员多次沟通讨论，对形成的方案和原型进行修改完善，逐步完成系统软件的开发工作。

（五）系统测试

系统开发工作完成之后，测试人员对系统的功能进行测试，检验系统能否达到预期的目标。

1. 系统部署使用

系统测试工作完成之后，即可部署于煤矿的服务器，初始化后，导入风险数据库和煤矿的基本信息（人员、部门等），具备使用条件。

2. 系统功能优化设计

经过前面的开发过程，系统已基本能够满足使用，但是在使用的过程中，煤矿井的使用人员会陆续提出一些改进建议，这些建议大多是合理的。项目组人员进行整理分析，在原有的系统基础上，逐步进行补充完善，使得双重预防机制管理信息系统的功能不断完善，最终为矿井的安全管理起到促进作用，保证双重预防机制的落地执行。

**四、双重预防机制管理信息系统突出优点**

研发成功的双重预防机制管理信息系统具有以下突出的优点。

（1）双重预防信息系统符合双重预防机制建设要求，体现了"把安全风险管控挺在隐患前面，把隐患排查治理挺在事故前面"的总体思路，从风险辨识入手，强化过程管控，把风险管控措施情况检查与隐患排查紧密结合，同步实现风险管控检查与隐患排查。系统建立了风险点数据库、风险数据库、隐患数据库、管控措施数据库，并在系统底层进行深度关联，打通模块之间数据链，做到4个数据库的数据有效对接，实现安全风险分级管控和隐患排查治理信息的一体化融合。

（2）系统严格贯彻了双重预防机制的思想，以风险预控为核心，将风险和隐患一体化融合，通过隐患排查反映风险管控情况，并实现风险预警的可视化，根据隐患排查和治理情况，动态计算风险点的风险值，在矿图上直观显示风险动态变化。

（3）系统采用了"一体化"设计思路，集团公司和煤矿共用一套系统，集团公司和煤矿各层级用户根据所使用的功能和权限，根据角色分别进行定制，既为各层级人员提供了风格统一、易于操作的友好界面，又可根据不同煤矿的管理特点，制定独立的个性化功能。各煤矿之间数据独立、互不影响，公司层面可对各矿数据进行整体统计、分析，打破了各矿安全管理"信息孤岛"。

（4）系统采用典型的 B/S 结构（browser/server，浏览器/服务器）设计，使用当前主流的 Java 2 平台，MySQL 数据库服务器，可对外提供标准的数据接口，能满足多系统集成、多系统数据共享的要求，最大限度提高系统应用价值。系统权限控制实现精细化数据权限控制，控制到行级、列表级、表单字段级，实现不同人看不同数据，不同人对同一个页面操作不同字段。模块开发技术上采用动态模块设计，系统各功能模块分离，可对功能模块进行快速地修改、升级，而不影响系统的整体运行。

软件安装在集团公司信息中心服务器中，各级用户都通过浏览器访问。各矿与信息中心通过 VPN 连接，网络采用星形拓扑，便于管理和扩展。以兖矿集团为例，其网络拓扑结构如图 4-8 所示。

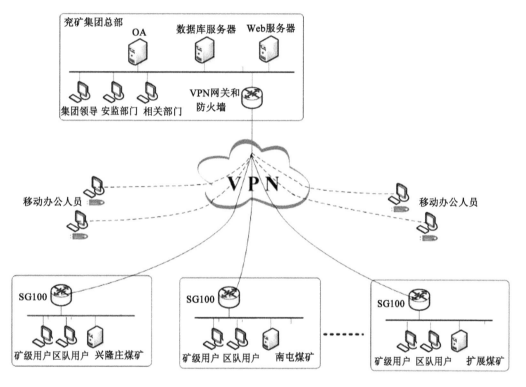

图 4-8　安全风险防控与绩效考核管理系统网络拓扑图

（5）实现安全风险四色图可视化预警。系统利用计算机技术，实现安全风险的四色显示。安全风险分静态和动态，静态是通过安全风险辨识识别出来的风险，其风险值固定、等级固定；动态安全风险和隐患、"三违"行为关联，当某条风险关联的隐患达到设定的条件时，进行可视化预警，及时提醒管理人员。

（6）统计分析功能强大。系统利用大量的风险、隐患、"三违"、罚款等数据，进行挖掘分析，按照专业、部门、人员等不同维度，得出不同的各类统计图表，展现出其变化趋势，从而为管理人员提供决策的依据，有针对性地制定管理措施，整体推动双重预防机制的建设。

# 第四节　山东省煤矿双重预防机制地方标准试点建设过程

## 一、建设基础

### （一）工作基础

2016 年年底，依靠 3 处试点煤矿在风险辨识评估、隐患闭环管理等方面积累的丰富经验，山东省将双重预防工作纳入 2017 全年工作计划，召开双重预防机制建设启动会，对全省煤矿的双重预防机制建设进行了部署，明确了建设目标、任务和要求，制订了时间表和路线图；召开了 12 场汇报会，对建设前期存在的误区及时纠正，对遇到的困难提出解决建议；邀请《煤矿安全风险预控管理体系规范》主要起草人、《煤矿安全生产标准化基本要求及评分方法（试行）（简称煤矿安全生产标准化）》部分起草人、试点煤矿专业人员组成专家咨询组，编制了《煤矿双重预防机制建设专家解读意见》，规范山东省煤矿的双重预防机制建设工作。

### （二）信息化基础

2017 年，依靠前期的理论与实践成果，中国矿业大学与兴隆庄煤矿合作，研发了一个可复制、可推广的双重预防信息系统。该系统结合双重预防理论，按照《煤矿安全生产标准化》要求，真正实现了风险隐患的一体化管理。山东省煤矿安全监察机构和煤矿企业多次组织现场观摩学习，并把该系统逐步推向全省煤矿。

### （三）标准基础

2018 年，山东煤矿安全监察局上报山东煤矿双重预防机制地方标准立项申请，将《山东煤矿安全风险分级管控和隐患排查治理双重预防机制建设实施指南》（以下简称《实施指南》）纳入 2018 年山东省地方标准制定计划。山东煤矿安全监察局通过对主要矿业集团和非煤矿山开展调研，确定了标准制定的总体框架和原则。组织兖矿集团和中国矿业大学的部分专家学者成立起草工作组，根据上级有关要求，结合山东省煤矿双重预防机制建设面积累的经验，编制完成《实施指南》。

通过前期的工作基础可见，山东省已经具备了建设"以点到线、以线成面"的地标推广应用能力。因此，山东省为全面推进标准落地、推动所有煤矿达到建设标准，于 2018 年 8 月开展了建设地方标准标杆企业试点建设。

## 二、标杆企业试点选择

试点建设，代表着山东省首次全方位尝试与检验《实施指南》，而试点选择的优劣则影响着《实施指南》的落地效果，恰当选择对全面推进标准落地、推动所有煤矿达到建设标准具有至关重要的作用。在试点选择方面，山东煤矿安全监察局对山东省内各类煤矿包括对地理位置、地质条件、现有采煤工艺、硬件设施、人员能力等方面的项目，进行了深层次的调研论证。

标杆试点企业必须具备以下几个方面条件。

（一）企业规模

选择建设地方标准标杆企业，企业规模适当是第一要素。为保证在建设质量高的同时兼具建设速度快、标准运行快、经验推广快的效果，试点煤矿应选择规模相对较小，设备设施相对完善的企业进行。

（二）企业基础

选择建设地方标准标杆企业，企业基础是核心，尤其针对建设地方标准未发布之前企业的双重预防机制建设，所选择的试点煤矿双重预防的基础必须牢靠，应具有较为清晰的双重预防管理流程基础、较为完善的安全管理制度基础、完备的双重预防管理信息化实践基础。

（三）企业思想

选择建设地方标准标杆企业，其企业思想是指导。所选择的标杆试点企业首先必须具备由上而下敢为人先的探索思想、不畏困苦的敬业思想，积极进取的进步思想，并积极主动要求作为地标标杆。再者企业必须拥有较为扎实的双重预防思想理论基础，在安全管理思想方面有所建树与探索。

（四）企业条件

选择建设地方标准标杆企业，其企业条件是保障。所选择的标杆试点企业应拥有较为便利的地理位置条件、较高的人员素质条件、较为完备可靠地硬件设施条件、较为全面的矿井灾害类型与采掘工艺条件。例如：选择试点时应尽量选择交通便利的煤矿，有利于建设工作相关方的迅速介入开展，有利于建设过程中各资源的及时更新共享；应选择硬件条件较为完备的煤矿进行双重预防机制的试点建设，有利于保障试点建设的效果。

通过对数十家候选试点进行整体性评价，山东省最终确定金阳煤矿、泉兴煤矿作为地方煤矿双重预防机制建设试点。

**三、企业试点建设过程**

山东金阳矿业有限集团金阳煤矿（简称"金阳煤矿"）位于宁阳煤田东部，在宁阳县县城东北 6 km，井田东西长约 3 km，南北宽约 2 km，面积 6.12 km$^2$。山东泉兴矿业集团有限责任公司地处滕州市境内，井田面积 10.7 km$^2$。相对于其他煤矿，试点煤矿地理条件优越，地质条件较好，采煤工艺包含普采、炮采等工艺类型较多，设备设施相对完备，人员能力相对较高，有利于双重预防机制的建设与实施。

（一）理论辅导培训

2018 年 7 月初，中国矿业大学安全科学与应急管理研究中心协助金阳煤矿与泉兴煤矿开展双重预防机制试点建设工作，协助金阳煤矿和泉兴煤矿根据《煤矿安全生产标准化基本要求及评分办法（试行）》规定，依据山东省《煤矿安全风险分级管控和隐患排查治理双重预防机制实施指南》的要求，明确各个层级的责任主体，成立了双重预防机制实施工作的领导小组，设置了双控办公室（图 4-9），并确定了专职人员 4 人，协助开展双重预防建设工作。

同年 8 月初为试点企业提供了包括风险辨识方法与数据库建设思路等在内的各种理论与技术支持，并依据专业对试点开展了风险辨识工作，指出了工作中存在的问题以及改进

图 4-9　金阳煤矿双重预防办公室

方案。截至 8 月 25 日，中国矿业大学安全科学与应急管理研究中心共完成初始双重预防体系理论培训、风险辨识技术培训等在内的培训 6 场（图 4-10、图 4-11），并协助两个试点煤矿进行了年度风险辨识。

图 4-10　金阳煤矿双重预防培训现场

图 4-11　泉兴煤矿双重预防培训现场

（二）双重预防体系建立

2018 年 9 月，中国矿业大学安全科学与应急管理研究中心对这两个试点煤矿进行安全管理模式与流程调研，并依据双重预防建设标准化流程，依据相关标准文件对两个试点的体系建立进行了现场指导。依据双重预防标准及工作进程完善安全生产责任制 177 项，制作了 26 个工种岗位风险告知卡。两个试点煤矿初步建立了双重预防机制运行管理制度，双重预防机制教育培训制度（图 4-12）。按标准建立了风险点台账、年度、专项辨识评估报告、岗位风险辨识评估表，以及年度风险管控清单，其中岗位风险辨识评估表要求基层区队组织技术员和现场人员进行辨识，形成岗位风险评估表，并根据评估表制作岗位风险告知卡。依据标准建立了重大安全风险公示制度，即及时公示“风险点、风险描述、主要管控措施、管控责任人”等内容，同时重大隐患应公示“风险点、隐患描述、主要治理措施、责任人、治理时限”等内容。

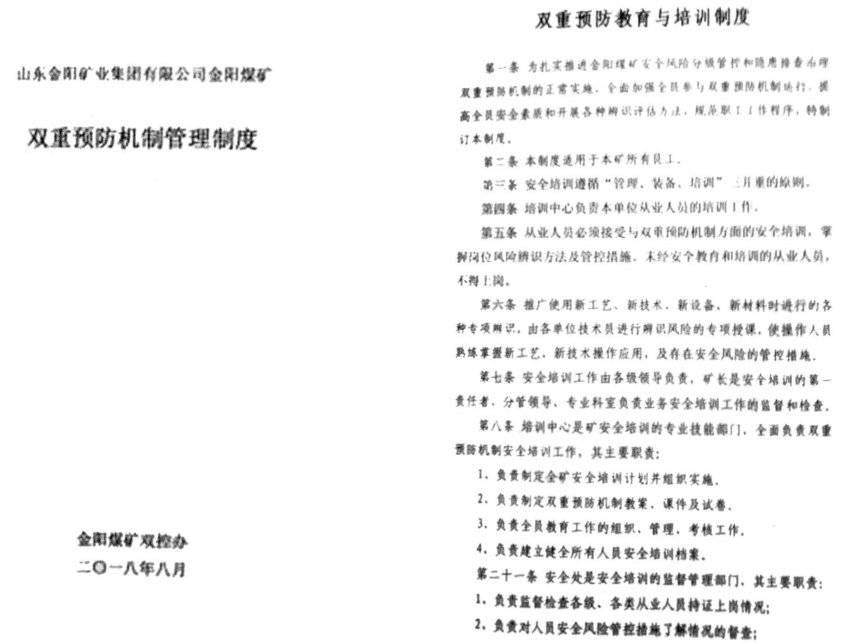

山东金阳矿业集团有限公司金阳煤矿

双重预防机制管理制度

金阳煤矿双控办
二〇一八年八月

双重预防教育与培训制度

第一条 为扎实推进金阳煤矿安全风险分级管控和隐患排查治理双重预防机制的正常实施，全面加强全员参与双重预防机制运行，提高全员安全素质和开展各种辨识评估方法，规范职工工作程序，特制订本制度。

第二条 本制度适用于本矿所有员工。

第三条 安全培训遵循“管理、装备、培训”三并重的原则。

第四条 培训中心负责本单位从业人员的培训工作。

第五条 从业人员必须接受与双重预防机制方面的安全培训，掌握岗位风险辨识方法及管控措施。未经安全教育和培训的从业人员，不得上岗。

第六条 推广使用新工艺、新技术、新设备、新材料时进行的各种专项辨识，由各单位技术员进行辨识风险的专项授课，使操作人员熟练掌握新工艺、新技术操作应用，及存在安全风险的管控措施。

第七条 安全培训工作由各级领导负责，矿长是安全培训的第一责任者，分管领导、专业科室负责业务安全培训工作的监督和检查。

第八条 培训中心是矿安全培训的专业技能部门，全面负责双重预防机制安全培训工作，其主要职责：

1、负责制定全矿安全培训计划并组织实施。

2、负责制定双重预防机制教案、课件及试卷。

3、负责全员教育工作的组织、管理、考核工作。

4、负责建立健全所有人员安全培训档案。

第二十一条 安全处是安全培训的监督管理部门，其主要职责：

1、负责监督检查各级、各类从业人员持证上岗情况；

2、负责对人员安全风险管控措施了解情况的督查；

图 4-12　双重预防管理制度

在建立矿井年度安全风险管控清单的基础上，对应重大风险、较大风险、一般风险和低风险四个风险等级，矿井确定四个管控层级，矿长管控重大风险，分管领导和部室管控较大及以上风险，区队管控一般及以上风险，班组、岗位管控低风险及以上的安全风险，实现了安全风险的分级管控（图 4-13）。

（三）信息化建设

中国矿业大学安全科学与应急管理研究中心，根据试点矿井双重预防机制建设的实际情况，研究开发了煤矿双重预防机制管理信息系统（图 4-14），并协助将年度辨识形成的风

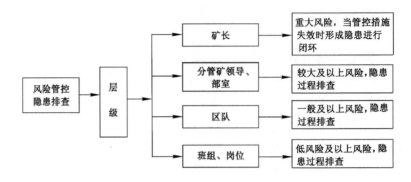

图 4-13 分级管控实施结构图

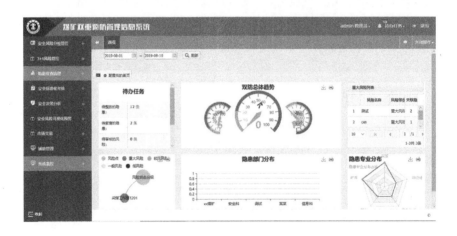

图 4-14 煤矿双重预防机制管理信息系统

险数据库(图 4-15)以及危害因素库导入信息系统,利用信息系统实现安全风险的有效管控,实现了双重预防的信息化管理。

| 风险点 | 风险类型 | 风险等级 | 风险描述 | 专业 | 危害因素 | 管控措施 | 管控单位 |
|---|---|---|---|---|---|---|---|
| -980北区胶带巷及其联巷 | 冒顶(片帮) | 低风险 | 顶板受压、离层,两帮支护不可靠,有发生冒顶(片帮)事故的风险 | 运输 | 1.施工地点巷帮支护不牢,落矸。 | 1.按期对巷道支护情况进行巡查,及时摘除悬矸,必要时对巷 | 通防工区 |
| -980边界换装站 | 冒顶(片帮) | 低风险 | 顶板受压、离层,两帮支护不可靠,有发生冒顶(片帮)事故的风险 | 运输 | 1.施工地点巷帮支护不牢,落矸。 | 1.按期对巷道支护情况进行巡查,及时摘除悬矸,必要时对巷 | 通防工区 |
| -980延深下部水仓外仓 | 冒顶(片帮) | 低风险 | 顶板受压、离层,两帮支护不可靠,有发生冒顶(片帮)事故的风险 | 运输 | 1.施工地点巷帮支护不牢,落矸。 | 1.按期对巷道支护情况进行巡查,及时摘除悬矸,必要时对巷 | 通防工区 |
| -980延深运输下山及其联巷 | 冒顶(片帮) | 低风险 | 顶板受压、离层,两帮支护不可靠,有发生冒顶(片帮)事故的风险 | 运输 | 1.施工地点巷帮支护不牢,落矸。 | 1.按期对巷道支护情况进行巡查,及时摘除悬矸,必要时对巷 | 通防工区 |
| 5°换装站 | 冒顶(片帮) | 低风险 | 顶板受压、离层,两帮支护不可靠,有发生冒顶(片帮)事故的风险 | 运输 | 1.施工地点巷帮支护不牢,落矸。 | 1.按期对巷道支护情况进行巡查,及时摘除悬矸,必要时对巷 | 通防工区 |
| -810井底车场 | 冒顶(片帮) | 低风险 | 顶板受压、离层,两帮支护不可靠,有发生冒顶(片帮)事故的风险 | 运输 | 1.施工地点巷帮支护不牢,落矸。 | 1.按期对巷道支护情况进行巡查,及时摘除悬矸,必要时对巷 | 通防工区 |
| -810井底车场 | 冒顶(片帮) | 低风险 | 顶板受压、离层,两帮支护不可靠,有发生冒顶(片帮)事故的风险 | 运输 | 1.施工地点巷帮支护不牢,落矸。 | 1.按期对巷道支护情况进行巡查,及时摘除悬矸,必要时对巷 | 通防工区 |
| -810井底换装硐室 | 冒顶(片帮) | 低风险 | 顶板受压、离层,两帮支护不可靠,有发生冒顶(片帮)事故的风险 | 运输 | 1.施工地点巷帮支护不牢,落矸。 | 1.按期对巷道支护情况进行巡查,及时摘除悬矸,必要时对巷 | 通防工区 |
| -980北区胶带巷(至F310断层) | 冲击地压 | 较大风险 | 3煤层及顶底板具有弱冲击倾向性,受掘进影响,掘进期间可发生冲击地压风险 | 防冲 | 掘进工作面掘进速度超过规定。 | 编制规程时,应当按冲击地压危险性评价结果明确掘进工作面 | 综掘二项目部 |
| -980北区胶带巷(至F310断层) | 冲击地压 | 较大风险 | 3煤层及顶底板具有弱冲击倾向性,受掘进影响,掘进期间可发生冲击地压风险 | 防冲 | 未施工煤粉监测钻孔。 | 坚持开展钻屑法煤粉监测,不少于6孔/天(进入沿空侧后不少于 | 综掘二项目部 |
| -980北区胶带巷(至F310断层) | 冲击地压 | 较大风险 | 3煤层及顶底板具有弱冲击倾向性,受掘进影响,掘进期间可发生冲击地压风险 | 防冲 | 未采取超前预卸压措施。 | 划分为强冲击地压危险区时,迎头需设不小于10m卸压保护带,两 | 综掘二项目部 |

图 4-15 试点矿风险数据库

# 第五节　试点煤矿双重预防标准机制建设成果

## 一、创新过程管控模式

在试点建设过程中,这两个标杆试点煤矿不仅在制度文件方面得到了优化提升,在实际过程中也真正落实了山东煤矿双重预防机制地方标准的要求,创新了过程管控模式。煤矿(企业)应以风险点为基本单元,对照安全风险管控清单开展安全风险管控效果检查分析和隐患排查,形成"风险隐患一体化"管理。应当基于管控检查内容对风险、隐患进行定期与动态的全方位、全过程的管控。在风险隐患一体化管控的周期中,过程管控应当伴随始终。

过程管控分为综合管控、专业管控和动态管控三类,既能保证从矿级领导、各分管领导、各系统(专业)、各岗位进行风险管控和隐患排查,落实安全生产责任,又能保证正常生产过程中的全过程、全方位管控,确保一人一事的安全状态时时处于监控中。过程管控有利于防范安全风险管控不到位变成事故隐患,隐患未及时发现和治理演变成事故。通过风险与隐患的全过程管控将风险控制在可接受水平范围内,进而消除隐患,达到遏制事故的目的。风险管控与隐患排查管控模式如图 4-16 所示。

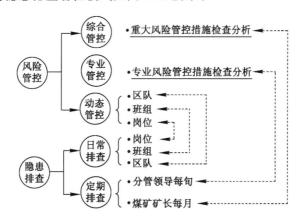

图 4-16　风险管控与隐患排查管控模式示意图

## 二、实现危害因素辅助辨识

通过前期培训,工作人员可以利用煤矿双重预防机制信息系统实现危害因素与风险的辅助辨识工作。辅助辨识按年度辨识、专项辨识、岗位辨识、临时施工辨识进行,能够识别出矿井 19 种类型的安全风险,极大地方便了系统使用人员,提高了辨识工作的效率和准确性。通过试点建设形成了宝贵的辨识经验,其最终建立的危害因素库对相同条件的煤矿开展危害因素辨识工作具有借鉴意义。

### 三、全过程信息化管理

山东省双重预防机制实现了双重预防机制全过程的信息化管理,完全符合国家双重预防机制建设要求,能够实现风险和隐患专业记录、跟踪、分析、统计和上报全过程信息化管理。针对风险辨识、风险管控、隐患排查、隐患闭环等环节,它采用信息化手段辅助企业开展双重预防机制建设,实现了全流程记录。

### 四、真关联双重预防控制建设

山东省双重预防机制通过对危害因素的确认管控实现,风险与隐患的关联,彻底解决了"风险分级管控"和"隐患排查治理"两张皮的难题,通过多重个性化核心算法,实现对风险的动态预警,做到了风险和隐患的真关联,从根本上提高企业的安全管理水平。

### 五、风险可视化展示

利用可视化的先进技术,实现二维、三维风险可视化,直观地展示企业的风险分布、风险等级详情,供各层级管理人员实时了解企业的风险动态,便于针对性地开展风险分级管控工作。

### 六、多维度数据分析

系统具有强大的统计分析功能,能够实现按区域、按专业、按部门、按人员、按不同的时间周期等统计口径实现统计分析,展现安全管理的宏观变化趋势,为管理者提供决策依据。通过对风险和隐患多维度的大数据分析,为安全管理工作提供数据支持,让管理人员掌握当前风险和隐患的细分侧重点,充分挖掘利用现场管理中积累的风险管控和隐患排查数据,辅助企业开展精细化安全管理。

### 七、系统易兼容扩展

系统易兼容、扩展性强,可实现与现有监测监控、人员定位等系统对接,进行实时数据交互,实现对风险管控和隐患排查的动态数据抓取,大大降低企业工作量;同时还可对外提供接口,便于企业开展双重预防机制延伸工作。

### 八、移动端无缝连接

山东省双重预防机制地方标准移动终端与 PC 端实现了井上、井下的无线互联,可以使用手机现场管控个人风险清单,跟踪风险管控措施是否落实,确认措施是否有效性,可实现风险和隐患现场一体化管理。真正实现了管控过程控制,协助管理人员通过移动终端开展现场风险管控检查,大大降低了隐患排查的工作量,提高了现场安全管理人员的工作效率。

本书通过标杆试点煤矿建设,实现了山东煤矿双重预防地方标准的全面高质量推进,为全面实现地方标准的普及和规范化打下了良好基础。

# 第五章　山东省煤矿地标矿版双重预防管理信息系统研发

## 第一节　地标矿版双重预防管理信息系统需求分析

### 一、基本要求

山东省《煤矿安全风险分级管控和隐患排查治理双重预防机制实施指南》(简称《实施指南》)要求煤矿(企业)应采用信息化管理手段,建立安全生产双重预防信息平台,具备安全风险分级管控、隐患排查治理、统计分析及风险预警等主要功能,实现风险与隐患数据应用的无缝链接,保障数据安全,具有权限分级功能。可以使用移动终端提高安全管理信息化水平。

基于以上要求,山东省煤矿地标矿版双重预防管理系统的需求就基本确定,应该以风险分级管控和隐患排查治理为核心,在此基础上增加统计分析及风险预警的主要功能,这也切合了双重预防机制建设的风险和隐患两个闭环管理要求。

### 二、需求分析

(一) 风险分级管控

1. 风险管控清单

双重预防管理系统应具备综合查询矿井全面的风险管控清单功能,可按照不同的筛选条件对风险进行查询,并可对风险进行管理、维护,实现风险降级的功能。

2. 风险点

双重预防管理系统应实现对风险点的综合查询,风险点需明确排查日期、开始日期、解除日期信息,可根据时间区间查询当前管控风险点、全部风险点等。

3. 风险辨识

双重预防管理系统应实现协调风险辨识功能,可由风险辨识组织人建立协同辨识任务,由参与人共同完成风险辨识工作,同时,应按照《实施指南》要求利用危害因素库辅助开展风险辨识工作,从而提高风险辨识质量。同时风险应具备审核流程,只有经过集中会审后方可加入风险管控清单。风险辨识结束后,可根据预设的模板,辅助生成辨识报告。

(二) 隐患排查治理

按照《实施指南》要求,开展过程管控即检查煤矿安全风险管控措施落实情况,开展隐患排查的过程。所以系统应具备统一的过程管控入口,同时开展风险管控及隐患排查工作,在系统中体现安全风险管控措施落实情况,同步开展隐患排查的要求。

1. 隐患排查

系统应具备管控任务派发功能,针对综合管控和专业管控,能够由组织人创建协调管控任务,根据参与人预设的管控规则,系统应能够推送风险管控清单到具体的管控责任人,由责任人具体到当前开展风险管控、隐患排查的工作。

2. 隐患闭环管理

系统应具备对隐患进行综合查询,并可实现隐患整改、延期、复查的闭环管理,能够按照流程自动进行隐患的闭环管理工作,同时具备超期提醒及升级督办功能。

（三）统计分析及风险预警

1. 统计分析

系统应依据风险和隐患的相关数据,进行协同分析,能够分析得到风险管控重点及隐患治理难点,便于管理层针对性地开展安全决策分析。

2. 风险预警

系统应可根据隐患和风险的关联关系进行预警功能,应结合矿图实现可视化预警,同时可自由设置预警规则。

## 三、流程设计

（一）风险分级管控

按照需求分析要求,风险辨识应实现协同辨识和辅助辨识,进而设计了流程,如图 5-1 所示。辨识活动组织人创建一个风险辨识评估总任务,并在创建的过程中选择参与人。参与人收到风险辨识评估任务后,同时协同开展风险辨识评估工作,结束后提交审核,经过统一的审核后,参与人结束个人的风险辨识评估任务。组织人此时可结束风险辨识评估总任务,同时补充相关信息,即可生产辅助风险辨识报告。

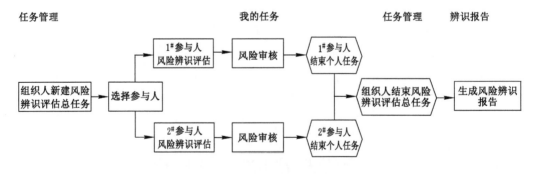

图 5-1　风险辨识流程示意图

根据煤矿（企业）辨识形成的基础危害因素库,通过系统辅助生成模块危害因素库,在此基础上设计了风险辨识流程。风险辅助辨识的基础是危害因素库,通过建立风险和危害因素的关联关系,完成风险辨识评估工作,并经过审批流程形成风险管控清单。风险辨识流程设计如图 5-2 所示。

图 5-2  风险辨识流程设计图

（二）隐患排查治理

系统可依据风险管控措施开展隐患排查治理工作，其流程设计如图 5-3 所示。同时，在这个过程中可以新增风险、危害因素和隐患；隐患进入闭环管理流程，如图 5-4 所示。

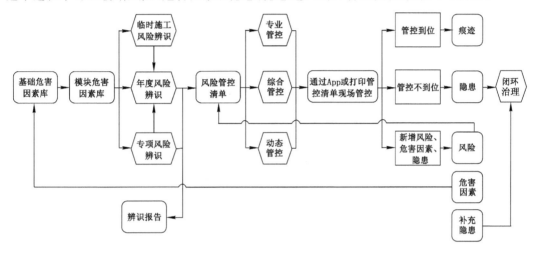

图 5-3  隐患排查治理流程设计图

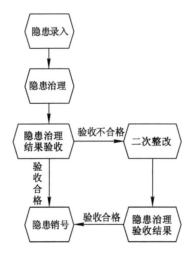

图 5-4  隐患闭环管理流程设计图

# 第二节  地标矿版双重预防管理信息系统功能架构

## 一、系统总体功能框架设计

根据山东省煤矿双重预防管理信息系统建设需求,设计山东省煤矿双重预防管理信息系统总体功能框架,包括:风险分级管控、隐患排查治理、安全风险预警、安全决策分析、双重预防运行考核、辅助功能管理等6大模块。其系统框架设计如图5-5所示。

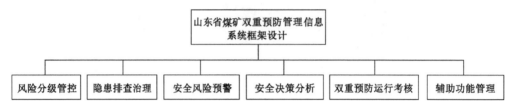

图5-5  山东省煤矿双重预防管理信息系统框架设计示意图

## 二、系统功能模块设计

### (一)风险分级管控

本模块实现对风险辨识全过程的管理、维护,分为风险点台账、风险辨识、风险管控清单、基础数据管理4个子模块,如图5-6所示。

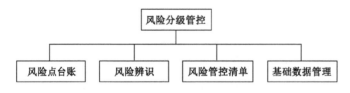

图5-6  风险分级管控模块结构图

1. 风险点台账

本模块实现对风险点的综合查询,增加风险点排查日期、开始日期、解除日期信息,可根据时间区间查询当前管控风险点、全部风险点等。

2. 风险辨识

本模块分为辨识评估、风险审核、辨识报告和岗位辨识评估4个子模块,实现年度、专项、临时施工和岗位风险辨识评估以及风险录入、审核、辨识报告(文件)一键生成等功能,如图5-7所示。

(1)辨识评估。年度、专项和临时施工风险辨识活动负责人,可创建风险辨识评估任务,按照对应模板录入相关信息(辨识活动类型、辨识活动名称、辨识活动组织等)建立辨识评估任务后,分发给辨识参与人员,协同开展风险辨识评估工作。

(2)风险审核。实现对集中辨识风险、日常新增风险进行审核,通过后加入矿井风险管

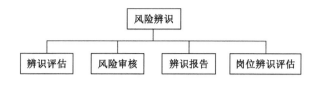

图 5-7　风险辨识模块结构图

控清单。

（3）辨识报告。辨识任务参与人完成全部辨识活动后，组织人可辅助生成辨识报告，通过本模块可查看辨识报告。

（4）岗位辨识评估。按照辨识岗位建立辨识评估任务，发起辨识协同，汇总审查，形成单个岗位的风险清单和全矿各岗位风险清单。

优化：统一风险辨识录入的入口，简化系统菜单结构，同时实现多人协同开展风险辨识的功能。系统还可以根据权限设置，对不参与风险辨识的人员屏蔽本模块，进一步简化系统。

双重预防管理信息系统应辅助生成辨识报告（或文件），规范辨识报告形式。

3. 风险管控清单

本模块可以综合查询煤矿全面的风险管控清单，可按照不同的筛选条件对风险进行查询，并可对风险进行管理、维护，实现风险降级的功能。

优化：增加风险等级调整的功能，通过对风险关联危害因素等级调整或删减，实现对风险等级的调整，体现风险管控过程中风险等级的动态变化。

4. 基础数据管理

如图 5-8 所示，本模块可实现对危害因素及风险点的管理、维护，主要内容有基础危害因素库、模块危害因素库、危害因素审核和风险点管理。矿井可导入基础危害因素库，并在此基础上创建模块危害因素库，提高风险辨识质量，降低风险辨识工作量。

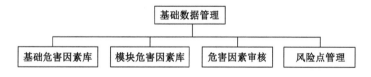

图 5-8　基础数据管理结构图

优化：通过增加危害因素字段，为煤矿快速检索、更新危害因素库提供条件。

矿井可自由创建危害因素模块，建立符合煤矿实际的基础数据库，进而实现风险辨识录入。同时，通过本模块可以对辨识、管控过程中新增的危害因素进行审核，进一步补充完善危害因素库。

（二）隐患排查治理

按照《实施指南》要求，开展过程管控即是检查矿井安全风险管控措施落实情况，开展隐患排查的过程。本模块实现隐患排查（过程管控）治理工作，分为隐患排查、排查记录、闭环管理、"三违"管理 4 个子模块，如图 5-9 所示。

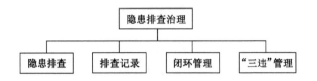

图 5-9　隐患排查治理模块结构图

1. 隐患排查

隐患排查模块(图 5-10)统一了隐患录入的接口,更贴合《实施指南》中关于隐患排查的要求。

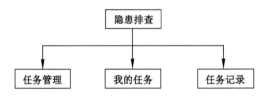

图 5-10　隐患排查模块结构图

(1) 任务管理

综合管控、专业管控活动(新建任务时,根据专项管控的性质,确定管控活动的专业类型)组织人可以新建排查任务,在新建过程中选择管控类型,录入管控名称、专业类型、主要内容、组织人、检查地点和参与人等信息。系统根据用户设置的管控层级和管控风险类型,自动生成排查任务(即管控任务或检查任务),推送风险管控清单到参与人。推送任务中,本次需要检查留痕的管控任务(管控风险)显示红色,非直接管控任务(管控风险)显示为灰色。显示红色的部分可以导出打印,这样便于用户开展现场管控确认工作。(可以设置检查活动任务的集中打印功能,没有配发井下移动终端的用户,可以实现检查任务的集中打印,方便检查人员快速获取检查任务,及时到井下现场进行检查。)

(2) 我的任务

用户进入此模块后,设置管控清单推送规则,实现风险自动推送。

① 科室及以上层级用户需设置管控的风险类型、管控专业、单次管控措施(或危害因素)条数,设置后可以从本模块推送过来的管控任务中导出管控清单,用户可以开展隐患排查(过程管控)工作,并实现新发现风险、隐患的录入,实现管控留痕。

推送规则:第一,危害因素等级为重大、较大危害因素应全部推送;第二,其他等级危害因素按管控时间(上次管控的痕迹留存时间)由远及近顺序、设定的管控条数进行推送。

② 区队(车间)、班组、岗位层级用户,则根据提前设置的管控层级,专业属性,本次管控的风险点、风险等,点击形成管控任务。没有配发井下移动终端的用户可导出打印,携带管控任务下井落实管控任务,升井后完成隐患录入和管控任务留痕工作;配发井下移动终端的用户,根据移动终端中的管控任务实现隐患的录入和管控留痕工作。

③ 上级领导检查、管理人员日常检查、安检员日常检查的隐患录入,可在"我的任务"模块创建不同类型的排查任务,开展隐患录入和留痕工作。上级领导检查可在形成任务后直

接录入隐患,不用留痕。

（3）任务记录

把风险管控和隐患排查归到统一入口,简化管控流程,不需要新建个人管控清单、个人管控任务,统一由排查（管控）活动组织人员确定,降低管控参与人员的工作量;根据预设的推送规则实现风险自动推送,实现风险管控全覆盖。

将隐患录入入口统一归口到"我的任务"模块,能够推动管理人员按照管控任务和清单开展现场检查确认活动,为双重预防机制运行、统计和分析打好基础。

2. 排查记录

本模块可以查询隐患排查（过程管控）录入情况,实现对管控结果的考核。可以按照排查活动组织人创建的任务,查询参与人的录入情况（管控痕迹）,督促管理人员开展风险管控工作,进一步实现双重预防机制在现场的落地。

优化:本模块实现了对管控痕迹的查询,便于对管控开展考核工作。

3. 闭环管理

本模块可以对隐患进行综合查询,并可实现隐患整改、延期、复查的闭环管理,具备隐患超期预警功能（首页滚动显示、隐患清单突出显示）,如图 5-11 所示。

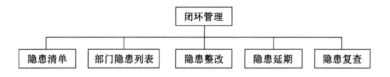

图 5-11　闭环管理模块

4. "三违"管理

本模块实现对"三违"的综合管理和统计分析,如图 5-12 所示。

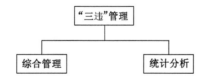

图 5-12　"三违"管理模块

（三）安全决策分析

本模块可以增强系统的分析评审功能,实现对双重预防数据的多维度分析,下设风险管控效果分析、管理人员管控情况分析、风险辨识效果分析 3 个子模块,如图 5-13 所示。

1. 风险管控效果分析

本模块分为风险管控效果分析和风险管控效益分析,可以按照时间区间进行数据展示。风险管控效果分析可以按照矿井、风险点、风险类型、管控单位的维度展示风险隐患对应的变化曲线。风险管控效益分析可根据设置的治理费用,依据隐患的数量变化,实现隐患治理费用变化的可视化展示。

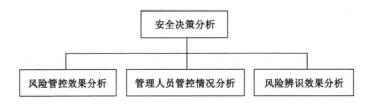

图 5-13　安全决策分析模块

2. 管理人员管控情况分析

本模块可以实现对管理人员登录次数、录入隐患数量、检查危害因素次数的情况进行分析。

3. 风险辨识效果分析

本模块实现对新增风险关联的风险类型、风险点进行排序和可视化展示。

（四）安全风险预警

1. 安全风险四色图

按照风险管控清单显示风险等级，只显示风险点颜色，不显示名称，点击后可显示名称。

2. 风险管控预警图

风险管控预警图主要用来对风险管控情况进行预警，对各风险点未按规定进行风险管控的情况进行可视化展示。

（五）安全绩效考核

1. 双重预防考核

（1）风险管控产生隐患，根据管控责任对相关单位和人员进行考核；

（2）隐患治理情况，对相关责任单位和人员进行考核。

2. 考核规则

每产生一条隐患，按照风险失控产生隐患的等级，对风险管控责任单位和责任人员进行考核。在隐患录入页面，增加隐患关联风险的管控单位和管控责任人（非必填项），以此进行考核。

对隐患治理不到位或超期情况，按照隐患等级对应考核标准对负责治理的责任单位和责任人员进行考核。隐患治理超期后，根据预定的扣分规则自动扣分。

各煤矿依据该规则制定相关考核标准，要形成月度考核汇总表，并实现存储和导出。

（六）辅助功能管理

1. 职业卫生

管理职工个人基本信息，提供职工个人信息查询功能，实现职工职业履历档案、职工劳动防护专项档案、职业健康检查专项档案、职业健康疗养专项档案、职业安全卫生教育培训专项档案的管理与查询。

2. 事故管理

实现事故录入、事故等级管理、工伤等级管理功能。

3. 文档管理

文档管理实现对双重预防机制运行相关制度的文件管理,同时还可以上传电子档文件进行备检。

4. 系统管理

实现系统管理员对系统的功能、菜单、组织、权限及字典的配置管理,包括 App 菜单管理、用户管理、角色管理、组织机构、国际化语言、数据字典、首页窗口管理、系统公告、系统图标、地点管理、个人信息管理、微信模板管理等功能。

# 第三节  地标矿版双重预防管理信息系统技术架构

## 一、系统架构设计

双重预防管理信息系统完全采用三层 B/S 的结构,完全基于 J2EE 开放式结构设计,其系统架构如图 5-14 所示。

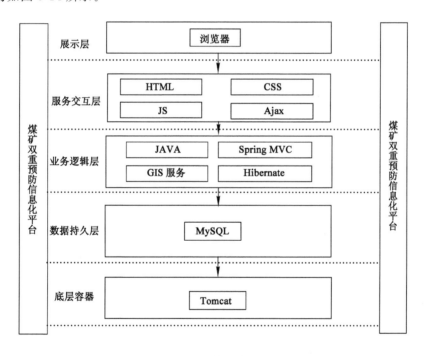

图 5-14  双重预防管理信息系统架构图

平台运行时逻辑上可以分成展示层、服务交互层、业务逻辑层、数据持久层。

(1)展示层主要包括业务页面、平台展现框架。

(2)服务交互层主要是与前端进行交互,包括浏览器及手机端 App,主要采用 RESTful(representational state transter,REST)设计风格,通过 JSON(javascript object notation,JSON)数据格式进行数据传输。具体实现方式是在控制层中定义与前端约定的请求 URL

地址、参数和请求方法,映射到具体控制类和方法中。接收前端请求,通过注解将数据翻译为后台理解的信息,执行相应操作后将返回值翻译为前端可理解的信息,并返回给前端显示。

(3)业务逻辑层是整个系统的核心部分,通过编写逻辑构件,构建整个系统的业务体系。一个逻辑构件是由接口、实现类和配置文件组成。逻辑构件在控制层中调用,将逻辑构件注入逻辑层。

(4)数据持久层提供数据持久化、数据访问能力,提供统一的接口 MiniDao。接口中封装一系列的持久化方法。逻辑层调用持久层的方法完成对业务的逻辑操作。

(一)网络架构设计

整个系统从网络架构上可以分为两个部分,如图 5-15 所示。

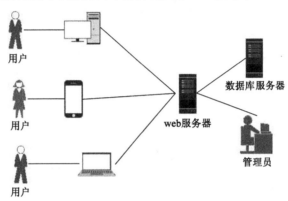

图 5-15 网络架构图

信息中心为整个系统的主干子系统,存放着数据库服务器、应用服务器等主要部件,是整个系统的核心主体。

科室系统的主要使用对象是矿下属各科室,通过内网访问连接到网络上。

(二)安全设计

(1)通过身份鉴别进行严格的身份认证,系统审核流程采用权限控制进行严格的流程化管理,保证系统用户权限的正确分配。

(2)利用软件防护(防病毒软件)与硬件防护(硬件防火墙)相结合预防外界用户对系统的攻击与破坏。同时,为了防止非法用户入侵数据库,查询平台关键敏感数据,平台可以对SQL 注入等外部攻击进行防御。

(3)数据库存储需要注意以下几个方面:① 系统数据主要是风险数据、隐患数据和系统数据,这些数据相对比较稳定,考虑在线联机存储 3 年所需数据空间估算为 1 GB。② 考虑日志空间、临时表空间以及非过程性数据系统使用空间为数据空间的 60%,即所需空间为 1 GB×(1+60%)=1.6 GB。③ 考虑到数据索引查询等操作系统实际所需要的数据空间按数据库数据的 120%计算,即实际所需数据空间=1.6 GB×(1+20%)= 1.92 GB。

(4)数据备份存储时应建立健全的备份和灾难恢复机制,实现系统文件、应用服务的配置文件及数据库文件定期备份。建议备份策略为每月一次全备,全备份副本保留最近一个月,最大空间约为 2.56 GB 。每天做一次增量备份和归档日志备份,增量副本保留 1 个月,所需空间大概为 1 GB,总共 3.56 GB。

## 二、硬件需求

(一)服务器

(1) 操作系统:Windows Server 2008 R2 Enterprise 以上服务器版本操作系统。

(2) 数据库:MySQL 5.7.12 及以上版本。

(3) 服务器容器:Apache-tomcat 7.0.64 以上版本。

(4) 内存:8 GB 或更多。

(5) 硬盘:500 GB,建议 1 TB 以上。

(二)客户机

① 操作系统:Microsoft Windows 7 及以上版本。

② 浏览器:Firefox 40.0 及以上版本。

③ 分辨率:800×600 以上分辨率,建议 1024×768。

## 三、开发技术

采用 MVC(modal view controler)的设计模式,基于 Spring MVC＋Hibernate 构建系统的底层框架。

展现层框架基于 Ajax,JavaScript,DHTML,DOM 等技术实现,为交互式 web 应用提供丰富可扩展的界面展现组件;系统界面参照需求设计文档设计,实现页面版式结构、用色、线条、构图配图、元素风格、整体气氛表达、字体选用、界面等要素的一致性设计;设计过程体现最大化原则,即每个用户界面尽量内容最大化,提供功能最大化。界面整体设计需简洁、明快,操作简便。

开发工具采用流行的 Java 开发工具 Intelli JIDEA 2017,符合 J2EE 1.3 以上标准。

# 第四节　地标矿版双重预防管理信息系统界面设计

根据系统功能建设需求,考虑到易部署、易扩展、能高度集成的系统建设要求,山东省煤矿双重预防管理信息系统采用 B/S 架构进行开发设计,在此架构基础上对系统功能界面进行设计,在进行界面设计时需从用户使用的角度出发,在界面美观的基础上还需操作简单快捷,以提高用户操作感受。本次双重预防管理信息系统界面设计主要包括 PC 端及手机 App 端两部分。

## 一、系统界面设计的原则

(一)用户原则

人机界面设计首先要确立用户类型,划分类型可以从不同的角度,视实际情况而定。确定类型后要针对其特点预测他们对不同界面的反应,这就要从多方面分析。

（二）信息最小量原则

人机界面设计要尽量减少用户记忆负担，采用有助于记忆的设计方案。

（三）帮助和提示原则

系统要对操作用户的命令做出反应，帮助用户处理问题。系统要有恢复出错现场的能力，在系统内部处理工作要有提示，尽量把主动权让给用户。

（四）一致性原则

从任务、信息的表达，界面控制操作等方面与用户理解的、熟悉的模式尽量保持一致。

（五）兼容性原则

在用户期望和界面设计的现实之间要兼容，要基于用户以前的经验。

（六）适应性原则

用户应处于控制地位，因此界面应在多方面适应用户。

（七）指导性原则

界面设计应通过任务提示和反馈信息来指导用户，做到"以用户为中心"。

（八）结构性原则

界面设计应是结构化的，应减少复杂度。

（九）平衡性原则

注意屏幕上下左右平衡，不要堆挤数据，过分拥挤的显示也会产生视觉疲劳和接收错误。

（十）预期原则

屏幕上所有对象，如窗口、按钮、菜单等处理应一致化，使对象的动作可预期。

（十一）经济原则

即在提供足够信息量的同时还要注意简明清晰，特别是要运用好媒体。

（十二）顺序原则

对象显示的顺序应依需要排列。通常应最先出现对话，然后通过对话将系统分段实现。

（十三）规则化原则

画面应对称，显示命令、对话及提示行在一个应用系统的设计时应尽量统一规范。

**二、PC 端系统界面设计**

（一）登录页面及主界面设计

设计用户登录界面。在登录界面采集用户登录信息并进行信息后台验证，其界面如图 5-16 所示。

在登录信息验证通过后进入系统主页面，在系统主页面中配置系统的风险分级管控、隐患排查治理等主要功能菜单，同时根据用户需求在主界面上配置如待办任务、双重预防总体趋势、风险动态分级预警、隐患部门分布、隐患类型分布等可视化统计分析模块，更直观地向用户展示双重预防管理信息系统中数据的实时动态，其主界面如图 5-17 所示。

图 5-16　系统登录界面

图 5-17　系统主界面

（二）风险分级管控界面设计

风险分级管控功能主要对风险管控清单、风险点台账、风险辨识、基础数据管理等 4 个部分功能进行了界面设计。

（1）风险管控清单模块。设计了风险管控清单查询界面，可按照风险点、风险类型、风险等级等对风险进行筛选查询，同时可在此界面对风险进行风险等级调整、风险编辑、风险删除等操作。其操作界面如图 5-18 所示。

（2）风险点台账模块。设计了风险点综合查询界面，用户可根据排查日期、开始日期、结束日期、地点、风险点状态等信息对风险点进行有条件筛选查询。其操作界面如图 5-19 所示。

（3）风险辨识模块。对辨识评估、风险审核、辨识报告和岗位辨识评估等 4 个子模块进行了界面设计，通过在此界面操作可实现年度、专项、临时施工和岗位风险辨识评估以及风

图 5-18　风险管控清单

图 5-19　风险点台账

险录入、审核、辨识报告（文件）一键生成等功能。其操作界面如图 5-20 所示。

（4）基础数据管理模块。实现对危害因素及风险点的管理、维护，分为基础危害因素库、模块危害因素库、危害因素审核和风险点管理，矿井可导入基础危害因素库，并在此基础上创建模块危害因素库，提高风险辨识质量，降低风险辨识工作量。其操作界面如图 5-21所示。

（三）隐患排查治理界面设计

隐患排查治理模块还分别对隐患排查、隐患闭环管理、"三违"管理功能进行了界面设计。

图 5-20　风险辨识

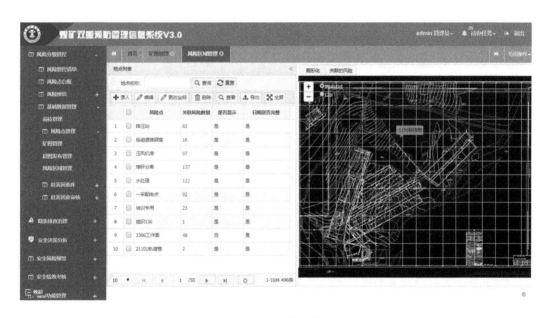

图 5-21　基础数据管理

（1）隐患排查模块统一了隐患录入的接口，设计任务管理界面，配置管控时间、管控类型、管控名称、组织人员、结束时间、主要内容、检查地点、检查单位、检查人等信息采集入口，并以此新建隐患排查任务。系统根据用户设置的管控层级和管控风险类型，自动生成排查任务（即管控任务或检查任务），推送风险管控清单到参与人用户。同时设计了"我的任务"及任务记录功能界面，可实现风险自动推送、隐患排查录入情况查询以及对管控结果的考核。隐患排查界面如图 5-22 所示。

图 5-22　隐患排查

（2）隐患闭环管理功能。系统设计了隐患清单、部门隐患列表、隐患整改、隐患延期、隐患复查等 5 组功能界面。① 隐患清单界面可根据责任部门、发现时间、班次、检查类型、问题性质、整改日期、检查人、问题地点和处理状态，对隐患进行查询，同时提供了隐患的上报、查看删除功能。② 部门隐患列表界面可实现对本部门隐患的查询，如登录账号为综采一区的用户，则可以看到本部门所有的隐患信息，并可以根据发现时间、检查班次、检查类型、问题性质、处理状态、检查人、问题地点进行查询与查看。③ 隐患整改界面可供隐患责任人对隐患进行整改、导出或查看。④ 隐患延期。如果隐患整改期限时间不足或者需要修改整改限期时间，那么可以通过隐患延期模块进行修改限期时间。⑤ 隐患复查。当隐患整改后需要指定用户进入隐患复查界面对隐患整改结果进行复查以保证消除隐患。隐患闭环管理界面如图 5-23 所示。

（3）"三违"管理界面提供对矿工"三违"行为的管理功能，包括"三违"行为的录入、编辑、批量删除以及查看、导入和模板下载，设计界面如图 5-24 所示。

（四）安全决策分析页面设计

根据安全决策分析功能建设需求，系统设计了安全决策分析功能界面，在此界面内可实现风险管控效果分析、管理人员管控情况分析、风险辨识效果分析等。

1. 风险管控效果分析

风险管控效果分析界面可根据时间区间、风险点、责任单位、风险类型、危害因素，按照风险点、风险类型和年度对风险管控效果进行折线图或柱状图多维度可视化展示，如图 5-25 所示。

2. 管理人员管控情况分析

管理人员管控情况分析界面可以通过柱状图对管理人员登录次数、录入隐患数量、检查危害因素次数的情况进行分析，支持按所在单位、人员名称、月份进行查询统计，如

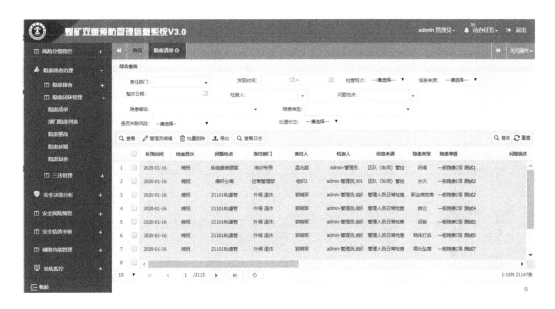

图 5-23 隐患闭环管理

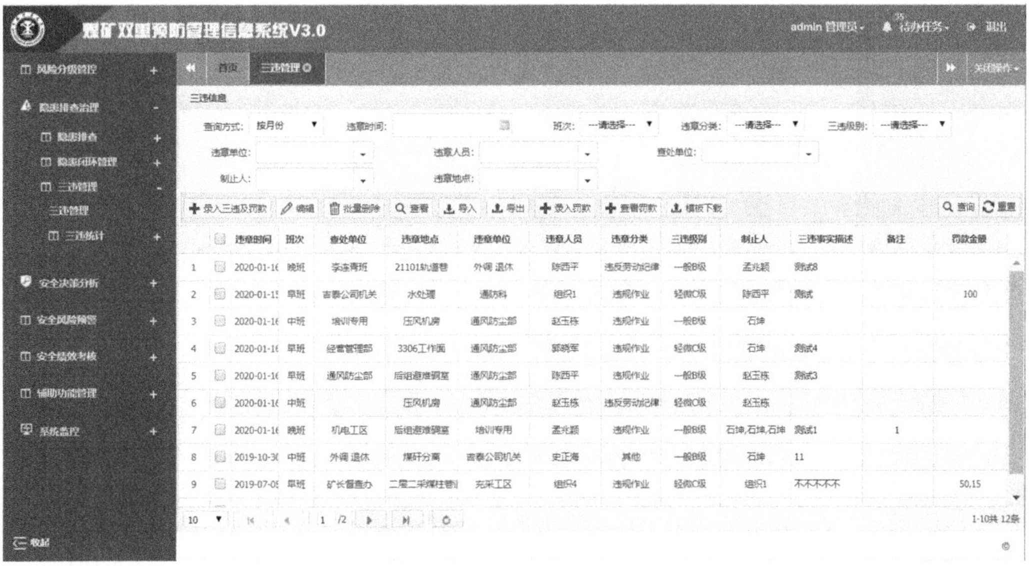

图 5-24 "三违"管理

图 5-26所示。

3. 风险辨识效果分析

实现对新增风险关联的风险类型、风险点进行排序、可视化展示,支持按月份和风险类型对新增风险点的查询,如图 5-27 所示。

(五)安全风险预警页面设计

根据系统功能设计需求,安全风险预警页面主要配置了安全风险四色图(红、橙、黄、蓝)界面、风险管控预警图界面和隐患违章分区区域预警界面。

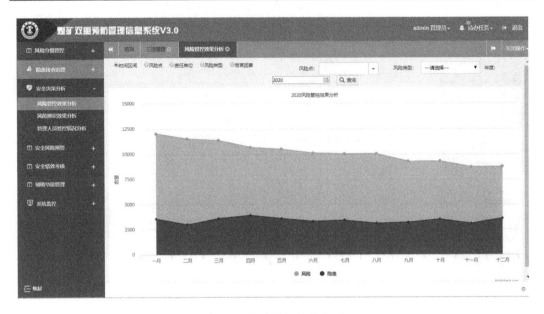

图 5-25　风险管控效果分析

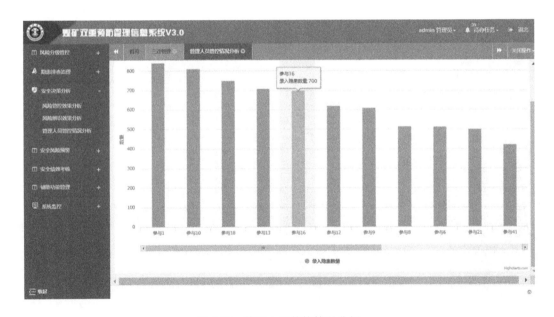

图 5-26　管理人员管控情况分析

1. 安全风险四色图

安全风险四色图界面实现了风险点可视化展示，并用红、橙、黄、蓝四色对风险等级进行标识，红色代表重大风险，橙色代表较大风险，黄色代表一般风险，蓝色代表低风险。点击风险点后对风险点的具体信息进行展示。安全风险四色图界面如图 5-28 所示。

2. 风险管控预警图

风险管控预警图主要用来对风险管控过程进行预警，对各风险点未在规定时间内进行风险管控的情况进行可视化展示。

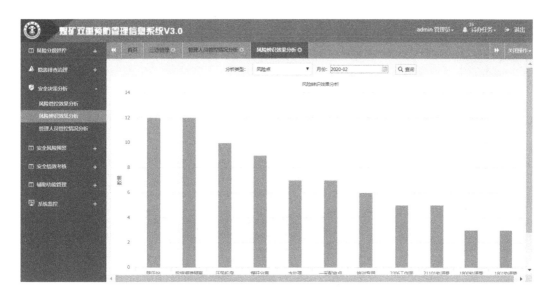

图 5-27　风险辨识效果分析图

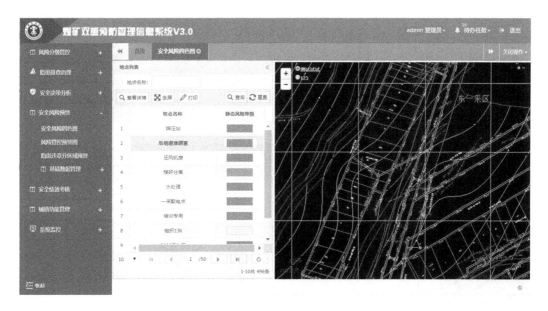

图 5-28　安全风险四色图

3. 隐患违章分区域预警

隐患违章分区域预警界面,可以按区域对各区域内隐患及"三违"具体情况以柱状图的方式进行可视化展示。其界面如图 5-29 所示。

（六）双重预防运行考核

双重预防运行考核分为考核扣分统计页面和考核扣分配置页面,通过这两个页面可以查看考核结果以及按照考核扣分规则进行的自由配置,满足煤矿个性化的考核要求。

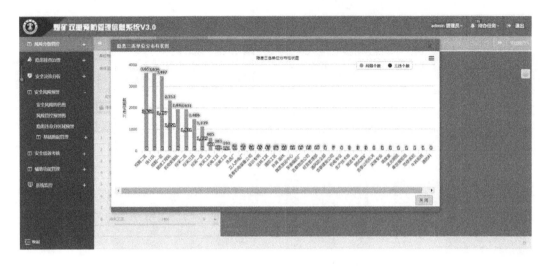

图 5-29　隐患违章分区域预警图

（七）安全生产标准化考核页面设计

安全生产标准化考核界面主要包括井工煤矿考核评分管理和露天煤矿考核评分管理两部分，在井工和露天煤矿各自考核模块中又细化为矿井考核自评汇总、安全风险分级管控、事故隐患排查治理、通风、地质灾害防治与测量、采煤、掘进、机电、运输、职业卫生、安全培训和应急管理以及调度和地面设施考核子模块。在各模块中录入考核记录并提交后，即可在矿井考核自评汇总中按照月份查看提交的信息。安全生产标准化考核页面设计如图 5-30 所示。

图 5-30　安全生产标准化考核页面

（八）辅助功能管理页面设计

辅助功能管理模块主要设计了职业卫生、事故管理、文档管理、系统管理等界面。职业卫生界面可提供职工个人职业卫生相关信息的管理与查询；事故管理界面可提供事故的录入编辑、事故等级管理和工伤等级管理功能；文档管理界面可提供双重预防工作相关文档的编辑、录入和管理；系统管理界面提供对双重预防管理信息系统相关功能的配置与管理。辅助功能管理设计界面如图 5-31 所示。

图 5-31 辅助功能管理页面

### 三、手机端 App 界面设计

双重预防管理信息系统手机端页面采用扁平化设计，根据手机端功能需求对系统登录界面、系统功能主界面及功能界面进行了设计。

（一）系统登录

打开 App，进入登录界面（图 5-32）。首次登录需要配置 IP 地址，点击登录按钮右下方配置，弹出对话框（图 5-33），然后配置。配置完毕，输入用户名和登录密码，点击"登录"按钮，如图 5-34 所示。

输入正确的账号、密码之后点击，即可进入系统，显示 App 的主界面，如图 5-35 所示。

（二）离线登录

在无网络的情况下，可使用离线登录，进入系统（图 5-36）。打开登录页面，勾选离线登录选择框，点击"登录"按钮，进入离线登录主界面（图 5-37）。离线登录状态下，可录入隐患和"三违"信息，但不能上报。

（三）初步使用

初步使用需要数据同步，点击升井数据同步模块下的数据字典同步（图 5-38）。点击数据同步字典，进行数据同步。

图 5-32 系统登录界面图

图 5-33 IP 地址配置界面图

图 5-34 输入用户名和密码

图 5-35 系统主界面

（四）主界面

主界面平铺了 App 的主要功能按钮，主要有三个模块，每个模块对应相关具体功能入口，描述如下。

模块一 风险分级管控

（1）重大风险清单。

（2）风险点。

（3）"三违"录入。

图 5-36　离线登录图

图 5-37　离线登录主界面

（4）"三违"查询。

模块二　隐患排查治理

（1）隐患录入。

（2）隐患整改。

（3）隐患复查。

（4）超期隐患。

模块三　升井数据同步

（1）数据字典同步。

（2）隐患数据上报。

（3）"三违"数据上报。

主界面的功能入口平铺界面，直观、方便。

（五）风险分级管控

风险分级管控模块有四个功能入口，分别为重大风险清单、风险点、"三违"录入、"三违"查询，如图 5-39 所示。点击相应图标区域，即可进入具体功能模块。

1. 重大风险清单

点击"风险分级管控→重大风险清单"区域，即可进入重大风险清单模块，如图 5-40 所示。关联风险点标签括号内容为关联风险点的数目，点击该标签，会弹出相应页面，如图 5-41所示。

2. 搜索查询和管控措施

点击"请输入搜索内容"区域，可以输入文字，下面列表会根据输入内容及时匹配相关数据列表，如图 5-42 所示；点击"管控措施"标签，弹出相应对话框，如图 5-43 所示。

3. 详细信息

点击"风险清单"单个条目白色区域，进入对应详情页面，如图 5-44 所示。

图 5-38　同步数据

图 5-39　风险分级管控

图 5-40　重大风险清单图

图 5-41　关联风险点列表

4. 风险点

点击"风险分级管控→风险点"区域,进入风险点管理页面,如图 5-45 所示。

5. 责任部门

点击屏幕左侧显示的年度风险辨识导航菜单中的"部门风险上报",将显示相关责任部门信息列表,如图 5-46 所示;在弹出页面"请输入搜索内容"处点击可输入查询内容,下面列表会根据输入内容,及时匹配相关数据,如图 5-47 所示。

6. "三违"录入与查询

点击"风险分级管控→'三违'录入"区域,将进入"三违"录入界面,如图 5-48 所示。"三

图 5-42 搜索查询

图 5-43 管控措施

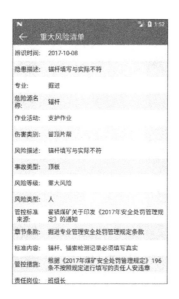

图 5-44 重大风险清单

违"数据上传后,会在已上报列表中显示,主要包含以下 4 部分内容。

(1)"三违"录入

此页面录入"三违"相关数据信息并保存,如图 5-48 所示。"三违"数据保存在本地。

(2)未上报

保存在本地的"三违"数据会在待同步页面以列表形式显示出来。点击列表单个条目,会打开"三违"的编辑界面。此界面可看到相应的录入内容,并可进行编辑。

(3)已上报

已上报"三违"数据会在"三违"列表中显示。

图 5-45　风险点管理

图 5-46　责任部门列表　　　　　　　图 5-47　责任部门搜索

（4）"三违"查询

点击"风险分级管控→'三违'查询"区域，将进入"三违"查询界面，如图 5-49 所示。

"三违"查询默认展示所有数据，需要查看具体数据，可依据检查时间和违章单位进行查询，如图 5-50 所示。

（六）隐患排查治理

隐患排查治理模块有 4 个功能入口，分别为隐患录入、隐患整改、隐患复查、超期隐患，如图 5-51 所示。点击相应图标区域，进入具体功能模块。

图 5-48　"三违"录入

 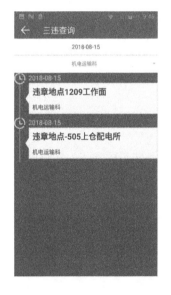

图 5-49　"三违"查询　　　　　　　图 5-50　按条件查询

1. 隐患录入

点击"隐患排查治理→隐患录入"区域,进入"隐患录入"界面,如图 5-52 所示。隐患录入有以下 3 部分内容。

(1)隐患录入。录入相关数据信息并提交,如图 5-53 所示。

(2)待同步。隐患数据录入后保存在本地,并在待同步页面以列表形式显示出来。点击列表单个条目,会看到相应的录入内容,在这里不截图进行示意。

(3)已上报。已上报是在数据同步后,呈现的相关数据内容,如图 5-54 所示。

图 5-51　隐患排查治理

图 5-52　隐患录入

图 5-53　隐患录入

图 5-54　已上报

2. 隐患整改

"隐患排查治理→隐患整改"区域右上角红圈圈里面的数字是待整改的数目,点击后进入待整改页面,如图 5-55 所示。

3. 隐患复查

"隐患排查治理→隐患复查"区域右上角的红圈圈里的数字提示待复查数据的数量,点击这片区域,进入隐患复查页面,如图 5-56 所示;点击列表中单个条目,即相关复查页面,页面显示效果如图 5-57 所示。

这个页面有 3 块内容,若隐患复查通过需填写相关信息;若隐患复查不通过,则需要填

图 5-55　待整改列表

图 5-56　隐患复查

图 5-57　待复查列表

写隐患复查不通过的原因。复查内容是指该隐患的详细信息，如图 5-58 所示。点击单个条目，查看相关条目详细信息，如图 5-59 所示。

4. 超期隐患

超期隐患是一个数据列表。当前时间超过隐患的限期日期，隐患便是超期隐患，可在超期隐患列表查看，如图 5-60 所示。

（七）升井数据同步

升井数据同步模块有三个功能入口，分别为数据字典同步、隐患数据上报、"三违"数据上报，如图 5-61 所示。

图 5-58　复查内容

图 5-59　复查详细信息

**1. 数据字典同步**

在网络连接正常的情况下,点击数据同步字典,弹出同步数据确认框。在确认框中选择"确定"按钮,开始数据字典同步,如图 5-62 所示。

图 5-60　超期隐患

图 5-61　升井数据同步

数据同步的目的有:第一,方便数据的录入、修改;第二,确保在无网络状态下(井下)能够正常录入数据。

**2. 隐患数据上报**

App 上录入的隐患后会保存在本地,同时主页会显示未上传的隐患数量。在非离线登录、网络连接正常的情况下,点击隐患数据上报信息,如图 5-63 所示。

图 5-62 同步数据

图 5-63 隐患数据上报

3. "三违"数据上报

在非离线登录、网络连接正常的情况下,点击"三违"数据上报,开始上传信息,如图 5-64所示。

图 5-64 "三违"数据上报

## 第五节　地标矿版双重预防管理信息系统数据库设计

矿版双重预防管理信息系统数据库设计是指针对矿版双重预防管理信息系统的应用环境,构造最优的数据库模式,建立数据库及其应用系统,使之能够有效地存储双重预防管理信息数据,满足系统用户的应用需求(信息要求和处理要求)。在数据库设计时应针对系统建设需求,对数据库设计进行需求分析,然后根据数据库设计原则对数据库进行结构设计。

### 一、需求分析

根据双重预防管理信息系统建设实际需求分析可知,在整套双重预防机制中存在三大实体对象:风险分级管控、隐患排查治理以及机制的执行用户(机构和人)。在风险分级管控运行机制中,存在风险点、风险、危害因素、管控措施等实体,风险点存在风险,风险存在危害因素,危害因素需要通过管控措施进行管控。当管控措施失效或未进行管控时,风险升级为隐患。在隐患排查治理运行机制中存在隐患排查、隐患治理等实体,排查出的隐患需要进行隐患上报治理。用户是安全风险分级管控和隐患排查治理体系的执行者。在进行数据库设计时需根据机制中存在的实体进行设计,双重预防管理信息系统的实体构成如图 5-65 所示。

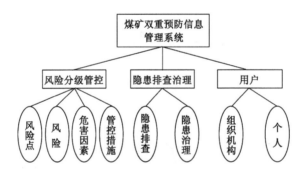

图 5-65　双重预防机制中实体构成示意图

双重预防管理信息系统运行机制中,各个实体间存在着密切的关联关系。

每一个风险点存在多个风险,每个风险都有其对应的风险类型,每种风险类型下都存在对应的危害因素,针对每种危害因素必须有对应的管控措施。当针对危害因素的管控不到位或管控措施失效时,风险升级为隐患。

每一条隐患在生成之前都有其对应的风险,每一条被排查出的隐患都有其对应的治理措施。

用户作为双重预防机制运行的执行者,存在组织机构和个人两种形式。组织机构由自然人组合而成,每个风险分级管控或隐患排查治理业务流程都有其对应的执行用户或机构。

根据双重预防管理信息系统运行机制建设需要，双重预防管理信息系统中每个实体都有其对应的属性，且各个实体之间通过各自的属性信息形成一定的逻辑关联关系。

（1）风险点属性：地点名称、关联风险点数量、风险类型、管控单位、分管责任人等。

（2）风险属性：风险点、风险类型、风险描述、风险等级、危害因素和管控措施、最高管控层级、最高管控责任人、评估日期、解除日期等。

（3）危害因素属性：风险类型、专业、设备、作业活动、危害因素等级、岗位等。

（4）管控措施属性：危害因素、管控标准等。

（5）隐患属性：地点、隐患等级、隐患性质、处理类型、问题描述、隐患来源、风险管控危害因素、创建人名称、更新人名称等。

（6）排查治理措施属性：隐患 ID、整改日期、整改班次、整改人、复查日期、复查班次、复查人、复查结果、处理状态、创建人名称、整改措施、复查情况、上报时间、超期次数等。

（7）用户属性：部门 ID、机构编码、机构类别、手机号、传真、地址、排序、删除状态、微信、邮箱等。

双重预防管理信息系统中的实体-联系图（etlity relationship diagram，E-R）如图 5-66所示。

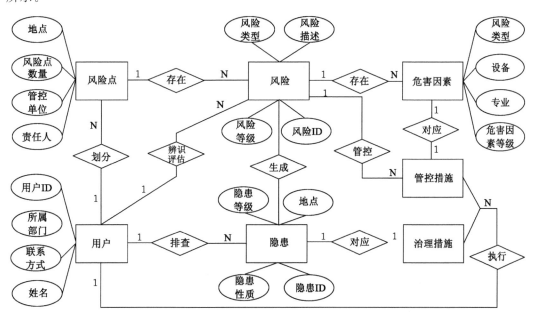

图 5-66　双重预防管理信息系统的实体-联系 E-R 图

## 二、设计原则

### （一）原始单据与实体之间的关系

可以是一对一、一对多、多对多的关系。在一般情况下它们是一对一的关系，即一张原始单据对应且只对应一个实体。

（二）主键与外键

一般而言，一个实体不能既无主键又无外键。在 E-R 图中处于叶子部位的实体，可以定义为主键，也可以不定义为主键，主键与外键的设计在全局数据库的设计中占有重要地位。

（三）要善于识别与正确处理多对多的关系

若两个实体之间存在多对多的关系，则应消除这种关系。消除的办法是在两者之间增加第三个实体。

（四）正确认识数据冗余

主键与外键在多表中的重复出现不属于数据冗余。非键字段的重复出现是数据冗余，而且是一种低级冗余，即重复性的冗余。高级冗余不是字段的重复出现，而是字段的派生出现。

（五）视图技术在数据库设计中的应用

与基本表、代码表、中间表不同，视图是一种虚表，它依赖数据源的实表而存在。视图的定义深度一般不得超过三层。若三层视图仍不够用，则应在视图上定义临时表，在临时表上再定义视图，这样反复交叠定义，视图的深度就不受限制了。

（六）中间表、报表和临时表

中间表是存放统计数据的表，它是为数据仓库、输出报表或查询结果而设计的，有时它没有主键与外键（数据仓库除外）。临时表是程序员个人设计的，用来存放临时记录，为个人所用。基表和中间表由数据库管理员（database administrator，DBA）维护，临时表由程序员自己用程序自动维护。

（七）数据库设计"三少原则"

（1）一个数据库中表的个数越少越好。只有表的个数少了，才能说明系统的 E-R 图少而精，去掉了重复的、多余的实体，才能形成对客观世界的高度抽象，进行系统的数据集成。

（2）一个表中组合主键的字段个数越少越好。因为主键的作用，一是建主键索引，二是作为子表的外键，所以组合主键的字段个数少了，不仅节省了运行时间，而且节省了索引存储空间。

（3）一个表中的字段个数越少越好。只有字段的个数少了才能说明在系统中不存在数据重复且很少有数据冗余。

**三、数据库表结构设计**

根据双重预防管理信息系统数据库设计需求及数据库设计原则，对双重预防管理信息系统表结构进行设计。数据库中每张表都应设定主键，并根据实体关系图建立表与表之间的关联关系。

（一）风险辨识表

风险辨识表（表5-1）用于存储在风险分级管控过程中辨识出的风险信息以及对应的风险管控信息，表中主要包括主键、地点 ID、风险类型、风险描述、风险等级、管控层级、创建人、风险状态、审核信息、上报信息等字段。

表 5-1　风险辨识表

| 序号 | 字段名称 | 字段描述 | 字段类型 | 长度 | 允许空值 |
|---|---|---|---|---|---|
| 1 | ID | 主键 | varchar | 36 | |
| 2 | identification_type | 信息来源 | varchar | 36 | |
| 3 | address_id | 地点 ID | varchar | 36 | √ |
| 4 | risk_type | 风险类型 | varchar | 36 | |
| 5 | risk_desc | 风险描述 | varchar | 200 | √ |
| 6 | risk_level | 风险等级 | varchar | 36 | √ |
| 7 | manage_level | 最高管控层级 | varchar | 36 | √ |
| 8 | duty_manager | 最高管控责任人 | varchar | 36 | √ |
| 9 | identifi_date | 评估日期 | datetime | | √ |
| 10 | exp_date | 解除日期 | datetime | | √ |
| 11 | create_name | 创建人名称 | varchar | 50 | √ |
| 12 | create_by | 创建人登录名称 | varchar | 50 | √ |
| 13 | create_date | 创建日期 | datetime | | √ |
| 14 | update_name | 更新人名称 | varchar | 50 | √ |
| 15 | update_by | 更新人登录名称 | varchar | 50 | √ |
| 16 | update_date | 更新日期 | datetime | | √ |
| 17 | status | 风险状态 | varchar | 4 | |
| 18 | modifyMan | 审核人 | varchar | 36 | √ |
| 19 | modifyDate | 审核时间 | datetime | | √ |
| 20 | rollBackRemark | 退回备注 | varchar | 200 | √ |
| 21 | risk_manage_hazard_factor_id | 风险管控-危害因素管控 | varchar | 50 | √ |
| 22 | specific_type | 专项辨识风险类型 | varchar | 50 | √ |
| 23 | specific_name | 专项辨识风险名称 | varchar | 50 | √ |
| 24 | submit_man | 提交人 | varchar | 50 | √ |
| 25 | review_man | 提交审核人 | varchar | 50 | √ |
| 26 | report_engineer_status | 上报工程师审核状态 | varchar | 50 | √ |
| 27 | report_status | 上报煤监局状态(未上报、已上报) | varchar | 50 | √ |
| 28 | risk_manage_post_hazard_factor_id | 风险管控-危害因素管控 | varchar | 50 | √ |
| 29 | report_date_province | 上报煤监时间 | datetime | | √ |
| 30 | report_status_province | 上报煤监状态 | int | | √ |
| 31 | report_name_province | 上报煤监名称 | varchar | 5 | √ |
| 32 | is_del | 是否删除 | varchar | 4 | √ |
| 33 | report_group_status | 是否上报集团(0 未上报、1 已上报) | varchar | 4 | √ |
| 34 | report_group_man | 上报集团用户 | varchar | 36 | √ |
| 35 | report_group_time | 上报集团时间 | datetime | | √ |

（二）危害因素表

危害因素表（表5-2）用于存储在矿井生产系统中存在的危害因素，表中主要包括主键、风险类型、管控措施、风险等级、管控层级、创建信息、更新信息、审核信息、上报信息等字段。

表5-2 危害因素表

| 序号 | 字段名称 | 字段描述 | 字段类型 | 长度 | 允许空值 |
|---|---|---|---|---|---|
| 1 | ID | 主键 | varchar | 36 | |
| 2 | risk_type | 风险类型 | varchar | 36 | √ |
| 3 | major | 专业 | varchar | 36 | √ |
| 4 | hazard_factors | 危害因素 | varchar | 1 000 | √ |
| 5 | is_del | 是否删除 | varchar | 4 | √ |
| 6 | source_from | 信息来源 | varchar | 30 | √ |
| 7 | riskLevel | 风险等级 | varchar | 36 | √ |
| 8 | manage_measure | 管控措施 | varchar | 1 200 | √ |
| 9 | status | 危害因素状态 | varchar | 4 | √ |
| 10 | create_name | 创建人名称 | varchar | 50 | √ |
| 11 | create_by | 创建人登录名称 | varchar | 50 | √ |
| 12 | create_date | 创建日期 | datetime | | √ |
| 13 | update_name | 更新人名称 | varchar | 50 | √ |
| 14 | update_by | 更新人登录名称 | varchar | 50 | √ |
| 15 | update_date | 更新日期 | datetime | | √ |
| 16 | rollBackRemark | 退回备注 | varchar | 200 | √ |
| 17 | modifyMan | 审核人 | varchar | 50 | √ |
| 18 | modifyDate | 审核时间 | datetime | | √ |
| 19 | post_name | 岗位 | varchar | 50 | √ |
| 20 | review_man | 提交审核人 | varchar | 50 | √ |
| 21 | submit_man | 提交人 | varchar | 50 | √ |
| 22 | report_date_province | 上报煤监时间 | datetime | | √ |
| 23 | report_status_province | 上报煤监状态 | int | | √ |
| 24 | report_name_province | 上报煤监名称 | varchar | 5 | √ |
| 25 | report_group_status | 是否上报集团<br>（0 未上报、1 已上报） | varchar | 4 | √ |
| 26 | report_group_man | 上报集团用户 | varchar | 36 | √ |
| 27 | report_group_time | 上报集团时间 | datetime | | √ |

（三）地点信息表

地点信息表（表 5-3）用于存储在风险分级管控过程中辨识出的风险点的地点信息，表中主要包括主键、地点名称、经纬度、创建信息、更新信息、所在图层、所属煤层、上报信息等字段。

表 5-3　地点信息表

| 序号 | 字段名称 | 字段描述 | 字段类型 | 长度 | 允许空值 |
|---|---|---|---|---|---|
| 1 | ID | 主键 | varchar | 36 | |
| 2 | address | 地点名称 | varchar | 36 | √ |
| 3 | lon | 经度 | varchar | 32 | √ |
| 4 | lat | 纬度 | varchar | 32 | √ |
| 5 | isShow | 是否显示 | varchar | 16 | √ |
| 6 | is_delete | 是否删除 | varchar | 50 | √ |
| 7 | create_name | 创建人名称 | varchar | 50 | √ |
| 8 | create_by | 创建人登录名称 | varchar | 50 | √ |
| 9 | create_date | 创建日期 | datetime | | √ |
| 10 | update_name | 更新人名称 | varchar | 50 | √ |
| 11 | update_by | 更新人登录名称 | varchar | 50 | √ |
| 12 | update_date | 更新日期 | datetime | | √ |
| 13 | cate | 类型 | varchar | 10 | √ |
| 14 | description | 描述 | varchar | 500 | √ |
| 15 | manage_man | 分管领导 | varchar | 20 | √ |
| 16 | point_str | 风险区域几何图形的各个顶点 | varchar | 2 000 | √ |
| 17 | belongLayer | 所在图层 | varchar | 50 | √ |
| 18 | belong_layer | 所属煤层 | varchar | 100 | √ |
| 19 | isShowData | 是否显示 | varchar | 4 | √ |
| 20 | report_date_province | 上报煤监时间 | datetime | | √ |
| 21 | report_status_province | 上报煤监状态 | int | | √ |
| 22 | report_name_province | 上报煤监名称 | varchar | 5 | √ |
| 23 | report_group_status | 是否上报集团（0 未上报、1 已上报） | varchar | 4 | √ |
| 24 | report_group_man | 上报集团用户 | varchar | 36 | √ |
| 25 | report_group_time | 上报集团时间 | datetime | | √ |

（四）隐患排查表

隐患排查表（表 5-4）用于存储在隐患排查治理过程中的隐患相关信息以及对应的管控信息，表中主要包括主键、检查日期、班次、地点、隐患等级、隐患性质、创建人、问题描述、审核信息、上报信息等字段。

表 5-4　隐患排查表

| 序号 | 字段名称 | 字段描述 | 字段类型 | 长度 | 允许空值 |
|---|---|---|---|---|---|
| 1 | ID | 主键 | varchar | 36 | |
| 2 | exam_date | 检查日期 | datetime | | √ |
| 3 | shift | 班次 | varchar | 50 | √ |
| 4 | address | 地点 | varchar | 36 | √ |
| 5 | fill_card_man | 填卡人 | varchar | 36 | √ |
| 6 | is_withclass | 是否带班 | varchar | 50 | √ |
| 7 | duty_unit | 责任单位 | varchar | 36 | √ |
| 8 | duty_man | 责任人 | varchar | 500 | √ |
| 9 | problem_desc | 问题描述 | varchar | 1 000 | √ |
| 10 | hiddenLevel | 隐患等级 | varchar | 50 | √ |
| 11 | hidden_nature | 隐患性质 | varchar | 50 | √ |
| 12 | deal_type | 处理类型 | varchar | 50 | √ |
| 13 | limit_date | 限期日期 | datetime | | √ |
| 14 | limit_shift | 限期班次 | varchar | 50 | √ |
| 15 | review_man | 复查人 | varchar | 36 | √ |
| 16 | exam_type | 检查类型 | varchar | 50 | √ |
| 17 | remark | 备注 | varchar | 500 | √ |
| 18 | create_name | 创建人名称 | varchar | 50 | √ |
| 19 | create_by | 创建人登录名称 | varchar | 50 | √ |
| 20 | create_date | 创建日期 | datetime | | √ |
| 21 | update_name | 更新人名称 | varchar | 50 | √ |
| 22 | update_by | 更新人登录名称 | varchar | 50 | √ |
| 23 | update_date | 更新日期 | datetime | | √ |
| 24 | fill_card_manids | 检查人 | varchar | 1 000 | √ |
| 25 | origin | 隐患来源 | varchar | 2 | √ |
| 26 | fineMoney | 逾期罚款金额 | varchar | 50 | √ |
| 27 | apply_delay | 延期申请 | varchar | 36 | √ |
| 28 | manage_type | 管控类型 | varchar | 36 | √ |
| 29 | risk_manage_hazard_factor_id | 风险管控危害因素 | varchar | 36 | √ |
| 30 | risk_type | 风险类型 | varchar | 36 | √ |
| 31 | risk_id | 风险 ID | varchar | 50 | √ |
| 32 | profession | 专业 | varchar | 40 | √ |
| 33 | fine_object | 考核类型 | varchar | 100 | √ |
| 34 | hidden_danger_standard_Id | 隐患安全标准 | varchar | 40 | √ |
| 35 | lead_man | 带班领导 | varchar | 40 | √ |

表 5-4(续)

| 序号 | 字段名称 | 字段描述 | 字段类型 | 长度 | 允许空值 |
|---|---|---|---|---|---|
| 36 | report_engineer_status | 上报工程师审核状态 | varchar | 50 | √ |
| 37 | hidden_fl | 隐患分类(一类、二类、三类隐患) | varchar | 50 | √ |
| 38 | check_unit | 检查单位 | varchar | 50 | √ |
| 39 | be_fined_unit | 被罚单位 | varchar | 1 000 | √ |
| 40 | be_fined_man | 被罚人 | varchar | 1 000 | √ |
| 41 | risk_manage_post_hazard_factor_id | 风险管控危害因素 | varchar | 36 | √ |
| 42 | post_id | 岗位 ID | varchar | 36 | √ |
| 43 | distribute_duty_man | 派发责任人 | varchar | 1 000 | √ |
| 44 | duty_leader_ship | 责任副总 | varchar | 1 000 | √ |
| 45 | duty_group_leader | 责任副矿级领导(集团副总) | varchar | 1 000 | √ |
| 46 | duty_group_boss | 责任矿级领导(集团主要领导) | varchar | 1 000 | √ |
| 47 | group_man | 集团检查人 | varchar | 50 | √ |

(五)隐患问题处理表

隐患问题处理表(表 5-5)用于存储对排查出的隐患的治理信息,表中主要包括主键、隐患 ID、整改日期、整改班次、复查日期、复查班次、复查结果、创建信息、上报信息等字段。

表 5-5　隐患问题处理表

| 序号 | 字段名称 | 字段描述 | 字段类型 | 长度 | 允许空值 |
|---|---|---|---|---|---|
| 1 | ID | 主键 | varchar | 36 | |
| 2 | hidden_danger_id | 隐患 ID | varchar | 36 | √ |
| 3 | modify_date | 整改日期 | datetime | | √ |
| 4 | modify_shift | 整改班次 | varchar | 50 | √ |
| 5 | modify_man | 整改人 | varchar | 36 | √ |
| 6 | review_date | 复查日期 | datetime | | √ |
| 7 | review_shift | 复查班次 | varchar | 50 | √ |
| 8 | review_man | 复查人 | varchar | 36 | √ |
| 9 | review_result | 复查结果 | varchar | 50 | √ |
| 10 | handlel_status | 处理状态 | varchar | 50 | √ |
| 11 | roll_back_remark | 驳回备注 | varchar | 2 000 | √ |
| 12 | create_name | 创建人名称 | varchar | 50 | √ |
| 13 | create_by | 创建人登录名称 | varchar | 50 | √ |
| 14 | create_date | 创建日期 | datetime | | √ |
| 15 | update_name | 更新人名称 | varchar | 50 | √ |
| 16 | update_by | 更新人登录名称 | varchar | 50 | √ |
| 17 | update_date | 更新日期 | datetime | | √ |

表 5-5（续）

| 序号 | 字段名称 | 字段描述 | 字段类型 | 长度 | 允许空值 |
|---|---|---|---|---|---|
| 18 | rect_measures | 整改措施 | varchar | 2 000 | √ |
| 19 | review_report | 复查情况 | varchar | 2 000 | √ |
| 31 | report_group_status | 是否上报集团(0 未上报、1 已上报) | varchar | 4 | √ |
| 32 | report_group_man | 上报集团用户 | varchar | 36 | √ |
| 33 | report_group_time | 上报集团时间 | datetime | | √ |
| 36 | limit_num | 超期次数 | varchar | 36 | √ |

**（六）组织机构表**

组织机构表(表 5-6)用于存储双重预防管理信息系统在运行过程中参与的组织机构具体信息,表中主要包括主键、部门名称、描述、机构类型、机构编码、联系方式等字段。

表 5-6　组织机构表

| 序号 | 字段名称 | 字段描述 | 字段类型 | 长度 | 允许空值 |
|---|---|---|---|---|---|
| 1 | ID | 主键 | varchar | 32 | |
| 2 | departname | 部门名称 | varchar | 100 | |
| 3 | description | 描述 | longtext | | √ |
| 4 | parentdepartid | 父部门 ID | varchar | 32 | √ |
| 5 | org_code | 机构编码 | varchar | 64 | √ |
| 6 | org_type | 机构类型 | varchar | 1 | √ |
| 7 | mobile | 手机号 | varchar | 32 | √ |
| 8 | fax | 传真 | varchar | 32 | √ |
| 9 | address | 地址 | varchar | 100 | √ |
| 10 | depart_order | 排序 | varchar | 5 | √ |
| 11 | delete_flag | 删除状态 | smallint | | √ |
| 12 | spelling | 简拼 | varchar | 200 | √ |
| 13 | full_spelling | 全拼 | varchar | 200 | √ |
| 14 | wx1 | 微信 | varchar | 200 | √ |
| 15 | wx2 | 微信 | varchar | 200 | √ |
| 16 | wx3 | 微信 | varchar | 200 | √ |
| 17 | pho1 | 手机号 | varchar | 32 | √ |
| 18 | pho2 | 手机号 | varchar | 32 | √ |
| 19 | pho3 | 手机号 | varchar | 32 | √ |

**（七）用户基础信息表**

用户基础信息表(表 5-7)用于存储使用双重预防管理信息系统的用户信息,表中主要包括主键、密码、真实名字、有效状态、部门 ID 等字段。

**表 5-7　用户基础信息表**

| 序号 | 字段名称 | 字段描述 | 字段类型 | 长度 | 允许空值 |
|---|---|---|---|---|---|
| 1 | ID | 主键 | varchar | 32 | |
| 4 | password | 密码 | varchar | 100 | √ |
| 6 | realname | 真实名字 | varchar | 50 | √ |
| 8 | status | 有效状态 | smallint | | √ |
| 9 | userkey | 用户 KEY | varchar | 200 | √ |
| 10 | username | 用户账号 | varchar | 50 | |
| 11 | departid | 部门 ID | varchar | 32 | √ |
| 12 | delete_flag | 删除状态 | smallint | | √ |
| 13 | spelling | 简拼 | varchar | 50 | √ |
| 14 | full_spelling | 全拼 | varchar | 50 | √ |

# 第六章 山东省煤矿双重预防机制推广建设

为认真贯彻落实党中央、国务院决策部署，坚决遏制重特大事故频发势头，落实《国务院安委会办公室关于实施遏制重特大事故工作指南构建双重预防机制的意见》（安委办〔2016〕11号），必须全力推进煤矿双重预防机制建设。对于煤矿而言，双重预防机制已经成为安全生产标准化的重要组成部分，建设双重预防机制是满足煤矿安全生产标准化的对标要求，也是企业安全管理的内在需要。通过双重预防机制建设，达到煤矿安全生产标准化对双重预防建设的要求，辅助煤矿安全管理，切实提升煤矿的安全管理水平。

## 第一节 制订推广方案

### 一、分阶段完成建设目标

由于双重预防机制理论体系知识丰富，需要政府部门和企业研究、探索，因此分阶段先易后难进行建设十分必要。2017年年底前，全部生产煤矿建立双重预防机制。2018年6月底前实现"功能完善、衔接有序、运行良好"的目标。2018年年底前，制定煤矿双重预防地方标准体系，督促煤矿健全包括煤矿安全风险评估与论证机制在内的煤矿双重预防机制管理制度，初步建立全员参与、全过程控制、分级管控有效、信息化动态预警、责任考核到位的双重预防机制，煤矿安全风险和隐患得到有效管控和治理，事故预防工作取得明显成效。2020年年底前，山东省各类煤矿应全部建立起规范有效的双重预防机制，确保煤矿安全生产整体预控能力显著提升，有效防范各类生产安全事故。

### 二、推广对象

山东省行政区域内管辖的所有合法生产的煤矿。

### 三、分层次推进

双重预防机制是具有划时代意义的安全理论，对煤矿企业的安全生产具有指导性意义。但同时开展煤矿双重预防机制建设也是一项具有管理和技术难度的复杂工作，在建设过程中需要付出巨大人力、物力，因此选择先试点矿井建设、后全面推广的建设路线，可以有效减少建设成本，达到最大经济效益和社会效益。

### 四、成立建设领导小组

为扎实推进山东省煤矿安全风险分级管控和隐患排查治理双重预防机制建设,强化组织机构,加强协调督导,推动工作落实,山东煤矿安全监察局成立了双重预防机制建设领导小组,各个分局如鲁东、鲁中、鲁南、鲁西分局也都成立了相应的领导小组。

(一)主要职责

(1)负责双重预防机制建设工作的组织指导、综合协调、督促推进、监察执法等工作。

(2)定期召开双重预防机制建设专题工作会议。

(3)及时解决工作推进中遇到的重点、难点问题。

(4)审核安全风险分级管控和隐患排查治理体系建设目标。

(5)审批安全风险分级管控和隐患排查治理实施方案、指南和推行计划。

(6)听取安全风险分级管控和隐患排查治理建设阶段性汇报及专题汇报,研究决策有关重大事项。

(7)督促检查、考核安全风险分级管控和隐患排查治理建设工作落实情况。

建设领导小组下设办公室,为常设办事机构,负责双重预防机制建设日常工作。

(二)主要职能

(1)负责制定双重预防机制建设指导意见、推进计划、路线图和时间表。

(2)起草双重预防机制和安全生产一体化监察的实施办法,制定双重预防机制建设专项监察计划,督促推动双重预防机制建设进度,加强工作调度。

(3)协调联络相关技术服务机构,解决双重预防机制建设相关技术问题。

(4)积极推广试点矿井的成功经验,组织协调参观学习,组织双重预防机制建设业务培训。

同时,山东煤矿安全监察局还成立了双重预防机制建设推进工作专家咨询组,为双重预防机制建设提供相应的专业咨询、技术支撑、专家支持,研究解决推进过程中存在的问题,提出针对性的技术措施,参与双重预防机制建设的专题调研、工作研讨、课题研究、经验交流、工作汇报、工作总结、业务培训等工作。

### 五、政府层面积极推动

(1)动员部署阶段。对照工作目标,梳理推进企业名单,明确推进时间安排和工作责任人,召开由企业主要负责人参加的动员会,进行全面动员和部署。

(2)业务培训阶段。结合《构建安全风险分级管控和隐患排查治理双重预防机制指导手册》,邀请专家精心编制课件,对辖区煤矿企业开展业务培训,并发挥示范引领作用,组织到试点煤矿参观学习,增强感性认识,督促企业全面开展安全风险辨识分级管控和隐患排查治理双重预防机制建设工作。

(3)现场辅导阶段。借助高校和学术团队的力量,对企业双重预防机制建设工作开展现场辅导,一要核对企业风险辨识排查范围是否"到位",有无遗漏;二要核对风险分级是否科学,管控措施和应急措施是否全面和有效,针对不同等级的风险是否落实责任人和管控周期;三要核对企业是否落实风险教育和技能培训,在醒目位置和重点区域公示安全风险分布图和岗位危险因素告知卡等;四要核对企业是否针对各风险点制定的管制措施,制定隐患排查清单,开展风险管控和隐患排查,检查隐患整改是否闭环。

## 六、企业层面积极响应政府要求

以安全风险辨识评估和分级管控为基础,企业根据矿井不同的生产环节、生产工艺和装备水平,建立包含全部作业岗位在内的风险清单数据库,制作岗位员工安全风险告知卡,设置重大安全风险公告栏,制定重大安全风险管控措施等相应管理制度,循序渐进,稳步推进,对矿井开展风险辨识评估;建立完善隐患排查治理制度,落实企业隐患排查治理各级责任,及时消除安全隐患;构建双重预防机制数据信息库,实现安全风险分级管控和隐患排查治理的信息化、自动化和智能化。

按照煤矿安全风险分级管控的要求,企业积极开展安全风险年度和专项辨识评估、岗位安全风险辨识评估。

（一）建立工作机构

（1）煤矿企业建立工作机构。落实安全生产主体责任,要建立包括企业主要负责人、分管领导、各职级部门、班组在内的专门工作团队,负责制定双重预防机制建设的相关工作制度和工作方案,明确工作目标、实施内容、责任部门、保障措施、工作进度和工作要求等,牵头组织分岗位、分工种开展风险辨识和隐患排查。完成制度制定、台账建立等工作,明确安全风险的辨识范围、方法和相应的工作流程。

（2）监管监察部门建立组织机构。煤矿安全监管监察部门成立推动构建双重预防机制工作的组织机构,明确负责领导和职能部门,研究制定构建双重预防机制的相关工作措施和要求,强化试点建设经验推广,推进整体建设进度。

（3）强化相关人员业务培训。围绕双重预防机制建设具体业务开展多层次的培训:省级层面,重点培训基层煤矿安全监管监察部门相关人员和企业相关负责人,通过培训明确双重预防机制建设的内容、步骤和所要达到的目标;企业层面,重点培训企业内部涉及构建双重预防机制的人员,明确双重预防机制建设的内容和相关人员的责任。

（4）开展全员培训。对全体员工开展关于风险管控和双重预防机制建设等内容的培训,掌握双重预防机制建设相关知识,具备参与风险辨识、评估和管控的基本能力。强化专业技术人员的培训,使其具备辨别工作场所的危害与风险,并将相关知识和理念传播给全体员工的能力,确保双重预防机制建设工作顺利开展。

（二）建立安全风险分级管控体系

（1）合理划分风险点。根据企业的生产流程或作业活动等划分风险辨识和评估单元,其中岗位单元是安全风险评估的最基本单元。在划分作业活动时,要特别注意设备检修等特殊活动,不可遗漏。

（2）安全风险辨识与评估。全面辨识各类风险,发动全体员工特别是生产一线作业人员围绕物的不安全状态、人的不安全行为、作业环境的缺陷和安全管理上的缺陷进行全面的安全风险辨识。

（3）按照煤矿安全风险分级管控相关规定要求,认真组织开展年度、专项和岗位安全风险辨识评估工作,重点对容易导致群死群伤的危险因素进行安全风险辨识评估。

① 开展年度辨识评估。煤矿企业主要负责人组织分管负责人、相关业务科室、区队进行年度安全风险辨识,重点针对各生产系统、工艺、矿井与周边区域存在的可能造成区域性危害后果、一定时期内无法消除的不安全因素,具体包括:水、火、瓦斯、煤尘、顶板、采掘工艺设计、通风系统、供电系统、设备配套及可靠性、地面设施布局、采空塌陷区域等进行系统性风险辨识,编制年度风险辨识评估报告。

② 开展专项辨识评估。新水平、新采区、新工作设计前,生产系统、生产工艺、主要设施设备、重大灾害因素等发生重大变化时,启封火区、排放瓦斯等高危作业,新技术、新材料试验或推广应用前,本单位发生死亡事故或涉险事故,出现重大事故隐患或全省发生重特大事故后,都应及时开展1次专项辨识。

③ 开展岗位安全风险辨识评估。建立岗位安全风险清单,落实具体的管理对象、主要责任人、直接管理人员、主要监管部门、主要监管人员,落实各岗位安全生产责任。按照"一人一卡"的要求,依据岗位安全风险清单的条款和内容制作岗位安全风险告知卡,发到每个岗位员工手中,并保证在工作过程中随身携带。

④ 确立安全风险分级。在全面辨识安全风险的基础上,要认真分析风险导致事故的条件、事故发生的可能性和事故后果严重程度,通过定性或定量的风险评估方法确定每一项安全风险的等级。安全风险等级从高到低依次划分为重大风险、较大风险、一般风险和低风险四级,分别采用红、橙、黄、蓝四种颜色标识。企业可以采用作业条件风险程度评价法（LEC）或风险矩阵分析法（LS）,确定安全风险等级。

（三）强化安全风险管控

（1）建立安全风险管控制度。建立煤矿企业主要负责人、分管负责人安全风险定期检查分析工作机制,建立安全风险辨识评估结果应用机制。制订工作方案,明确安全风险分级管控原则和责任主体,特别针对重大风险进行重点管控,制定专门的管理控制措施。

（2）开展安全风险管控。煤矿企业主要负责人定期组织对重大安全风险管控措施落实情况和管控效果进行检查分析,分管负责人定期组织对分管范围内的安全风险管控重点实施情况进行检查分析。严格执行煤矿领导带班下井制度,跟踪重大安全风险管控措施落实情况。

（3）实行安全风险公告警示。建立安全风险公告制度,在入井口和重点区域设置安全风险公告板,标明可能引发的事故隐患类别、事故后果、管控措施、应急措施及报告方式等相关内容。

（四）安全风险分级管控

（1）实施风险分级管控。按照风险越大,管控级别越高;上级负责管控的风险,下级必须负责管控的原则,明确各等级安全风险管控责任人。要重点关注和管控较大以上安全风险,确保管控措施落实到位,有效遏制较大事故。

（2）强化检查督促落实。要根据职责分工,从企业领导、科室和区队领导直至班组长,层层带头示范,级级传导压力,对安全风险管控措施和责任落实情况进行检查,确保各项风险管控措施落到实处。

（3）加强变更风险管控。凡是生产作业、关键设备设施等出现变化，要重新开展全面风险辨识，完善风险管控措施；凡是组织机构发生变化，要对风险管控、隐患排查治理等管理制度、责任体系重新制定完善；凡是发生伤亡事故，一律要对风险分级管控和隐患排查治理的运行情况进行重新评估，针对事故原因全链条修正完善双重预防机制各个环节。

（4）开展公示教育。根据风险辨识评估和分级管控情况，建立安全风险清单，绘制企业安全风险四色分布图。进一步修改完善安全操作规程或作业指导书，加强风险教育和技能培训，在醒目位置和重点区域设置安全风险公告栏，公示公司安全风险分布图，制作岗位危险因素告知卡，标明岗位安全操作要点，主要安全风险，可能引发的事故类别、管控措施及应急措施等内容，便于员工随时进行安全风险确认，指导员工安全、规范操作。

（五）制定风险管控措施

针对辨识出的每一项安全风险，从技术、管理、制度、应急等方面综合考虑，通过消除、终止、替代、隔离等措施消减风险或采用管理和监控手段管控风险，确保每一项安全风险控制在可接受范围内。

（六）强化工作保障

（1）加强信息管理。采用信息化管理手段，实现对安全风险记录、跟踪、统计、分析、上报等全过程的信息化管理。煤矿企业及时将风险管控、隐患排查等数据录入双重预防机制管理信息系统，实现双重预防管理信息系统与山东煤矿事故风险分析平台联网。

（2）加强学习培训。煤矿企业每年至少组织1次对生产人员进行安全风险管控相关知识、标准的学习培训，不断提升安全风险辨识和管控能力。

（七）完善隐患排查治理体系

进一步完善隐患排查治理制度，强化隐患排查治理的闭环管理，实现隐患排查治理与信息化深度融合。

（1）完善制度。按照相关规定，进一步完善隐患排查治理制度，重点做好与安全风险分级管控制度的衔接，完善隐患排查信息化内容，强化分级管理，落实隐患排查治理责任。

（2）编制隐患排查计划。认真编制并严格落实隐患排查计划，规划好各级隐患排查周期范围，明确排查时间、方式、范围、内容和参加人员。按照相关要求做好重大隐患处置，强化治理督办工作。

（3）编制隐患排查清单。针对每一风险制定符合企业实际的风险防控检查与隐患排查治理相统一的清单，明确和细化隐患排查的事项、内容和频次。

（4）实施隐患排查治理。按照企业隐患排查治理制度，企业、科室、区队、班组对照隐患排查表，分级开展排查治理工作，建立隐患排查治理记录台账。

（5）强化闭环管理。建立隐患闭环管理制度，实现隐患排查、登记评估、治理、复查、验收销号等持续改进的闭环管理，并严格落实治理措施，通过实施严格的隐患治理方案，做到责任、措施、资金、时限和预案"五落实"。

（6）做好公示监督和总结分析。按要求及时在井口或其他显著位置公示重大隐患的地点、主要内容、治理时限、责任人员和停产停工范围；建立事故隐患举报奖励制度，公开举报电话,接受从业人员和社会监督;每月组织召开隐患排查治理会议,分析隐患产生原因,制定隐患治理措施,编制月度隐患统计分析报告。

（7）提高信息化水平。企业建立隐患排查信息管理系统,实现隐患信息的登记、分类分级、整改、跟踪、预警等功能,并实现与山东煤矿事故风险分析平台联网。

### 七、制定煤矿双重预防实施指南

制定煤矿双重预防地方标准,督促所有煤矿企业落实安全风险管控和隐患排查治理主体责任,建立健全双重预防机制管理制度,完成危害因素辨识和安全风险辨识评估。基于风险管控措施深入开展隐患排查治理,明确管控治理措施、落实管控治理责任,实现安全风险分级管控和隐患分级治理。2018年年底,山东省初步建立了全员参与、全过程控制、分级管控有效、信息化动态预警、责任考核到位的双重预防机制,安全风险和隐患得到有效管控和治理,事故预防工作取得明显成效。

（一）深入开展培训教育

山东煤矿双重预防地方标准起草组根据国务院安委会,山东省委、省政府的有关文件、《山东省安全生产条例》《山东省经营单位安全生产主体责任规定》《煤矿安全风险分级管控和隐患排查治理双重预防机制实施指南》（简称《实施指南》）等,编制相关培训课件。

《实施指南》发布后,为正确理解和准确把握《实施指南》,规范山东省煤矿双重预防机制建设,山东煤矿安全监察局组织《实施指南》起草组成员对全省煤矿企业负责人、副总工程师以上管理人员、双重预防机制专门机构工作人员、煤矿监察员、科室长、区队长等中层安全管理人员和煤矿培训机构教师进行培训。

《实施指南》发布后,各煤矿企业自身培训机构编制专题教案,根据教案对全体员工开展培训,并将煤矿双重预防机制建设相关知识纳入日常安全培训内容,每年根据要求对全体员工开展双重预防机制建设基本知识和基本技能培训。

积极选取本区域、本集团的煤矿双重预防机制建设标杆企业,集中精力抓好重点突破,努力推动标杆煤矿企业尽快达标。同时将标杆煤矿企业的好经验、好做法,通过广播、电视、网络、报纸等媒体平台大力宣传。

在标杆煤矿企业率先达标的基础上,抓好示范带动,积极推广标杆煤矿企业的成熟建设经验。组织其他煤矿企业到标杆煤矿企业进行现场观摩学习,以点带面,推动其他煤矿企业积极跟进,形成示范带动效应。

（二）切实用好信息化平台

《实施指南》发布后,第三方技术服务机构认真学习《实施指南》,准确把握《实施指南》的内涵和要求,调整完善煤矿双重预防机制管理信息化平台功能,更好地为煤矿开展双重预防机制建设提供了指导服务。

实施信息化管理是对煤矿双重预防机制建设的基本要求。各煤矿企业借助信息化管理平台将煤矿双重预防机制建设工作落实到实际的煤矿安全管理工作中,保障煤矿企业安全生产。

《实施指南》实施后,山东煤矿安全监察局对煤矿上报的双重预防机制数据进行网上巡查,根据各煤矿上报数据信息的准确性、及时性和完整性,形成巡查报告。对超期未报或上报信息不准确、不及时的煤矿,在每年年底的矿井分类中予以重点关注,将其划入执法频次较高的类别予以重点管理。

（三）扎实做好执法推进

将双重预防机制建设工作纳入预防性技术监察。自 2018 年下半年开始,各山东煤矿安全监察分局将煤矿双重预防机制建设工作纳入预防性技术监察的内容,根据现有法规、规章和文件规定,审查煤矿的双重预防工作是否落实到位。

将双重预防工作纳入监察执法。自 2018 年下半年开始,山东煤矿安全监察局机关处室和各监察分局将煤矿双重预防机制建设工作纳入监察执法必查内容,根据《山东省安全生产条例》《山东省经营单位安全生产主体责任规定》等法规、规章,对煤矿开展双重预防机制建设情况进行执法监察,从严处理处罚,推动煤矿双重预防工作形成制度化、常态化的工作机制。

# 第二节　以特色工作方法推进双重预防机制建设

山东煤矿安全监察局强化研究部署,创新思路方法,明确目标路径,以特有的工作举措强力推进煤矿双重预防机制建设。

## 一、成立组织建设机构

山东煤矿安全监察局专门下发文件,成立了双重预防机制建设推进领导小组、推进办公室和专家咨询组,明确工作职责。山东煤矿安全监察局局长担任领导小组组长,分管局领导担任副组长,相关处室和分局局长为成员。指定专人负责处理推进办公室日常事务,定期发布工作简报,在省局网站开辟专栏强化宣传,并按照"一矿一档"的要求,为煤矿建立双重预防机制建设工作档案。机构的建立使双重预防机制建设真正做到了有人管事、有处办事、有章理事。

## 二、明确建设要求

2017 年 6 月,山东煤矿安全监察组织召开"安全生产月"主题宣讲暨双重预防机制建设启动会,明确要求各矿立即启动双重预防机制建设,尽快建立工作机构,明确责任分工,并对双重预防机制建设的重要意义、深刻内涵、实现路径和工作目标进行了详细阐述。随后制定下发了《关于推进煤矿安全风险分级管控和隐患排查治理双重预防机制建设的意见》,提出了工作思路、目标、任务和要求。

## 三、做好督导督查工作

2017 年 7 月上旬,山东煤矿安全监察组织开展了"双重预防机制建设"专项督导,分别对临矿、枣矿、济矿、肥矿、新矿等 5 个矿业集团公司及其下属的 2 处煤矿双重预防机制建设情况进行了督查,一方面摸清了底数,通过听汇报、查资料,对各矿业集团和煤矿的双重预防机制建设进度、现状和问题有了深入了解;另一方面指明了方向,通过交流座谈,对其双重预防机制建设提供合理化建议。2017 年 8 月,为督促各矿抓好落实,加快进度,山东省局连续组织召开 12 场双重预防机制建设汇报会,逐矿听取建设情况汇报,对存在的误区及时纠偏,对推进的困难提供帮助。

### 四、编写组织规范

首先明确标准,山东煤矿安全监察局组织编制《山东煤矿双重预防机制建设文件标准汇编》,将党中央、国务院相关指示精神,煤矿双重预防机制建设标准,山东省双重预防机制建设相关要求及工作方案等纳入其中,发放给煤矿企业,使各煤矿企业有据可依。其次,充分发挥专家的技术支撑作用。组织专家编制了《煤矿双重预防机制建设专家解读提纲》,利用组织督导调研、主题汇报等时机,邀请专家围绕具体建设方案和技术难点,先后开展 20 场专题讲座,为企业答疑解惑,提供技术咨询服务,为各煤矿企业开展专题培训 200 余场次,累计培训员工近 5 000 人,建立双重预防机制建设微信群,专家在线解答煤矿提出的问题。最后,发挥试点矿示范带动作用。督促兴隆庄、南屯、许厂等三处试点矿总结建设经验,积极向其他煤矿推介,鼓励其他煤矿到试点矿井取经学习,以点带面,共同提高。

### 五、建设信息化平台

在推进过程中,要求煤矿双重预防机制建设要有机统一,通过技术手段实现风险管控和隐患排查的全过程动态管理,不能另起炉灶,搞"两张皮"。同时强化双重预防机制信息化建设,与山东煤矿安全监察局煤矿事故风险分析平台结合起来,制定双重预防机制联网基础数据规范,推动实现山东省煤矿双重预防机制信息化系统联网,为远程监察增添新手段。

## 第三节 山东省煤矿双重预防管理信息系统推广

2016 年,兖矿集团便开始与中国矿业大学共同研发安全风险预控信息系统。2017 年 7 月,按照国家和地方政府关于开展双重预防机制建设的一系列指导意见,在兴隆庄煤矿召开了双重预防管理信息系统项目专家论证会,成立了项目专班,开展调研和项目可行性论证。2017 年 9 月,兖矿集团对双重预防管理系统进行设计与开发,开展风险和隐患的信息化数据库融合工作,建立安全风险点数据库、危害因素数据库、管控措施数据库和隐患数据库,做到 4 个数据库的数据有效对接,使数据相互关联、相互连动,为实现安全风险的动态评估提供了数据支撑。系统开发完成后,在兴隆庄煤矿、南屯煤矿进行了系统的试运行。2017 年 12 月,项目顺利通过验收并成功申请了国家版权局软件著作权。2018 年,对照山东省《煤矿安全风险分级管控和隐患排查治理双重预防机制建设实施指南》,重新部署完善安全风险分级管控及隐患排查治理相关功能模块,建成了在煤炭行业可复制和可推广的双重预防管理信息系统(图 6-1)。

兴隆庄、南屯、许厂等 3 处煤矿双重预防机制管理信息系统的成功应用,有效解决了煤

图 6-1　兖矿双重预防信息系统登录界面

矿双重预防机制实际落地的问题,为双重预防机制在山东省煤矿的推广奠定了基础,使得双重预防机制不再是抽象的概念化名词,而是切实融合在煤矿安全生产日常管控工作中,并通过信息化的管理方式加以强化体现。简单来说,就是以双重预防机制管理信息系统为媒介,帮助煤矿落地双重预防机制,并辅助、引导煤矿双重预防机制的持续改进,最终达到双重预防机制的长期有效运行。

根据山东煤矿安全监察局双重预防机制建设领导小组制定的推广方案,以及在前期试点煤矿建设经验的基础上,山东能源集团、兖矿集团、各市县辖区煤矿共计选取了 30 对矿井,在综合考察、专家论证后,作为双重预防机制建设标杆企业,示范带领,以点带面,推动其他煤矿深入开展双重预防机制建设。由中国矿业大学安全科学与应急管理研究中心双重预防机制课题组、江苏中矿安华科技发展有限公司以及各煤业公司监管部门的骨干力量,组成了双重预防机制建设推进工作专家咨询组、业务组,于 2018 年 4 月开始了具体推广工作。第一期推广煤矿双重预防机制管理信息系统分以下 6 个步骤(图 6-2)。

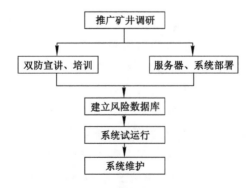

图 6-2　煤矿双重预防管理系统推广步骤图

(1) 推广矿井调研。了解矿井基本情况、危害因素分析、双重预防机制实施人员组织与配备等基础工作。

（2）双重预防机制宣讲、培训。双重预防机制理论宣传贯彻、风险辨识与风险评估培训。

（3）系统部署。系统服务器、信息化管理系统部署安装，该步骤可与宣讲、培训同时进行。

（4）建立并导入风险数据库。根据风险辨识、评估建立矿井安全风险数据库，将风险点、风险类型、风险描述、风险等级、危害因素、管控措施、管控单位与责任人、最高管控层级与责任人一一关联，保证机制运行有据可循。

（5）系统试运行。管理系统导入数据库后，输入测试数据，检测系统各模块运行可靠性。

（6）系统维护。系统试运行正常后，进入系统维护阶段，保证系统的正常运行。

在推广过程中，各集团公司结合自身累积的安全生产管理经验，与煤矿双重预防机制管理深度融合，创造性地开发了各自独具特色的双重预防机制管理理念和方法，比如兖矿集团、山东能源枣矿集团、肥矿集团等矿业集团公司均建立了符合自身特点的双重预防机制和双重预防制度。

（一）兖矿集团双重预防管理系统推广

兖矿集团作为国内先进的煤炭管理与生产单位，前期的风险预控体系较为成熟，此次又作为山东煤矿双重预防试点单位，其在双重预防机制建设方面比其他集团和煤矿优先积累了大量实际经验，有助于兖矿集团内部煤矿的双重预防机制和管理系统的推广。在山东煤矿双重预防推广小组制定体系与信息化管理系统推广计划之前，兖矿集团就已经开展了煤矿双重预防机制与管理系统推广的宣贯与培训工作，大大减少了推广阻力与实施时间，为各级管理系统数据录入、联网、安全评价分析作了良好铺垫。

兖矿集团双重预防机制和管理系统的特点主要有以下几个方面。

（1）一是进一步规范双重预防机制建设。从集团公司层次建章立制，成立专门组织机构，集中开展全面的培训，结合自身四级风险评估和七级隐患排查，创新安全风险评估方法，规范风险管控和隐患排查治理流程，形成风险管控、隐患排查治理、体系持续改进3个闭环。

（2）二是建立内部监督考核机制。制定《风险分级管控、隐患排查治理和安全生产标准化"三位一体"评分标准》，从风险辨识、管控措施、管控责任、隐患排查、隐患治理等方面，分析双重预防机制运行效果，实施跟踪追责，逐步健全完善双重预防责任体系。

（3）三是建立集团、专业公司、煤矿三级信息平台（图6-3）。在集团信息中心部署服务器，各矿可以通过浏览器直接访问，系统中各矿运行数据相互隔离，公司层面可以综合查询分析。

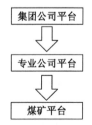

图6-3　兖矿集团双重预防平台架构

（4）在南屯煤矿、兴隆庄煤矿前期试点的基础上，对所属煤矿全部部署信息系统，并成功升级系统功能模块和基础数据库。信息系统自建成后，在公司各矿有效运行，它以风险预控为核心，结合自身管理特点，建立模块化数据库，实现了风险辨识的快速化，简化了风险辨识流程;实现了多项安全管理机制的有机融合,节省了许多纸质化台账,提高了工作效率;实现了集团公司对风险隐患数据的综合管理,打破了各矿安全管理"信息孤岛",对集团安全状态分析提供了大数据支持;同时,信息系统与山东煤矿安全管理信息平台联网,为全省煤矿安全监察监管提供了有力的数据支持。

(二)山东能源枣矿集团双重预防管理系统推广

山东能源枣矿集团坚持自主研发,结合原有安全管理模式,建立独立的风险管控和隐患排查治理信息系统,主要特点是有以下几个方面。

(1)有效利用大数据统计分析技术,使风险预警更智能、更直观。

(2)将风险评估与日常隐患排查统一纳入闭合流程,做到了"排查—录入—分析预警—整改反馈—验收"闭合全流程管理。

(3)系统实现了对各级管理人员在下井数、检查隐患条数、抓"三违"人数、罚款金额等管理考核指标和各单位隐患的分级、分类、隐患整改状态等的自动统计。

(4)通过对日常检查问题与当前矿井风险管控措施关联计算,倒推出管控失效的风险、危害因素和风险点,并动态生成风险预警信息图。把"1+4"(每年1次年度辨识和4种专项辨识)风险清单和月度风险辨识清单内容,按照风险地点、坐标位置生成静态风险矿图。通过动态和静态两张风险矿图,可以做到对矿井双重预防子体系建设成果的一目了然。

(三)山东能源肥矿集团双重预防管理系统推广

山东能源肥矿集团白庄煤矿认真贯彻落实上级安全生产工作指示精神,立足企业实际,创新实施安全管理科学预防体系,以问题为导向,以安全风险分级管理和隐患排查治理建设为重心,全面推进依法治安、科技强安、基础保安,强化源头管控、标本兼治、系统治理,构筑起安全工作长效机制,有效推进了矿井安全生产持续稳定发展。

山东能源肥矿集团以白庄煤矿为标杆,制定了一系列制度,支撑双重预防机制建设的有序运行。做到了每一件事都有标准、都有考核,一切工作都按标准干,使双重预防机制在指导企业风险预控和隐患排查中达到管用、好用、实用,确保系统的生命力。围绕各专业、各单位、各级管理人员的责任,确定安全风险的辨识评估方法,制订了指导性文件《白庄煤矿安全风险分级管控工作责任体系实施方案》;围绕年度辨识评估,明确重大安全风险,确定对重大安全风险的管控措施、资金落实、管控的责任单位及责任人,制订了《白庄煤矿重大安全风险管控工作方案》;围绕保证双重预防机制在建设过程中的有效运行,制定了《白庄煤矿风险分级管控工作制度》,汇总形成了《白庄煤矿事故隐患排查治理制度汇编》;围绕强化员工的风险防控意识和隐患排查治理的能力,确定双重预防机制的培训目标、内容、培训方式等,制订了《白庄煤矿安全风险分级管控培训计划》《白庄煤矿事故隐患排查治理培训计划》。

山东能源肥矿集团结合自身管理实际,开发的双重预防管理系统主要特点如下。

(1)实现了动态预警功能。如果隐患超期未整改,会分三个时段进行预警。

(2)实现了动态违章管控功能。肥矿集团根据现场动态操作中易造成人身事故的违章操作,梳理出300条动态违章数据库,在系统上实现了动态违章管控功能。

(3)在隐患录入的同时,实现了风险的自动关联;同时,在录入界面中加入了上传现场照片的功能。

（四）山东能源新矿集团翟镇煤矿双重预防管理系统推广

2017年9月4日,翟镇煤矿下发关于印发《安全风险分级管控隐患排查治理双重预防机制建设实施办法》的通知(翟煤安字〔2017〕149号)。文件认真贯彻落实上级、集团公司安全风险分级管控和隐患排查治理双重预防机制建设指示精神,以安全管理的科学发展观为指导,坚持"安全第一、预防为主、综合治理"的方针,牢固树立"风险失控就是事故"的安全理念。严格落实关口前移风险导向,按照源头治理、精准管理、科学预防、持续改进的要求,着力构建以风险辨识和风险评估为基础,以风险预控为核心,以隐患排查管控为重点,以预控保障机制为支撑,以信息化为运行平台的风险预控管理体系,促进安全风险管控措施和安全生产责任制落实,使风险始终处于受控状态,有效消灭和控制各类事故的发生,真正实现把风险控制在隐患之前。建立完善隐患排查治理制度,落实隐患排查治理各级责任,及时消除事故隐患,切实把隐患消灭在事故之前,切实推进安全生产标准化,完善安全生产长效机制,确保矿井安全稳定健康发展。准确把握安全生产的特点和规律,坚持风险预控、关口前移,全面推行安全风险分级管控,建立健全矿井安全风险分级管控和隐患排查治理的工作制度和规范,实现安全风险自辨自控、隐患自查自治,形成单位责任落实到位、专业部门监管有效、安全风险动态掌控、事故隐患整改及时的安全风险分级管控和隐患排查治理工作格局,全面提升矿井安全生产整体预控能力,全力推进本质安全矿井建设。

翟镇煤矿成立了以矿长为组长的双重预防机制与管理系统推广小组,班子成员生产矿长、总工程、机电矿长、掘进矿长、安全总监为副组长,采煤副总、掘进(防治水)副总、机运副总、通防副总(安全副总)及各生产部室负责人为成员。矿长全面负责,分管负责人分管范围内的安全风险分级管控工作。双重预防办公室设在安监处,负责协调、指导、监督检查安全风险管理工作。

翟镇煤矿以双重预防双重预防信息系统为基础,以原有隐患信息库为源码,建立数据库,并结合已经运行12年的安全诚信考核机制,实现全员、全过程的考核跟踪,真正与现场实践融合在一起。

经过双重预防推进工作组的数月辛苦付出,山东全省所有矿业集团和超过90%的煤矿实现了双重预防信息化管理系统的部署与应用。双重预防管理系统应用,从源头遏制了煤矿安全隐患,极大减少了煤矿安全隐患数量和安全隐患治理费用。2018年全年,仅兖矿集团在隐患治理方面就节省了808.8万元。据不完全统计,山东能源下属肥矿集团、新汶集团、济宁能源集团2018年在隐患排查治理方面节约支出约10 387万元。

山东煤矿双重预防管理系统按照国家安全生产信息化管理的要求,实现相关数据的及时上传、互联互通、信息共享,实现安全风险管控、隐患排查治理相关数据的统计、分析,实现对安全风险的动态预警。通过隐患排查不断完善风险管控措施,通过补充风险管控措施不断完善信息化数据库建设,保持对系统的持续改进。坚持建设、使用紧密结合的原则,防止建设和使用脱节,形成"两张皮"。双重预防机制运行过程中,每年至少对体系进行一次系统评审或更新,对体系运行的可靠性和有效性进行评估,发现问题及时纠偏、调整,做到持续改进、不断提升。

在推进过程中,煤矿双重预防机制建设要做到有机统一,通过技术手段实现风险管控和隐患排查的全过程动态管理,不能另起炉灶,搞"两张皮"。同时要强化双重预防机制信息化建设,与山东省煤矿事故风险分析平台结合起来,制定双重预防机制联网基础数据规范,推动实现全省煤矿双重预防机制信息化系统联网,为远程监察增添新手段。

# 第四节 推广建设成果总结

## 一、推广应用成效

### (一)理论创新与科学实践

依托高校严谨的学术理论和企业丰富的实践经验,合作开发煤矿双重预防机制管理信息系统。2017年,中国矿业大学安全科学与应急管理研究中心与兖矿集团合作,选取前期试点单位兴隆庄煤矿研发可复制、可推广的双重预防机制管理信息系统。该系统以《煤矿安全规程》和《煤矿安全生产标准化》为依据开展安全风险辨识,形成了具有通用性的煤矿风险管控措施基础数据库,实现了一定的安全风险预警与决策分析功能。

依托典型带动,大力推广煤矿双重预防机制管理信息系统。在煤矿双重预防机制管理信息系统逐渐成熟的基础上,山东煤矿安全监察机构和煤矿企业多次组织现场观摩学习,并把该系统逐步推向全省煤矿。目前,山东在册煤矿116处,除长期停产、初期基建和年度内拟关闭的6处煤矿外,有110处煤矿实现了双重预防信息化管理,达到矿井总数的95%以上。

依托信息系统,实现了煤矿双重预防大数据的汇集分析。依托煤矿双重预防机制管理信息系统,实现了山东煤矿安全监察局同煤矿企业的双重预防机制信息联网。截至2019年年底,实现了双重预防机制信息化管理的110处煤矿中,有108处实现了与山东煤矿安全监察局双重预防机制信息平台的联网,有102处煤矿向省局双重预防机制信息平台上传了数据,上传风险点数量已达10 235个,风险数量63.9万余条,重大风险1 779条,安全隐患7.087万余条。山东煤矿安全监察局双重预防信息机制平台初步实现对全省煤矿安全风险、隐患的大数据分析,为煤矿安全监察决策提供支撑。

《实施指南》发布后,参照《山东省风险分级管控和隐患排查治理体系建设验收评定标准(试行)》,制定煤矿双重预防机制建设验收标准和验收制度,分年度对煤矿双重预防机制建设和保持情况进行验收,并将验收结果同煤矿的安全生产责任险浮动费率相联系,督促煤矿企业长久保持并不断完善煤矿双重预防机制建设。

推动煤矿企业建立并完善双重预防机制建设方面的制度,用制度规范建设活动。将双重预防机制工作纳入煤矿安全监察机构的年度和季度预防性技术监察,实施阶段性督促。

### (二)培育标杆,积极推广

(1)宣贯培训,统一认识。山东煤矿安全监察局根据《实施指南》组织全省煤矿企业主要负责人、安监处长、总工程师、业务骨干、培训教师等分层级进行了标准宣贯培训,使企业深刻认识双重预防机制建设的背景和重要意义,认识到做好煤矿双重预防机制建设是新时代抓好安全生产工作的重大举措,让企业明白双重预防机制建设工作"如何做、怎样做"。

(2)培育标杆,带动示范。在前期试点煤矿建设经验的基础上,山东能源集团、兖矿集团、各市县辖区煤矿共计选取了30对矿井,通过考察,专家论证后,作为双重预防机制建设标杆企业,示范带领,总结形成一套可复制、可推广的成功经验,以点带面,推动其他煤矿双重预防机制建设深入开展。

(3)试用结合,升级平台。山东煤矿安全监察局联合中国矿业大学和部分企业开展全省范围内的体系建设和信息平台使用情况的调研,并在兴隆庄煤矿和翟镇煤矿开展现场观摩和座谈交流,就双重预防机制建设特别是双重预防信息系统运行中的问题对标交流,出台了对标升级方案,完成双重预防机制建设和信息平台建设的规范性和统一性,为实现风险预警平台的全面信息化建设打下了基础。

(4)督导执法,强力推进。山东煤矿安全监察局将双重预防机制建设作为执法的内容进行监督检查,对企业双重预防机制建设行动滞后的、不落实的,依法查处,真正促进双重预防机制建设全面达标。

(三)带动装备升级与科技创新

为防范重大风险,保证双重预防机制建设的持续有效运行,必须采取科学、高效、完善的风险管控措施,尤其是通过光纤瓦斯传感技术、多探头集成、智能采掘工作面装备等一大批新技术、新工艺、新装备、新材料在山东煤矿的推广应用,进一步完善风险分级管控措施,使各类风险处于可控状态。

(1)落实风险管控方案,超前防控重大风险。把防范化解煤矿重大安全风险作为重要政治任务、摆在突出位置,制定了《山东省煤矿重大安全风险防控与治理工作方案》,围绕查大系统、控大风险、治大灾害、除大隐患、防大事故,逐矿研判重大风险,制订重大安全风险防控工作方案。

(2)开展重大灾害防治,严防重大事故。坚持区域化布局、专业化支撑、系统化研究、个性化施策,突出抓好水、火、冲击地压、瓦斯等重大灾害防治工作,严格灾害治理评估论证、方案制定、预警管理和现场措施落实。在防治水方面,抓好水害类型分析和超前探测,健全强排系统和备用系统。在冲击地压治理方面,落实"强支护、强监测、强卸压、强防护"措施,未经评估论证、检测解危和效果验证严禁采掘。加大与科研院所合作力度,开展模拟实验,研究各种地质条件下冲击地压巷道的复合支护工艺,确保矿井支护体系科学实用。

(3)实施装备升级工程,提升风险防控水平。坚持重装备、自动化、少人化、高可靠性发展方向,把"装备换人、技术换人、管理换人"作为实施双重预防机制建设的根本措施和重要路径,全面提高装备水平。投入智能化装备,推进生产控制、生产管理、设备运维一体化,实现智能控制和远程遥控,推进无人工作面建设工作。重点加快推进实施采掘、机电、选煤、化工和辅助运输自动化、信息化、智能化融合,冲击地压矿井实现工作面自动化、信息化、智能化开采。兖矿集团投入3 300万元,成立智能化开采实验中心,建立集智能开采关键技术及装备研究、开发验证、服务于一体的平台,用于成果推广转化,为智能化采掘提供指导,并统一制定了采掘智能化建设标准。山东能源临沂矿业集团积极与高校科研院所联合,采掘工作面智能化改造实施方案内容详细、任务明确,制定了实现井下采掘面单班作业人员双"9"(采煤工作面、掘进工作面的单班下井人数均不得超过9人)目标。山东能源枣庄矿业集团成立专班,专门负责采掘智能化推进工作,已有12个回采工作面实现智能化开采(包括非冲击地压矿井)。山东能源新汶矿业集团把采掘智能化建设纳入重点工程、重点项目进行业绩考核,大力实施数据化、信息化、智能化矿山建设,开展TBM盾构机在煤矿巷道掘进应用,提出实现井下单班"大型矿200人、小型矿100人"目标等,智能化改造实施方案目标明确、内容详细、保障措施得力。

(4)深度融合现代信息技术,增强风险预警能力。搭建工业大数据平台,强化实时监控、在线预警,实现信息精准化采集、网络化传输、可视化展现、智能化操作。用好安全生产调度指挥系统和双重预防信息平台,健全完善各风险点的危害因素集成数据库,建成一个多模块联合运行、多维度综合分析、多方位监测预警的信息平台,动态掌控安全生产情况和发展规律,提高安全生产决策科学化水平。借助井下移动终端和手机App,实现风险和隐患信息的即时传递、高效达成、快速分析、准确预警。

(5)升级改造安全监控系统,实现一张图功能。制定了《山东煤矿安全监控系统升级改造技术方案实施标准》(鲁煤监技装〔2017〕70号),做好煤矿安全生产风险智能监测系统试点工程建设。各大煤矿企业集团以国家推进煤矿安全生产风险智能监测系统建设为契机,对全省112对生产矿井的安全监控系统、矿用设备信息管理系统、数据联网采集系统进行升级改造,并与电子矿图(GIS)有机结合,为大数据的深度挖掘应用奠定了基础。同时以此为基础建设煤矿安全生产风险智能监测系统,用于研究煤矿重特大事故的规律特点,分析煤矿生产中安全风险产生的关键环节,从根本上防范煤矿事故的发生。通过采掘、通压提排、主运输、安全监测监控等主要生产系统的深度融合,消除信息孤岛,实现矿井实时安全生产数据集成展示、功能联动以及基于GIS的综合信息一张图。

(6)优化生产系统和劳动组织,减少人员作业风险。大力推进"机械化换人、自动化减人"的科技强安专项行动,煤矿企业遵循"系统简单、安全高效"原则,通过强化源头设计,不断优化采场布局,有序控制煤层、采区和采掘头面数量。结合自动化、智能化的应用,优化劳动组织,减少人员,倡导"无人则安"理念,推行取消夜班。加快智能化掘进工作面建设力度,推广应用掘锚一体机、大功率掘进机和液压锚杆锚索钻车,提升掘进集控和后配套能力,实现减人提效。

(7)依托风险辨识全面排查风险。依托技术升级来达到控制风险、降低风险是山东煤矿双重预防机制的基本要求,山东煤矿安全监察局结合"机械化换人、自动化减人"科技强安专项行动、安全监测监控系统升级改造(光纤瓦斯传感探头、多探头集成)、智能化改造(智能采掘工作面)、冲击地压矿井智能卸压钻等工艺和设备升级,从根本上达到控制风险、降低风险的目的。枣庄矿业集团已经实现部分工作面无人作业,如图6-4所示。

截至2018年8月,山东在册煤矿共有116处,大型煤矿采掘机械化程度达100%,全省平均采煤机机械化程度达92.1%,掘进机械化装置程度达94.3%。全省煤矿全部完

图 6-4 枣矿集团无人工作面

成了高危作业场所减人 30% 的目标任务,建成了 1 个国家级(兖矿兴隆庄煤矿)、4 个省级科技强安专项行动示范矿井(翟镇煤矿、东滩煤矿、高庄煤矿、安居煤矿)。累计有 53 个煤矿进行了开拓布局优化,建成智能化采煤工作面 16 个,无人切割掘进工作面 1 个,减少采区 40 个,减少采掘工作面 213 个,减少井下作业人员 39 641 人,减人占入井人数比例 33.5%,采煤直接工效提高 22%,掘进直接工效提高 16%,11 处煤矿取消了夜班,15 处煤矿取消了采煤夜班,建成胶带运输智能集控系统 310 处,无人值守硐室 398 个,无人架空乘人装置 86 处,形成企业标准 173 项,可推广、可复制、可借鉴的新技术 168 项、新装备 211 台,大大提升了山东省煤矿科技强安、科技保安水平。通过推广机械化、安全监测监控系统升级改造、智能采掘工作面等科技强安、科技保安措施,管控风险的能力进一步提升,安全效果进一步显现。

**二、推广过程存在问题与解决方法**

(1)在山东省推广过程中,部分企业存在概念认识不统一,重视程度不一致等问题。对此,山东煤矿安全监察局在前期统一培训的基础上,进一步调研督察,针对差距较大的煤矿企业进行重点指导,开展专门培训,答疑解惑,组织推进方案,严格督察督办,较好地解决了领导干部和管理人员的认识问题。

(2)在双重预防机制现场实践过程中,与现实管理运行机制融合较难,多数企业以其员工接受程度不高。针对这种情况,指导企业以现实管理机制为基础,将各自正在使用的隐患库作为危害因素库导入系统,并与安全绩效考核等内容进行有机结合,真正做到了实用有效。

(3)山东省各煤矿双重预防信息系统架构虽然一致,但各运行方式方法和数据格式不一致,全省规范性、统一性较差。对此,专门组织人员进行座谈交流,对照《煤矿双重预防机制建设指南》,逐一模块进行优化、简化升级,最终得到普遍认可。

**三、推广后经济效益分析**

山东省内煤矿开采工艺主要有综采、普采和炮采,多数煤矿随着开采范围延伸以及"三下"压煤影响,生产条件日趋复杂,受冲击地压、水、火、瓦斯、煤尘等自然灾害威胁加大,轻重伤人身事故和生产事故时有发生。2016 年项目应用前,尽管各煤矿企业始终把安全生产放在第一位,狠抓安全基础管理和职工安全意识培训,大力推进煤矿现场安全管理工作,逐年加大安全投入,取得了较好的安全绩效,但仍存在安全管理人员理论认识不深、管理体系杂乱不系统、安全信息管理水平低、辅助安全决策的手段落后等问题。2017—2018 年,随着双重预防机制的研究和应用推广,各煤矿企业对风险预控的理念认识逐渐加强,安全管理体系逐渐系统化,安全管理方式实效性、灵活性、延伸性逐渐增强,生产安全事故率、设备故障率、职业病发生率等呈明显下降趋势,较大程度上降低了工伤补偿、设备维护、医疗费用、人工成本、教育培训等方面的投入。

(1) 2013—2017 年,山东省平均每年发生的各类轻伤事故 2 109 起、2 223 人,重伤事故 171 起、180 人;2013—2017 年连续 5 年百万吨死亡率都保持"双零"水平,且均不到全国的40％,安全状况位居前列。2018 年,发生轻伤事故 1 895 起、1 998 人,重伤事故 130 起、133 人,百万吨死亡率继续保持"双零"水平。据计算,2018 年事故直接经济损失较以往降低460 万元,事故间接经济损失较以往降低 5 752.2 万元。

(2) 通过双重预防机制的实践应用,从源头遏制了煤矿安全隐患的形成,极大减少了煤矿安全隐患数量和安全隐患治理费用。据不完全统计,2018 年全年仅兖矿集团在隐患治理方面就节省了 808.8 万元。

(3) 双重预防机制建设在煤矿现场的实践落地,特别是双重预防信息系统的推广应用,山东省重大风险防控技术不断增强,超前管控设备水平提升,监测设备运行故障的预警功能得到充分发挥,设备故障率大幅降低,设备维护费用相应减少,生产效率相对提高。据统计,山东省 2018 年较 2017 年因设备故障率降低节省总费用约 14 000 万元。

**四、推广后社会效益分析**

(1) 减少矿工伤害,促进社会和谐。煤矿双重预防工作旨在通过管控风险,减少安全隐患产生。双重预防工作的开展,有效提升煤矿企业的安全管理水平,促进煤矿从业人员提高安全风险意识,促使煤矿从业人员更好地贯彻落实安全生产法律、法规、标准、规程和规章制度,大幅减少安全隐患的数量,减少或降低煤矿作业场所有害物质,有效控制各类危险有害因素,改善煤矿从业人员的作业环境,降低对煤矿从业人员的损害,在保证安全的同时增加煤矿企业的整体效益,增加企业员工经济收入,提高员工生活水平,增强员工获得感、幸福感、安全感,促进社会和谐。

(2) 推动煤矿安全管理水平整体提高。山东煤矿双重预防机制的研究应用,开发了政府管理部门、煤矿企业相互联系的双重预防信息化管理系统,促进了安全风险分级管控和隐患排查治理的有机融合,煤矿双重预防工作同现有安全管理工作的有机融合,双重预防工作同信息化的有机融合,解决了以往诸多安全管理理论或管理系统推行难、实施难、落地难的问题,从而提高了煤矿双重预防机制的科学性和生命力。山东双重预防管理体系的研究应用,将有助于推动煤矿安全生产从治标为主向标本兼治、重在治本转变,从事后调查处理向事前预防、源头治理转变,从单纯的隐患排查治理向双重预防转变,从传统安全管理方式向信息化管理方式转变。随着此项工作的深入开展和成效显现,必将促进山东煤矿双重预防建设工作全面开展,推动山东煤矿安全管理水平实现整体提高。

（3）推动煤矿安全科技保障能力不断提升。煤矿双重预防工作的深入开展,引导煤矿安全管理工作的重心由治理隐患预防事故逐步向管控安全风险预防煤矿事故转变,从而实现煤矿生产事故的源头管控。由于越接近源头,管控成本越低,源头管控的良好经济效益,必将激发煤矿企业对高性能管控安全风险新技术、新装备、新工艺、新材料的探索欲望,促成煤科院校、科研院所与煤矿的深入合作,形成新技术、新装备、新工艺、新材料的研发动力,推动煤矿安全科技保障能力不断提升,为煤矿安全生产的稳定好转提供原动力。

# 第七章 山东省煤矿双重预防机制监察体系与平台建设

## 第一节 山东省煤矿双重预防机制监察平台建设背景与目标

### 一、建设背景

目前,我国各行各业在政府部门的号召下,都在积极努力地进行信息化改革。在这种大环境下,煤矿企业也在逐步地进行信息化建设,这对煤炭行业的发展有着重要的意义,不仅可以极大地提升煤炭行业的生产效率,同时还可以极大地提升煤矿企业生产经营管理的质量以及安全管理水平。

我国煤矿已将信息技术广泛用于生产、安全、管理、市场等各个领域。随着计算机技术、网络技术、数据库技术、自动化技术、传感器技术、数字视频技术和现代管理技术的发展,煤矿信息化正向高度集成、综合应用、自动控制、预测预报、智能决策的方向发展。

在煤炭行业信息化快速发展的背景下,如何利用好信息化手段进行安全监管,成为政府安全监管部门的重要课题。

从 2002 年开始,我国各地建立的安全监管局网站,承担着安全生产信息在网上发布的功能,为互联网用户提供了一个了解安全生产政策、法规和安全生产综合信息的电子网络信息平台。各级安全监管与煤矿安全监察机构基于互联网初步建立了日常使用的各类安全信息系统管理,主要包括以生产快报、伤亡事故统计、行政执法统计、煤炭经济运行统计为基本功能的安全生产调度与统计系统。部分省级安全监管部门应用较多的是重大危险源监控系统,煤矿安全监察机构应用较好的是煤矿安全生产许可证管理和行政执法系统。

2016 年 10 月,国务院安委会办公室印发了《关于实施遏制重特大事故工作指南构建双重预防机制的意见》,要求各地区、各有关部门要抓紧建立功能齐全的安全生产监管综合智能化平台,实现政府、企业、部门及社会服务组织之间的互联互通、信息共享,为构建双重预防机制提供信息化支撑。

山东煤矿安全监察局从顶层设计开始规划推动煤矿双重预防机制建设及监管,规划内容包括:开展试点煤矿双重预防机制建设,总结经验,出台统一的双重预防机制标准和解读,规范双重预防建设流程;研发煤矿双重预防标准信息系统,规范信息系统功能;制定双重预防监管数据标准,规范安全监管的数据要求。在规范双重预防机制建设的基础上,由于山东煤矿双重预防监管平台对各矿上报的风险和隐患等数据深入挖掘、分析,为山东煤矿安全监察局安全监管提供决策依据,进而精准管控。

山东煤矿双重预防机制监察平台建设既是响应国家政策的号召,也是山东煤矿安全监察局提升煤矿安全监管水平、落实煤矿企业安全主体责任的工作需要。

**二、建设内容及目标**

山东省煤矿双重预防机制监察平台建设不仅可以推动山东省煤矿双重预防机制建设,并且可以通过联网监管,加快煤矿双重预防机制信息化建设步骤,监察平台建设包含以下内容。

(1)监督、指导煤矿企业开展双重预防机制试点建设,积累建设经验,摸索出适合煤矿落地的双重预防机制与流程,提出三个闭环的双重预防机制运行模式。

(2)建设具有山东特色的煤矿安全风险基础数据库,在符合山东煤矿安全监察局安全监管需要的基础上,使其既能够满足煤矿基本的安全管理需要,又能够兼容各个矿的个性化安全风险管控要求。

(3)制定山东省煤矿安全双重预防机制地方标准,统一建设规范。收集煤矿安全监管所需要的企业安全基本信息和安全管理信息(包括各类监测监控数据和人工检查数据),建立山东特色的安全生产管理监管平台。

(4)探索政府推动双重预防机制建设的安全监管模式,发布山东省双重预防监管数据规范,在山东省煤矿企业推广使用煤矿双重预防管理信息系统,并与省局监管平台联网,有序推进全省煤矿双重预防机制建设工作,实现信息化安全监管目的。

山东煤矿双重预防机制监察平台建设目标:研究探索政府双重预防监管模式,进行政府监管平台开发,全面推进山东煤矿双重预防机制建设工作,提升全省煤矿安全管理水平,实现煤矿双重预防信息化监管。

# 第二节　山东省煤矿双重预防机制监察平台需求分析

**一、传统监管分析**

长久以来,煤矿安全问题一直是中国久治不愈的顽症。1949 年以后,党和政府非常重视煤矿安全生产工作,但由于经济发展对能源的需求,很长时间以来煤炭供应始终呈现偏紧状态,"安全第一"渐渐让位于"生产第一",煤矿安全状况不容乐观。在摆脱危机的持续努力之下,政府监管模式逐步生成。

煤矿安全监管模式实现了煤炭产量的高速增长、企业效益的持续改善和安全状况的明显好转,是较以往任何模式都更为有效的一种模式,但远未实现人们期望的理想状态。传统的监管方式主要概括为以下几点。

**(一)下发安全文件**

通过下发相关安全文件(法律法规、国家标准、行业规范、地方要求等),以制度约束的手段,要求煤矿(企业)进行安全方面的投入、建设,为煤矿(企业)健康、安全发展打下良好的基础。

（二）实施安全活动、组织培训

举办丰富多样的安全活动，组织各类安全培训，通过安全活动的开展提高煤矿从业人员的安全意识，通过组织各类安全培训，提高煤矿从业人员的操作技能及安全管理水平，大大提高了煤矿安全监管活力。

（三）听取报告

听取、审查报告，是上级安全监管部门监督下级监管部门，各级监管部门监督煤矿安全生产的重要方式。主管部门通过报告了解监督对象的实际情况。

（四）监督检查

监督检查是当前煤矿安全监管的核心所在，监督检查方式灵活、形式多样，在煤矿安全监管方面起到了一定的效果。在进行现场检查方面采用提前通知、"四不两直"或明察暗访等形式度煤矿进行突击检查、随机抽查、全面检查、专项检查、单独检查、联合检查、定期检查、不定期检查等。

（五）审查批准

审查批准是监督主体对监督对象的具体行政行为，如对采掘活动等进行审阅核对并加以确定，确保采掘活动在合法、安全的范围内等。

（六）备案

备案是根据法律规定或上级行政机关要求，监督对象将其他规范性文件或某些重大行为的书面材料报上级监督部门，供其了解情况的行为，如煤矿企业应急预案需向上级监管部门备案等。

（七）应急救援、事故调查

当监管对象发生事故时，及时启动应急预案，进行应急救援，根据事故的性质和大小，监管部门组织成立相应的事故调查组，进行事故调查。

（八）处罚、处理

针对在日常工作中，监督管理不力，未认真履行责任的，或造成一定不良影响的单位和个人，进行处罚、处理。处罚、处理一般分为两种：① 对责任单位、部门适用的，一般处罚、处理责任单位或部门；② 对责任单位领导人或直接责任人的处罚、处理。

现行的监管手段存在着诸多缺陷。煤矿安全监管的法规体系不够周全和严密，警示性和惩戒力较弱，修订过于缓慢；由于独立性和专业性不足、监察覆盖面较窄，处罚手段不够完整等，国家煤矿安全监察机构尚无法独自承担煤矿安全监管之职责，地方政府因而被赋予了较多的监管职责。总结起来有如下具体体现。

（1）管辖煤矿众多，全面监管难度大。全国煤矿众多且分布不均，主要煤炭大省下属煤矿数量众多，难以做到全面监管。

（2）煤矿现场条件复杂，点多面广，现场情况了解不全面。众多煤矿地质条件不一且多数较为复杂，井下生产系统布置也是点多面广，现有的监管方式无法做到对现场情况的全面监管。

（3）煤矿上报数据存在改动、造假现象，难以辨别。大量的上报数据通过层层审批上报，其中的数据多数已经经过人为加工、改动，造假现象普遍存在，难以辨别真伪，为正确的监管决策带来困扰。

（4）大量的数据统计分析，工作量庞大。因煤矿生产工艺的复杂性及基础条件的差异性，导致监管数据种类繁多且数量巨大，通过传统的人工整理、分析，难度太大且效率较低。

（5）掌握信息有一定的滞后性，不能实时了解煤矿最新动态情况。按照各级监管部门要求上报的信息多为历史数据，不能真正体现当下煤矿的实际安全状态。

（6）部分煤矿在安全监管过程中有抵触心理，监管部门在监管过程中难以占据主动。在上级监管部门的监督检查过程中，部分煤矿采用掩盖实际生产情况、隐瞒现场问题等手段欺瞒监管部门。

## 二、煤矿信息化发展

煤矿安全是与煤矿工作人员以及煤矿企业部门息息相关的重要工作，对煤矿员工生命和国家财产安全的保护具有举足轻重的作用，因此，国家对于煤炭企业、特别是对其安全生产提出了指令性的要求，以预防各类安全事故的发生，这也成为煤炭企业在进行信息化建设过程中的重点。

与其他行业相比，煤炭行业信息化的发展要明显地落后，一方面由于煤矿环境的特殊性，致使煤矿安全管理的信息化应用较为落后；另一方面，部分煤炭企业面临生存的压力，已经少有资金能够支援信息化的建设也是主要因素。

为满足煤矿安全生产的需要，目前已有信息化系统包括煤矿井下人员定位系统、瓦斯监测系统、通风监控系统、供电监测系统、井下移动通信系统、设备运输监控系统、放炮作业监控系统、提升机监控系统、应急广播系统、应急预警系统、排水监控系统、视频监视系统等。这些信息化系统在煤矿日常管理、安全生产监测、事故调查工作中发挥着重要作用。

在煤矿信息化建设过程中也存在诸多难点，主要体现在以下几个方面。

（1）煤矿井下生产环境特殊、开采条件复杂多变，煤矿井下作业多采用较大的设备，包含的种类较多，技术装备都比较复杂，如井下钻探挖掘设备、运输设备、通风、排水、供电设备等，这些都无形中增加了煤矿信息化建设的难度。另外，煤矿的安全性和可靠性一直是煤矿企业的生存保证，任何一个安全事故都会对井下作业人员和煤矿企业造成较大的损失，因此，对煤矿生产过程中的监测和预警也是煤矿企业迫切需要解决的问题，这些问题对煤矿综合信息化的实施提出了前所未有的挑战。

（2）煤矿企业对信息化的建设缺乏合理的规划。虽然近几年各大型的煤矿集团加快了信息化建设的步伐，注重了煤矿信息化的整体规划，但由于前期投入的设备较为独立而且种类繁多，相互之间难于兼容，给煤矿信息化的应用带来一定难度，原因主要有以下三个方面：① 各企业之间信息化建设水平差距很大，大多数企业的信息化处于初级阶段，只有部分煤矿企业从全局角度出发制定系统性规划，但信息化工作急功近利，为解决眼前问题而采用一套或几套子系统，这样导致了后期软件系统之间信息不能共享；② 前期资金投入重硬件建设、轻软件建设也是造成信息化管理滞后的重要原因；③ 管理软件需要根据煤矿企业的差异定制开发，因此全局性的软件开发也是需要关注的重点。

（3）由于煤矿信息化管理滞后，造成信息化建设中标准不统一、规范不一致的情况，导致在信息采集的层面不能实现数据共享。这种系统之间的"信息孤岛"给煤矿信息化建设的全局性规划造成障碍,因此需要参考现行的国家标准和国际标准制定统一规范。同时,在信息化资源的管理上没有对基础数据足够重视,设备的监测数据和信息的采集、传输还不够完善,需要全局性的考虑信息化和数字化对煤矿建设的制约,从整体上对网络信息资源进行开发和维护,将信息化数据统一规范,从而避免产生"信息孤岛"。

(4) 首先,鉴于井下大型设备集中、功率大等特点,煤矿物联网设备必须适应煤矿井下电压的波动,具备较强的抗电压波动能力和抗电磁干扰能力。其次,煤矿井下巷道的空间狭小,部分设备需要人员携带,物联网设备的体积和质量既不能影响正常的井下作业也不能给携带人员造成不必要的负重。再次,煤矿井下环境恶劣、设备故障率高,为了保证设备的使用寿命,物联网设备需要具备一定的防护性和抗故障能力,防止煤尘、淋水、潮湿环境以及腐蚀性的硫化物对相关设备的侵蚀,要充分考虑物联网设备的防潮性和绝缘性。

(5) 煤矿井下传输的信号要求本质安全信号且功率不宜过大,特别是有电容和电感等元器件存在的情况下,要求无线信号的功率要比电气防爆要求更小。其次,井下巷道空间狭小、弯曲、有坡度和风门等会影响数据信号的传输质量和传输距离,因此网络需要具有一定的稳定性和抗扰信号衰减能力,需要在保证信号可靠性和稳定性的前提下合理设置节点之间的距离和网络拓扑结构。最后,需应对突发事件、恶劣环境使网络瘫痪情况。

近年来,"科技是第一生产力"理念已深入人心,信息化在煤炭行业的发展势不可挡。信息化建设在煤炭行业的地位将会更加重要,煤矿的设施、设备自动化、智能化;无线通信技术更加成熟、方便快捷;安全管理自动分析、预警、决策及救援等是未来信息化在煤矿发展的必然趋势。主要发展趋势如下。

(一) 全行业重视

目前,大部分煤矿已认识到信息化建设的重要性,认识到信息化建设对促进企业管理及发展有积极的作用,能够提高煤矿企业的竞争力,促进工作效率及效果的提升。全面认识到信息化建设的重要作用,成立专门的信息化管理部门,大力培养高素质的专业化信息技术人才,科学规划信息化建设。

(二) 设施、设备的自动化、智能化

目前,我国的煤矿矿山自动化技术,经过长期的发展和应用已经取得了显著的成效,在智能化方面,也在逐步地发展,煤矿技术科研人员已经成功地研制出了诸多新型的智能化采煤技术以及设备,如电液支架控制装置、输送机监测装置和采煤机监测装置等;在智能运输监测技术上也有了重大的突破,如在胶轮车运行监测上,有较强职能性的胶轮车监测系统等一系列自动化、智能化的设施设备。

(三) 通信更加便捷

为了能够有效地提升煤矿生产的安全性,煤矿必然会将移动通信技术应用到煤矿矿井通信系统当中。就目前来看,煤矿已经有效地将无线网络技术以及 3G 通信技术应用到了系统当中,并且正在积极努力地探索 4G 技术在矿井通信系统当中的应用路径。从宏观的角度分析,目前在通信行业已经出现了 5G 通信技术,在未来的一段时间内,4G 系统必将广泛地普及到矿井当中,而 5G 通信技术的应用将会成为矿井通信技术研发人员的主要研究目标 。

### （四）大数据分析决策

基于信息化在煤炭行业的广泛应用，对煤矿各类数据进行集成，建立矿井安全风险分析预警指标体系，分析整个生产链条上的数据，以识别生产问题、管理问题、质量问题，跟踪生产和安全状况，提前预警预报安全风险，达到安全风险的超前管控，提升灾害治理和应急救援能力，并为领导层提供安全管理决策依据，避免安全事故的发生。

### 三、新时代信息化监管需求

通过传统的监管模式分析及信息化在煤矿的发展趋势分析可知，新时代的煤矿监管应通过信息化建设解决传统监管模式无法解决的难题，同时信息化的建设也应符合煤炭行业特点及发展趋势。因此，监管部门的信息化建设应满足以下要求：

（1）统一数据接口。山东省煤矿较多，各矿生产条件不同，管理理念差异较大，因而信息数据的管理标准不统一，可能造成数据的格式不统一，不便于监管部门进行统一管理。为解决这一难题，监管部门的信息化建设需采用统一接口及数据管理格式，确保山东省各煤矿上传的数据格式统一，便于监察平台的数据收集。

（2）实时抓取数据。为及时了解被监管煤矿的实时安全状态，避免信息传递过慢导致信息失去实效性的问题，监管部门的信息化建设应能够实时抓取各煤矿的信息。

（3）整理、分析。通过对各煤矿的数据采集，信息化的平台能够对抓取的信息进行整理、分析，解决人工处理海量信息效率低的问题。

（4）任务发布。结合信息化平台的整理、分析结果，平台应能够具备在线发布安全管理任务的功能，提高监管效率。

随着山东省各煤矿双重预防管理信息系统的建设使用，为了更加有效地对山东省煤矿双重预防建设情况进行监管，实时了解煤矿安全风险、事故隐患情况，煤矿监管信息化平台建设势在必行，山东省煤矿双重预防机制监察平台的建设应运而生。

山东省煤矿双重预防机制监察平台与所辖煤矿企业的双重预防系统建立统一数据传输接口，所需的安全监管数据实时上传至监管平台，监管部门根据实时数据对所辖煤矿企业进行实时监管。监察平台的建设应满足以下需求。

（1）实时抓取下属煤矿的安全风险管控、隐患排查治理情况及各类培训、考核等情况，能够做到对监管煤矿各类信息的实时抓取。

（2）在获取大量的煤矿安全风险、事故隐患数据等实时数据后，监察平台应能够运用大数据分析技术对获取的信息进行整理、分析，在统一汇总合并的情况下，应能够根据不同地区进行归类，各个集团能够归类，同时从不同角度对数据进行统计、分析，如安全风险等级、危害因素、隐患等级、隐患性质等。

（3）煤矿风险排名、预警。根据数据整理、分析情况，对所有煤矿的安全风险、事故隐患等安全态势情况进行排名，安全风险较大、事故隐患较多或者整体安全态势较差的煤矿排名靠前，同时对部分矿井进行预警，为监管部门的监管决策提供帮助。

（4）监察平台的建设，其目的就是利用信息化手段，提高监管效率，有效防范遏制重特大事故的发生，监管部门利用监察平台通过对所辖煤矿企业实时数据抓取、统计分析，应可以做到有针对性的精准监管,发布安全管理任务等。

① 精准监管。监管部门所辖煤矿企业众多,各个煤矿企业安全状态差别较大,通过监管平台的数据分析,得出安全状态较差的部分煤矿企业及安全管理不规范的企业,重点对这些煤矿企业及其薄弱环节进行监管,有效地利用了有限的监管力量,同时极大地提高了监管效率,降低了事故发生的可能性。

② 在线发布安全管理任务。利用信息化监察平台网络传输速度快的优势,可以在线发布安全管理任务,通过监管平台的数据分析,得出近阶段所辖煤矿企业安全态势的变化情况,对风险普遍呈上升趋势的重点环节,监管部门可以发布针对这类风险的专项安全管理任务,及时将风险控制在安全范围内。也可以通过平台布置安全管控任务,极大地缩短任务发布、实施的传递时间。

**四、业务流程设计**

根据监管需求分析可知,山东省煤矿双重预防机制监察平台的业务流程应是数据采集、传输、存储、整理、分析,排名预警,监管任务等的发布处置。

监察平台提供统一的数据接口规范,各矿依据此规范上报风险、隐患等数据至山东省局监察平台,保证数据同步的及时性、有效性。同时,采用强大的安全保障措施、完善的保密机制、安全的数据传输接口,保证数据传输安全。各煤矿大量的数据传输后,集中统一存储,提高监察平台数据的整理、分析速度。

根据数据整理、分析,对所有煤矿的安全风险、事故隐患等安全态势情况进行排名,安全风险较大、事故隐患较多或者整体安全态势较差的煤矿排名靠前,同时对部分矿井进行预警,为监管部门的监管决策提供帮助。

山东省煤矿双重预防机制监察平台的建设,能够实现监管任务的全流程在线管理,其流程设计如图 7-1 所示。

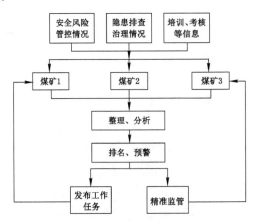

图 7-1　山东省煤矿双重预防机制监察平台监管流程示意图

# 第三节　山东省煤矿双重预防机制监察平台功能设计

## 一、系统总体架构图

山东省煤矿双重预防机制监察系统总体架构示意如图 7-2 所示。

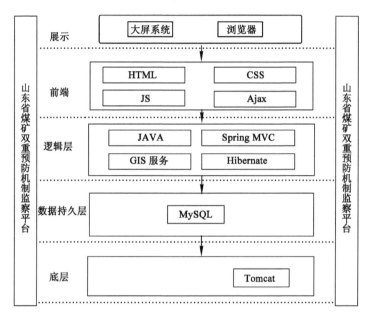

图 7-2　山东省煤矿双重预防机制监察系统总体架构示意图

## 二、功能分布总图

山东省煤矿双重预防机制监察平台功能分布示意如图 7-3 所示。

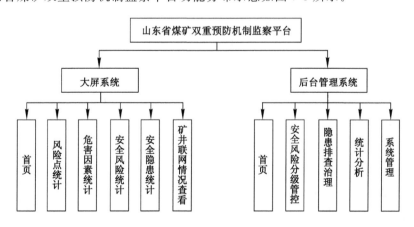

图 7-3　山东省煤矿双重预防机制监察平台功能分布示意图

### 三、功能模块设计

**（一）大屏系统**

**1. 首页**

大屏首页从多个维度展示了风险和隐患的分布情况（图7-4），使用多种图形来展示数据分析结果，并结合山东省地图生成了安全风险分布图，在辅助用户更清晰、更快捷理解数据的同时又提高了用户的视觉体验。

图 7-4　大屏首页

**2. 风险点统计**

风险点统计模块统计各矿风险点数量，并按风险点等级分类统计，通过选择监管区域可筛选出各分局所管控的各矿风险点统计情况，页面右侧还以四色柱状图的形式展示所属煤矿的各等级风险点数量，如图7-5和图7-6所示。点击统计数据还可查看风险点详情，如图7-7所示。

| 序号 | 矿井名称 | 风险点数量 | 重大风险点 | 较大风险点 | 一般风险点 | 低风险点 |
|---|---|---|---|---|---|---|
| - | 所有煤矿 | 4239 | 213 | 641 | 540 | 291 |
| 1 | 山东新巨龙能源有限责任公司 | 363 | 13 | 87 | 95 | 167 |
| 2 | 山东泰山能源有限责任公司协庄煤矿 | 238 | 29 | 79 | 86 | 15 |

（监管区域 --请选择--）

图 7-5　风险点统计列表截图

**3. 危害因素统计**

危害因素统计模块用于统计各矿危害因素的辨识情况，以风险类型做分类统计（图7-8）并以柱状图的形式展示所有煤矿的危害因素分布情况（图7-9）。通过选择监管区域可以筛选出各分局所管辖的各矿危害因素辨识情况。点击列表中的统计数据还可查看危害因素详情列表，如图 7-10 所示。

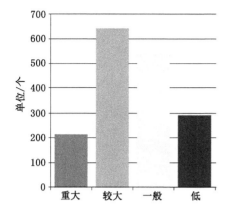

图 7-6　各等级风险点数量四色柱状图

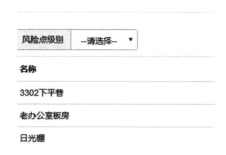

图 7-7　风险点详情列表截图

监管区域　--请选择--

| 序号 | 矿井名称 | 总数 | 水灾 | 火灾 | 瓦斯 | 煤尘爆炸 | 冲击地压 | 冒顶（片帮） | 放炮 | 机电 | 运输 | 物体打击 | 起重伤害 | 淹溺 | 灼烫 | 高处坠落 |
|---|---|---|---|---|---|---|---|---|---|---|---|---|---|---|---|---|
| - | 所有煤矿 | 778969 | 12018 | 69085 | 122070 | 16583 | 2010 | 51685 | 35351 | 158191 | 52310 | 28487 | 5473 | 3945 | 2761 | 31135 |
| 1 | 山东裕隆矿业集团有限公司唐阳煤矿 | 23549 | 266 | 2001 | 3842 | 440 | 163 | 1532 | 1210 | 4832 | 1929 | 909 | 147 | 114 | 81 | 823 |
| 2 | 枣庄大兴矿业有限责任公司 | 19028 | 938 | 1663 | 3104 | 448 | 47 | 1364 | 907 | 3538 | 1850 | 440 | 102 | 64 | 58 | 554 |
| 3 | 山东明兴矿业集团有限公司小港煤矿 | 17471 | 168 | 1568 | 2346 | 526 | 0 | 1070 | 1514 | 3960 | 1503 | 437 | 228 | 61 | 45 | 534 |

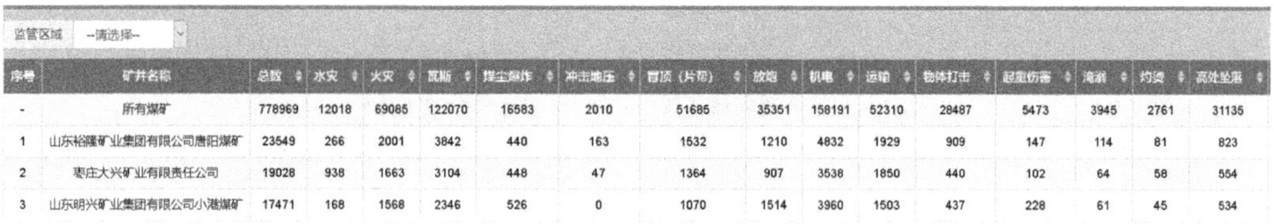

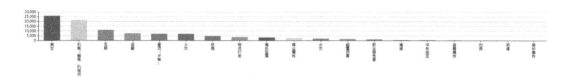

图 7-8　危害因素统计列表截图

图 7-9　危害因素分类分布柱状图

| 矿井名称 | 风险类型 | 专业 | 危害因素等级 | 危害因素 | 管控措施 |
|---|---|---|---|---|---|
| 安阳煤矿 | 冒顶（片帮） | 运输 | 4 | 巷道顶帮存在危岩悬矸 顶板接顶不实、腰帮不实 顶板浆皮脱落 | 及时找除危岩悬矸。接顶和腰帮必须接实 及时找掉脱落浆皮 |
| 安阳煤矿 | 冒顶（片帮） | 掘进 | 3 | 顶板浆皮脱落 | 及时找掉脱落浆皮 |
| 安阳煤矿 | 冒顶（片帮） | 运输 | 4 | 巷道顶帮存在危岩、悬矸 | 及时找除危岩悬矸。 |

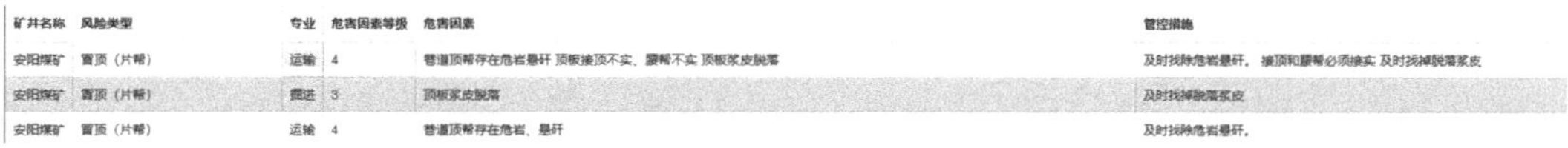

图 7-10　危害因素详情列表截图

4. 安全风险统计

安全风险统计模块是对各矿安全风险做统计，以列表及柱状图的形式展示，选择监管区域可以筛选出各分局所管控煤矿的风险分布情况；选择集团可筛选出各集团下属各矿风险分布情况；选择时间可根据风险的评估时间进行筛选；点击列表的统计数据可查看风险详情列表；点击矿井名称还可以查看当前矿井的风险来源分布图。安全风险统计列表截图如图 7-11 所示；风险类型统计如图 7-12 所示。

| 序号 | 矿井名称 | 全部 | 重大 | 较大 | 一般 | 低 |
|---|---|---|---|---|---|---|
| - | 所有煤矿 | 76793 | 359 | 6833 | 41820 | 27781 |
| 1 | 山东明兴矿业集团有限公司小港煤矿 | 42057 | 13 | 2917 | 28283 | 10844 |
| 2 | 山东泰山能源有限责任公司协庄煤矿 | 12451 | 36 | 755 | 2919 | 8741 |

图 7-11　安全风险统计列表截图

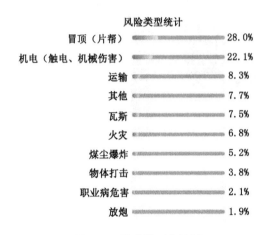

图 7-12　风险类型统计图

5. 安全隐患统计

安全隐患统计以列表形式展现各矿安全隐患统计情况及处理状态分布情况(图 7-13)，选择监管区域可以筛选出各分局所管控煤矿的隐患分布情况;选择集团可筛选出各集团下属各矿隐患分布情况;选择隐患等级可根据隐患等级进行筛选;选择时间可根据风险的检查时间进行筛选;点击列表的统计数据可查看隐患详情列表(图 7-14)。

| 序号 | 矿井名称 | 隐患数量 | 正在治理 | 治理完成 | 治理超期 |
|---|---|---|---|---|---|
| - | 所有矿井 | 110070 | 154570 | 87226 | 153161 |
| 1 | 新汶矿业集团有限责任公司华丰煤矿 | 15100 | 1159 | 14927 | 1145 |
| 2 | 山东新巨龙能源有限责任公司 | 8370 | 324 | 8351 | 191 |

图 7-13　安全隐患统计列表截图

| 序号 | 矿井名称 | 隐患描述 | 排查日期 | 整改期限 | 整改状态 | 隐患级别 | 隐患类型 | 处理状态 |
|---|---|---|---|---|---|---|---|---|
| 1 | 新巨龙能源 | 北胶二部皮带一驱温侧电机进风护罩锈蚀严重 | 2020-02-08 | 2020-02-15 | 待整改 | 一般隐患C级 | 物体打击 | 待整改 |
| 2 | 新巨龙能源 | 2#机组进水闸阀关闭不严 | 2020-02-07 | 2020-02-09 | 待整改 | 一般隐患C级 | 其它 | 待整改 |
| 3 | 新巨龙能源 | 九采煤仓位置一处防尘水管接头漏水，胶带巷边坡点一下粉尘大 | 2020-02-06 | 2020-02-07 | 待整改 | 一般隐患C级 | 其它 | 待整改 |

图 7-14　安全隐患详情列表截图

6. 矿井联网情况查看

以列表形式展示各矿联网情况,包括最后一次数据上传时间,未更新天数。通过设置矿井联网查询选项可以设置时间节点,默认时间节点为当天。还可以按未更新天数进行排序,如图 7-15 所示。页面左半部分还展现了各矿的分布情况,如图 7-16 所示。

| 序号 | 矿井名称 | 数据最后更新时间 | 未更新天数 |
|---|---|---|---|
| 1 | 新泰市汶河矿业集团有限公司 | 2019-01-15 | 62 |
| 2 | 济宁矿业集团有限公司霄云煤矿 | 2019-01-17 | 60 |
| 3 | 汶上义桥煤矿有限责任公司 | 2019-01-17 | 60 |
| 4 | 济宁市金桥煤矿 | 2019-01-17 | 60 |

图 7-15　矿井联网情况列表截图

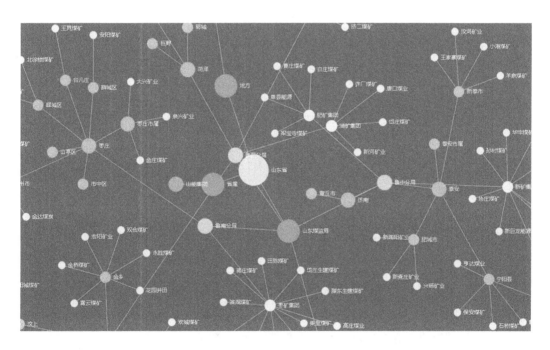

图 7-16　矿井分布关系图

（二）后台管理系统

1. 首页

后台管理系统首页从各个维度展示风险和隐患的分布情况(图 7-17),包括各矿风险数量排行,隐患排行,风险按地级市分布情况,风险按类型分布情况,隐患变化趋势以及四大集团和旗下各矿的关系图。点击关系图的节点还可以进行数据筛选;点击全屏按钮可以全屏查看某一统计图;点击柱状图和饼状图还可查看详细信息列表。

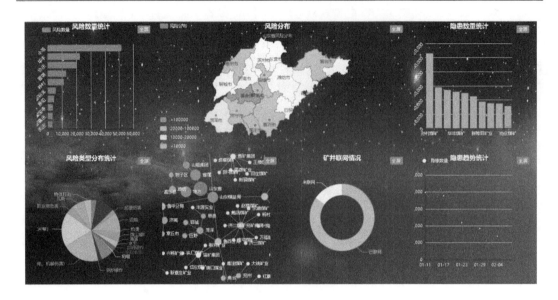

图 7-17　后台管理系统首页

2. 安全风险分级管控

安全风险分级管控模块如图 7-18 所示。

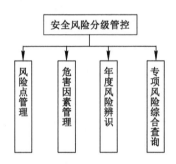

图 7-18　安全风险分级管控模块示意图

（1）风险点管理

风险点管理模块以列表形式展示了各矿的风险点信息及各风险点关联的风险数量，如图 7-19 所示。输入矿井编码或矿井名称可筛选出符合条件的信息，选择某条风险点后点击"查看关联风险"按钮可查看此风险点关联的风险列表（图 7-20）。

| | 矿井编码 | 矿井名称 | 风险点名称 | 分组矿井 | 关联风险数量 | 审核时间 |
|---|---|---|---|---|---|---|
| 1 | 370830B00120003ZH801 | 阳城煤矿 | -650有电柜 | 王利 | 5 | 2019-02-13 09:59:18 |
| 2 | 370830B00120003ZH801 | 阳城煤矿 | 三采区轨道下山 | 王利 | 4 | 2019-02-13 09:59:18 |
| 3 | 370830B00120003ZH801 | 阳城煤矿 | 主井 | 郭金星 | 8 | 2019-02-13 09:59:18 |

图 7-19　风险点管理列表截图

图 7-20　关联风险列表截图

（2）危害因素管理

危害因素管理模块以列表形式展示了各矿的危害因素信息（图 7-21）。输入矿井编码或矿井名称可筛选出符合条件的信息，还可以根据风险类型及专业、危害因素等级进行筛选查看。

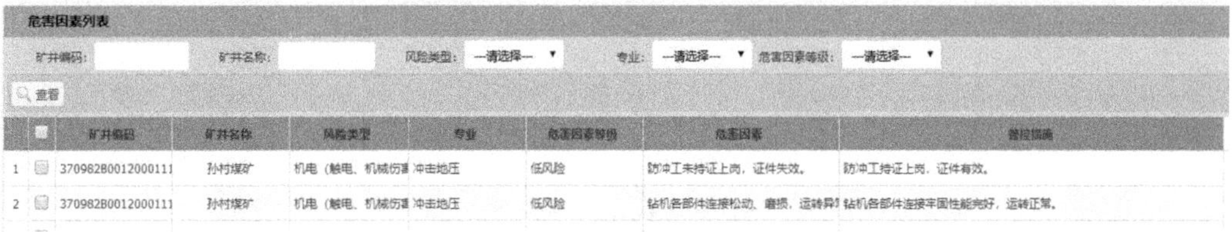

图 7-21　危害因素列表截图

（3）年度风险辨识

年度风险辨识管理模块以列表形式展示了各矿的年度辨识风险信息（图 7-22）。输入矿井编码或矿井名称可筛选出符合条件的信息，还可以根据辨识年度和风险类型进行筛选查看。辨识年度默认是当年，点击危害因素数量可查看风险所关联的危害因素信息，如图 7-23 所示。

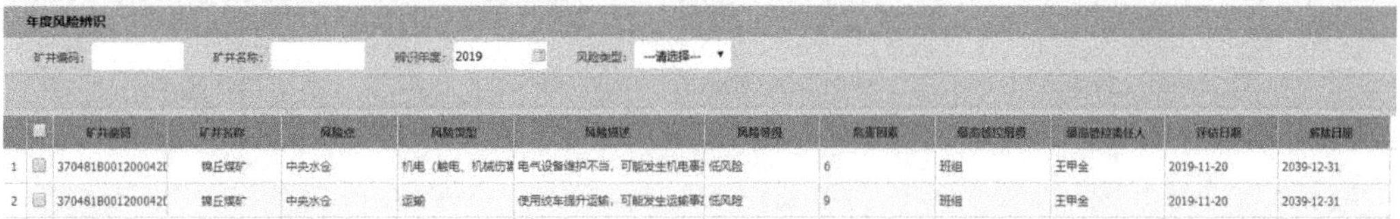

图 7-22　年度风险辨识列表截图

| | 矿井编码 | 矿井名称 | 风险类型 | 专业 | 危害因素 | 管控措施 | 危害因素等级 | 管控单位 | 管控责任人 |
|---|---|---|---|---|---|---|---|---|---|
| 1 | 370481B0012000421 | 锦丘煤矿 | 运输 | 运输 | 设备捆绑不牢 | 使用合格的连接装置, | 低风险 | | |
| 2 | 370481B0012000421 | 锦丘煤矿 | 运输 | 运输 | 设备、物料在运输过 | 加强现场监管,一人 | 低风险 | | |
| 3 | 370481B0012000421 | 锦丘煤矿 | 运输 | 运输 | 物料重心不稳,发生 | 加大巡检,使用合格 | 低风险 | | |
| 4 | 370481B0012000421 | 锦丘煤矿 | 运输 | 运输 | 放置物料时,人员动 | 加大巡检,使用合格 | 低风险 | | |
| 5 | 370481B0012000421 | 锦丘煤矿 | 运输 | 运输 | 钢丝绳断绳 | 捆绑或起吊物料时, | 低风险 | | |
| 6 | 370481B0012000421 | 锦丘煤矿 | 运输 | 运输 | 挡车设施不齐全、平 | 抬放物料时,所有人 | 低风险 | | |
| 7 | 370481B0012000421 | 锦丘煤矿 | 运输 | 运输 | 绞车司机未经培训合 | 培训学习,持证上岗 | 低风险 | | |
| 8 | 370481B0012000421 | 锦丘煤矿 | 运输 | 运输 | 没严格执行行车不行 | 严格执行行车不行人 | 低风险 | | |
| 9 | 370481B0012000421 | 锦丘煤矿 | 运输 | 运输 | 声光信号没正常使用 | 加强设备日检维护,加 | 低风险 | | |

图 7-23　关联危害因素列表截图

（4）专项风险综合查询

专项风险综合查询模块以列表形式展示了各矿的专项辨识风险信息,如图 7-24 所示。输入矿井编码或矿井名称可筛选出符合条件的信息,还可以根据辨识年度和风险类型进行筛选查看。辨识年度默认是当年。点击危害因素数量可查看风险所关联的危害因素信息。

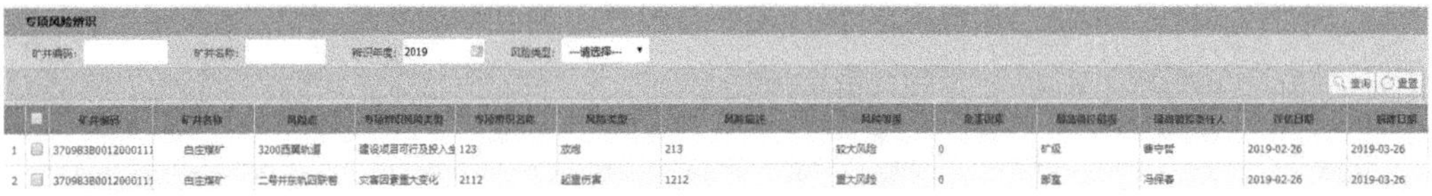

图 7-24　专项风险辨识列表截图

3. 隐患排查治理

隐患排查治理示意如图 7-25 所示。

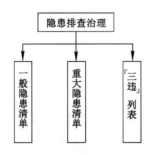

图 7-25　隐患排查治理示意图

（1）一般隐患清单

一般隐患清单模块以列表形式展现各矿查出的一般风险信息（图 7-26）,通过输入矿井编码或矿井名称可筛选出符合条件的信息,还可以根据排查年度、隐患等级和隐患状态进行筛选查看。选中一条记录后点击"查看详情"按钮可查看隐患详情，还可对一般隐患进行挂牌督办或者取消挂牌督办。

图 7-26　隐患列表截图

（2）重大隐患清单

重大隐患清单模块以列表形式展现各矿查出的重大风险信息，通过输入矿井编码或矿井名称可筛选出符合条件的信息，还可以根据排查年度和隐患状态进行筛选查看。选中一条记录后点击"查看详情"按钮可查看隐患详情（图 7-27），还可对重大隐患进行挂牌督办或者取消挂牌督办（图 7-28）。

图 7-27　隐患详情页面

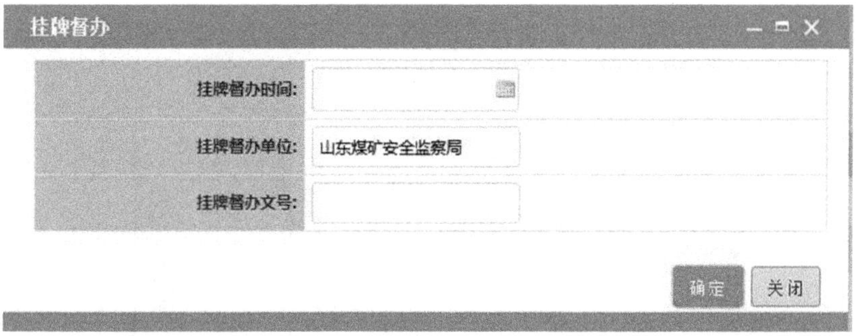

图 7-28　挂牌督办页面

（3）"三违"列表

"三违"模块以列表形式展示各矿排查出来的"三违"信息（图 7-29），通过输入矿井编码或矿井名称可筛选出符合条件的信息,还可以依据违章年度,违章时间,违章分类,"三违"级别及"三违"定性进行筛选。选中一条"三违"记录,点击"查看"按钮可查看"三违"详情(图 7-30)。

图 7-29 "三违"列表截图

图 7-30 "三违"详情截图

**4. 统计分析**

后管理系统中的统计分析模块如图 7-31 所示。

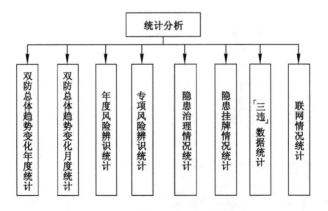

图 7-31 统计分析模块示意图

（1）双重预防总体趋势变化年度统计

该统计以折线图和列表的形式展示风险及隐患年度各月的分布情况，如图 7-32、图 7-33 所示。

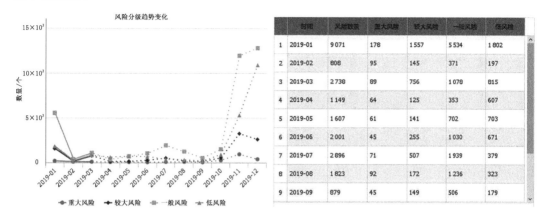

图 7-32　风险变化趋势图

图 7-33　隐患变化趋势图

（2）双重预防总体趋势变化月度统计

该统计以饼状图、柱状图和列表的形式展示所选月份风险及隐患数量统计，如图 7-34、图 7-35 所示。

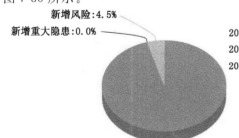

2019年02月份全省新增隐患数量为17 186条,较上月同比增加34.0%
2019年02月份全省新增重大隐患0条,较上月同比下降100.0%
2019年02月份全省新增风险808条,较上月同比下降91.0%

图 7-34　新增隐患统计示意图

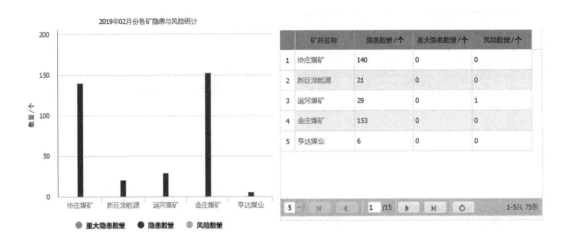

图 7-35  各矿隐患统计图

（3）年度风险辨识统计

该统计按月份、风险等级、风险类型分别统计年度辨识风险的分布情况，以折线图、饼状图及列表的形式显示，如图 7-36 所示。

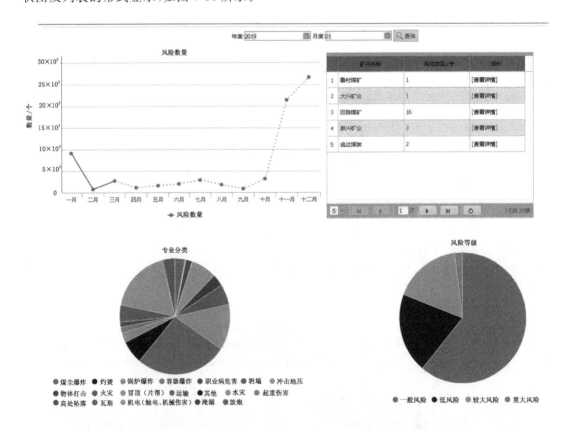

图 7-36  各种类型年度风险辨识统计图

（4）专项风险辨识统计

该统计按月份、风险等级、风险类型分别统计专项辨识风险的分布情况，以折线图、饼状图及列表的形式显示，如图7-37所示。

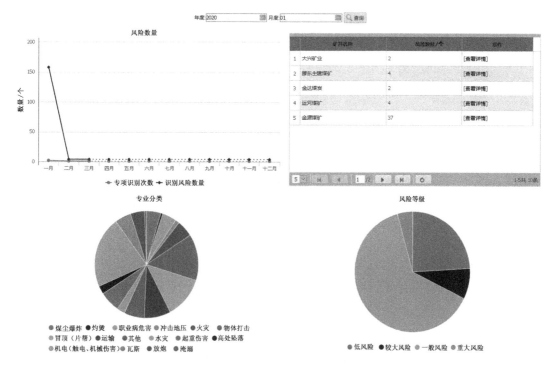

图 7-37　专项风险辨识统计图

（5）隐患治理情况统计

该统计以柱状图、饼状图及列表的形式统计分析隐患治理情况，如图7-38、图7-39所示。

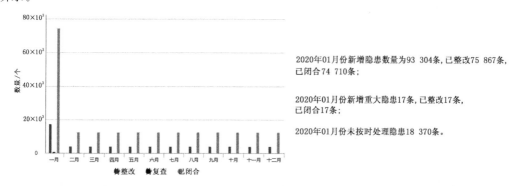

2020年01月份新增隐患数量为93 304条，已整改75 867条，已闭合74 710条；

2020年01月份新增重大隐患17条，已整改17条，已闭合17条；

2020年01月份未按时处理隐患18 370条。

图 7-38　隐患治理情况统计图

（6）隐患挂牌情况统计

该统计以柱状图、饼状图及列表的形式统计、分析已挂牌的隐患治理情况，如图7-40所示。

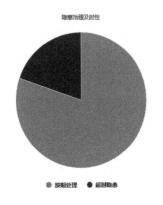

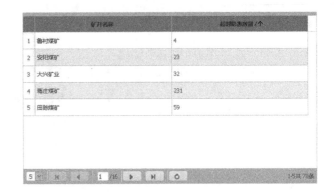

图 7-39　隐患治理及时性统计图

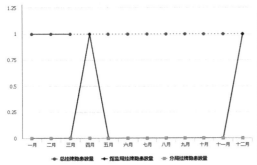

图 7-40　隐患挂牌情况统计图

（7）"三违"数据统计

该统计按"三违"性质及违章分类统计各矿的违章分布情况，如图 7-41、图 7-42 所示。

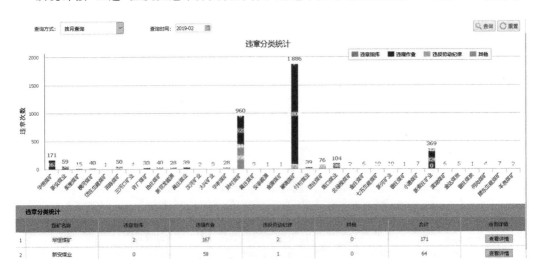

图 7-41　"三违"分类统计图

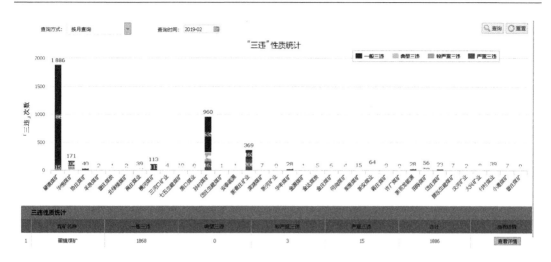

图 7-42　“三违”性质统计图

(8) 联网情况统计

该统计以列表形式展示各矿联网情况以及风险点、风险、隐患数量，如图 7-43 所示。

联网情况统计

矿井编码:　矿井名称:　更新时间: ~　查询　重置

| | 矿井编码 | 矿井名称 | 风险点数量 | 年度辨识风险数量 | 专项辨识风险数量 | 重大风险数量 | 重大隐患数量 | 一般隐患数量 | 三违数量 |
|---|---|---|---|---|---|---|---|---|---|
| 1 | 370982B001200011 | 孙村煤矿 | 911 | 15133 | 568 | 57 | 0 | 106064 | 24280 |
| 2 | 370982B001200011 | 霍镇煤矿 | 744 | 12447 | 336 | 350 | 0 | 54263 | 32720 |
| 3 | 370982B001200012 | 小港煤矿 | 222 | 66394 | 42 | 53 | 0 | 13372 | 115 |
| 4 | 370921B001200011 | 华丰煤矿 | 866 | 22258 | 111 | 183 | 0 | 51680 | 1180 |

图 7-43　矿井联网情况统计图

5. 系统管理

后台管理系统中的系统管理模块如图 7-44 所示。

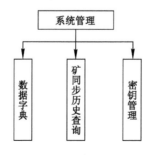

图 7-44　系统管理模块示意图

(1) 数据字典

数据字典是描述数据的信息集合，是对系统中所有数据元素的定义集合，通过数据字典管理模块可对数据字典进行增、删、改、查等操作。

（2）矿同步历史查询

该模块可查看各矿上报情况，包括矿井编码、矿井名称、调用接口名称、调用结果、处理记录数、调用时间及注释，还可根据矿井名称和调用时间进行筛选。

（3）密钥管理

密钥管理模块主要功能是为各矿生成密钥信息，在各矿调用接口时通过密钥及矿井编码判断调用请求是否合法，还可根据矿井编码和矿井名称进行筛选查看。

# 第四节　山东省煤矿双重预防机制监察平台界面设计

山东省煤矿双重预防机制监察平台主要包括安全风险分级管控、隐患排查治理、统计分析以及系统管理4个功能模块，以下介绍并展示各个功能模块界面设计。

## 一、平台首页

平台首页在界面设计上利用柱状图、饼状图、曲线图等图形从各个维度展示风险和隐患的分布情况，包括各矿风险数量排行、隐患排行，风险按地级市分布情况，风险按类型分布情况，隐患变化趋势及各集团所属矿井的联网情况，方便监管部门从宏观上掌握山东省煤矿安全风险和事故隐患的分布、分类情况及数量。平台首页展示效果如图7-45所示。

图7-45　平台首页展示效果图

## 二、安全风险分级管控

山东省煤矿双重预防机制监察平台将联网煤矿进行编号管理，通过"风险点管理"可查询煤矿内部具体风险点名称、数量、分管领导、关联的风险数量和具体风险内容，具有"查询""重置""查看管理风险"等按钮。

在界面设计上，把"矿井编码""矿井名称"等查询按钮置于界面上方，界面主体部分展示具体矿井风险点、分管领导、风险数量和更新时间。在微观具体操作上，方便监管部门查询煤矿风险点的具体内容，了解重大风险存在地点、形式及煤矿分管领导。风险点管理页面如图 7-46 所示。

图 7-46　风险点管理页面

## 三、隐患排查治理

重大隐患综合查询页面将"矿井编码""矿井名称""排查年度""隐患状态"等功能置于页面上方,下方为"查看详情""挂牌督办""取消挂牌""查询""重置"等功能,主要部位显示矿井可供查看、挂牌的隐患内容。在界面设计上可直观看到需挂牌督办的重大隐患以及隐患治理状态,如图 7-47 所示。

图 7-47　重大隐患综合查询截图

## 四、统计分析

统计分析页面,以折线图和列表的形式展示山东省按照所选年度按月统计的风险及隐患分布情况,监管部门可直观看到风险、隐患变化趋势,为各项决策提供依据。风险年度变化趋势如图 7-48 所示;隐患年度变化趋势如图 7-49 所示。

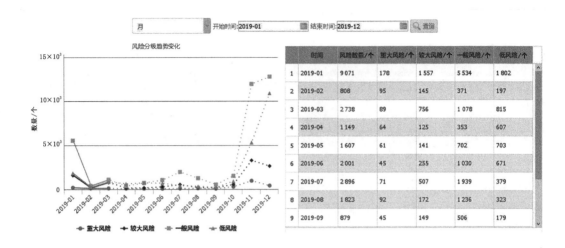

图 7-48　风险年度变化趋势图

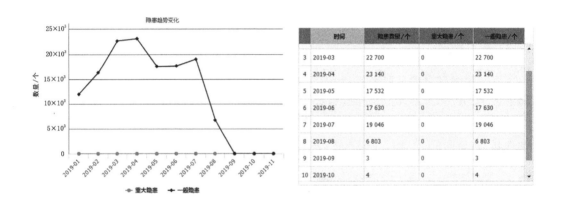

图 7-49　隐患年度变化趋势图

## 五、系统管理

系统管理页面的左侧设计功能菜单下可以展示不同系统管理功能页面（图 7-50），可供用户同时打开多个页面进行操作、设置。在具体设置页面，上面为查询条件，中间为操作按钮，下方为用户需要设置的具体内容。

图 7-50　系统管理页面

# 第五节　煤矿数据联网与上传

## 一、网络架构

由于山东省煤矿双重预防机制监察平台部署在山东煤矿安全监察局内网环境下,各矿无法通过外网直接访问,因此省局开通 VPN(即虚拟专用网络),各矿可通过 VPN 连接省局内网进行数据上报。

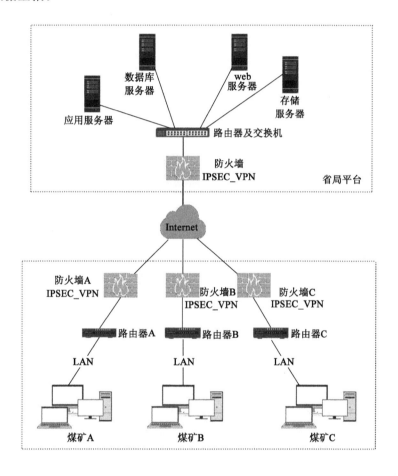

图 7-51　煤矿数据联网拓扑图

## 二、接口协议

数据上报接口采用了 HTTP 协议(超文本传输协议)。HTTP 协议是建立在 TCP 协议(传输控制协议)基础之上的。当浏览器需要从服务器获取网页数据的时候,会发出一次HTTP 请求,HTTP 会通过 TCP 建立起一个到服务器的连接通道。当本次请求需要的数据完毕后,HTTP 会立即将 TCP 连接断开,这个过程是很短的。所以,HTTP 连接是一种短连接,也是一种无状态的连接。

HTTP 协议的主要特点可概括如下。

(1)可操作性强。各单位可以用客户服务器模式向平台传送数据。

(2)简单快速。客户向服务器请求服务时,只需传送请求方法和路径。请求方法常用的有 GET、HEAD、POST,每种方法规定了客户与服务器联系的不同类型。由于 HTTP 协议简单,使得 HTTP 服务器的程序规模小,因而通信速度很快。

(3)灵活。HTTP 允许传输任意类型的数据对象,正在传输的类型用 Content-Type 加以标记。

(4)无连接。无连接的含义是限制每次连接只处理一个请求以。服务器处理完客户的请求以及客户的应答后,即断开连接。采用这种方式可以节省传输时间。

(5)无状态。HTTP 协议是无状态协议。无状态是指协议对于事务处理没有记忆能力。缺少状态意味着如果后续处理需要前面的信息,则它必须重传,这样可能导致每次连接传送的数据量增大。但是,如果服务器不需要先前信息时,它的应答就较快。

### 三、安全验证

为保证数据传输的安全性,该平台采用 AES/CBC/PKCS5Padding 加密算法进行加密,同时基于 Token 机制进行身份验证。因此各矿在上报数据前需要先从山东煤矿安全监察局获取上传密钥。

# 第八章　山东省煤矿双重预防机制建设成果与展望

## 第一节　山东省煤矿双重预防机制建设成果

### 一、建设成果概况

山东省煤矿双重预防机制是在前期煤矿安全风险预控管理成果的基础上，继续对其进行的深化探索、创新发展。实施过程中，在全省范围内选择试点企业，结合国家《煤矿安全生产标准化考核定级办法（试行）》《煤矿安全生产标准化基本要求及评分方法（试行）》《国务院安委会办公室关于实施遏制重特大事故工作指南构建双重预防机制的意见》等文件要求，逐步进行工作创新，总结工作经验，扩大应用范围，探索出的一套行之有效的工作流程和方法，研究开发了相应的信息系统产品，形成了独具山东地方特色的双重预防机制建设方法。

在双重预防机制的建设过程当中，山东煤矿安全监察局、试点企业与中国矿业大学进行了高效的校企合作，开发出一套全新的产品，即《煤矿双重预防机制管理信息系统》。根据应用对象的不同，《煤矿双重预防机制管理信息系统》分为企业端和政府端两个基本的版本，其中企业端信息系统又细分为矿版和集团版两个版本企业信息系统。在生产实践中，结合不同煤矿企业的客观实际不同，由中国矿业大学研究团队对产品进行不断的升级，使其功能日臻完善，最终逐步应用到全省范围内的煤矿，扩大了应用的范围。政府端即山东省局事故风险分析平台，将众多的煤矿企业双重预防信息数据统一传输至省局平台进行分析预警，实现联网监管。

在双重预防机制建设的各项工作落实后，山东煤矿安全监察局、中国矿业大学、兖矿集团共同研究制定《煤矿安全风险分级管控和隐患排查治理双重预防机制实施指南》（DB 37/T 3417—2018），将山东省煤炭企业双重预防机制建设工作以地方标准的形式加以统一和固化，要求企业必须严格按照标准的内容建设本企业的双重预防机制。

双重预防机制在企业的建设落地，固然需要一个过程，但关键还是要持之以恒，将这项工作长期地坚持做下去，将时间的维度拉长，方能见到成效。为此，山东省安全生产监督管理局下发《山东省安全生产风险分级管控和隐患排查治理双重预防机制执法检查指南（试行）》，将企业双重预防机制建设工作纳入政府执法检查的内容，加大政府执法检查力度，确保双重预防机制的长效运行。

从上述山东省煤矿双重预防机制建设的整体情况来看，这种工作的机制、流程正是其所以能够成功并成为典范的重要影响因素所在。正是从政府层面进行统一的顶层设计,在企业层面落实,并制定工作标准,建立考评机制,最后作为政府落实其职责而将该项工作作为执法检查的内容之一,方能对企业形成高压态势,促使企业主动去开展双重预防机制的建设工作,这其中形成的经验和成果正是其他行业或政府监管部门在双重预防机制建设时可以借鉴的。

## 二、建设特点

纵观山东省煤矿双重预防机制建设的全过程,它呈现出以下几个明显的特点。

### (一)双重预防机制建设起步早

2005 年,国家煤矿安全监察局、神华集团有限公司组织国内外 6 家科研单位,立项研究如何对煤矿安全风险进行超前预控。2007 年,在理论研究工作取得一定成果后,神华神东煤炭集团有限公司的上湾煤矿和徐州矿务集团有限公司的权台煤矿进行了试点。2007 年 8 月,国家煤矿安全监察局在神华神东煤炭集团有限责任公司召开扩大试点会议,要求在全国 45 个煤矿扩大试点。随后神华集团有限公司在所属的 54 个煤矿全面推广应用。2012 年,国务院在神华宁夏煤业集团有限责任公司召开现场会,在全煤炭行业推广神华集团有限责任公司"五个一"先进安全管理工作经验,神华集团有限责任公司"五个一"先进安全生产工作管理经验中其中一个就是建立了一套安全风险预控体系。

按照《国家安全监管总局、国家煤矿安监局关于学习贯彻〈煤矿安全风险预控管理体系规范〉的通知》部署要求,2015 年 6 月,山东煤矿安监局制定出台了《关于推进煤矿安全风险预控管理体系建设试点工作的通知》(鲁煤监政法函〔2015〕22 号),对开展煤矿安全风险预控管理体系建设试点工作做出细致安排。选取兖矿集团南屯煤矿、兴隆庄煤矿,山东能源淄矿集团许厂煤矿作为试点,开展煤矿安全风险预控管理体系建设探索,2016 年试点煤矿全面建成风险预控体系。

安全风险预控体系,可以视同为双重预防机制里面安全风险分级管控的前身,或者可以讲,安全风险分级管控是由风险预控演化而来,二者之间是逐步完善和进步的过程。风险预控体系的试点和推进,为双重预防机制建设奠定了坚实的基础,积累了宝贵的经验。

### (二)政府重视,高效推动

2016 年 4 月 28 日,国务院安委会办公室下发《关于印发标本兼治遏制重特大事故工作指南的通知》(安委办〔2016〕3 号),同年 10 月 9 日,国务院安委会办公室下发《关于实施遏制重特大事故工作指南构建双重预防机制的意见》(安委办〔2016〕11 号)。山东省人民政府于 11 月 4 日以《转发国务院安委会办公室〈关于实施遏制重特大事故工作指南构建双重预防机制的意见〉的通知》(鲁安办发〔2016〕44 号)进行了转发。而早在同年 3 月 18 日,即在国家安委会下发《安委办〔2016〕11 号》文件之前,山东省政府已下发《山东省人民政府办公厅关于建立完善风险管控和隐患排查治理双重预防机制的通知》(鲁政办字〔2016〕36 号),通知指出,"为认真落实党中央、国务院关于建立风险管控和隐患排查治理双重预防机制的重大决策部署,强化安全发展理念,创新安全管理模式,加强安全生产工作,有效遏制重特大事故发生,保障广大人民群众生命财产安全,省政府决定结合全省正在开展的安全生产隐患大排查快整治严执法集中行动,进一步建立完善风险管控和隐患排查治理双重预防机制"。对全省建设双重预防机制的目标、分工、方法、步骤进行了明确,并提出了具体要求。可见,山东省从全局的高度在双重预防机制建设工作上是超前的、足够重视的,是先进于其他省份的。

山东省煤矿开采历史悠久,开采条件日趋复杂,安全监管压力大。为此,山东煤矿安全监察局将双重预防机制建设作为煤矿安全生产监管的治本之策,大胆探索,强力推进。为实现双重预防机制建设全面覆盖,有效遏制煤矿事故,山东煤矿安全监察局将实现各煤矿双重预防信息与山东煤矿安全监察局事故风险分析平台全部联网作为工作的方向,组织制定了双重预防机制建设的地方标准,加大双重预防积极建设监察执法力度。

作为行业管理部门,山东煤矿安全监察局为积极响应国家及山东省政府的号召,落实文件精神,实现监管监察有效推动,确保双重预防机制在煤矿企业有效落实。2017 年,山东煤矿安全监察局专门成立了双重预防机制建设领导小组,并按照"一矿一档"的要求,督促煤矿建立了双重预防机制建设档案。2018 年 5 月 29 日,制定下发了《关于推动煤矿安全风险分级管控和隐患排查治理双重预防机制建设的意见》(鲁煤监政法〔2018〕37 号),确定在全省煤矿开展双重预防机制建设的工作目标、思路、任务,在上述两个文件下发之前,煤炭行业实际试点工作早已在兖矿集团下属多个煤矿铺开,并已取得显著成效。

为加快双重预防机制建设,近年来,山东煤矿安全监察局工作人员会同有关专家先后30 次到煤矿企业进行督导,协调解决问题。

从上述情况研判,双重预防机制的建设,离不开政府监管部门的强力推动,如果不能营造该项工作的紧张环境氛围,上下一致形成合力,那么要取得成果也是较为困难的。

(三)典型带动,大力推进

2016 年起,山东煤矿安全监察局即开启煤矿建设双重预防机制工作,先在兖矿集团下属煤矿进行试点,并积极向其他煤矿推广,鼓励其他煤矿到试点矿井取经学习,以点带面,共同提高。这种工作思路应该得到借鉴和推广。双重预防工作机制建设伊始,可谓是一片空白,国内或行业内没有任何现成的建设经验可供参考,在方法和成效均未知的情况下,如果大面积、全行业进行建设,势必投入极大的人力、物力和财力,而一旦失败,这种损失将不可挽回,只有在部分企业试点,摸索经验,成功后再进行快速推广,才是一条面对新事物时惯用的方法。

(四)校企合作,开发先进的管理信息系统

双重预防机制归根结底来讲是一套工作的理论和方法,要落到实处离不开具体执行的企业,也只有企业将这项工作落实到日常的生产实践中去,才能算得上这项工作落了地,否则将会一直悬在空中,成为镜花水月。如果采用传统的管理办法,依靠人工去处理海量信息,一定无法保证双重预防机制的实施,企业会陷入这项繁杂的工作中无法自拔,从而造成无法坚持,双重预防机制的建设也就不能够开花结果。因此,通过技术手段,采用先进的计算机信息系统来管理这项工作就势在必行。

从社会分工的角度来讲,煤炭生产企业和行业科研院所扮演的是不同的角色,煤炭生产企业的工作重心在生产实践,而科研院所则重于理论方法的研究和探索,如果这二者之间不产生任何的交集,那么直接的后果就是不能产生新的理论和方法,或者新的理论和方法不能落地指导生产实践而失去意义。因此,进行校企合作,由科研院所方面提供技术和人才支持,企业方面提供试验田,两者通力合作,孕育出科技之花。

山东省煤矿双重预防机制在建设试点过程中,山东煤矿安全监察局组织兴隆庄煤矿与中国矿业大学安全科学与应急管理研究中心合作,成立课题攻关领导小组,共同攻克这道难关。课题组先后创新了风险辨识方法,建立了煤矿通用风险数据库,绘制了"红、黄、蓝、绿"四色安全风险空间分布图,建立了煤矿安全风险分析预警模型,在煤炭行业率先开发了具有可复制性和推广性的双重预防机制信息系统。经过先期实践探索,该系统首次实现以煤矿安全规程和煤矿安全生产标准化为依据的风险辨识,形成了具有规范性、权威性、通用性的煤矿风险数据库等建设成果,后来,又摒弃危险源概念,通过危害因素辨识法进行安全风险的识别,将安全风险的辨识工作推上了一个新的高度。

(五)制定行业标准、统一认知

2018 年 9 月 14 日,全国煤炭系统第一个双重预防机制建设地方标准——山东《实施指南》正式发布,结束了煤矿双重预防机制建设工作无标可依的局面。

《实施指南》的核心内容主要包括安全风险辨识评估、隐患排查治理、风险过程管控和信息平台建设 4 个部分,"实现了 3 个闭环",即通过风险辨识评估,制定管控措施,落实管控责任,形成风险分级管控闭环;通过对照管控措施排查隐患,落实隐患排查治理责任,形成隐患排查治理的闭环;通过发现的隐患对风险管控措施修正完善,形成双重预防机制持续改进的闭环。做到了"3 个有机融合",即安全风险分级管控和隐患排查治理的有机融合,煤矿双重预防工作同现有安全管理工作的有机融合,双重预防工作同信息化的有机融合。

双重预防机制是安全生产理论研究与实践的进一步深化和重要创新,是习近平总书记关于安全生产重要论述在煤矿落地生根的重要体现。《实施指南》作为全国煤炭系统双重预防工作的第一个地方标准,不但为山东煤矿开展双重预防工作提供了遵循依据,必将对引领和推动全国煤炭行业的双重预防工作深入推进起到重要借鉴作用。

(六)加大执法检查力度,确保机制长效运行

为有效解决全省安全风险分级管控和隐患排查治理双重预防机制建设以及运行中存在的突出问题,确保双重预防机制执法检查的针对性、规范性和实效性,强力推进双重预防机制建设和运行,山东省安全生产监督管理局制定《山东省安全生产风险分级管控和隐患排查治理双重预防机制执法检查指南(试行)》,从而确保双重预防机制的建设工作作为一项长期的工作来抓,并要不断进步完善,动态发展。

# 第二节　未　来　规　划

## 一、基于双重预防机制,构建煤矿智慧安全"一张图"

目前情况下,煤矿企业虽然建设了人员定位系统、监测监控系统等数十个信息化系统,但是在迈向智慧矿山的道路上,至少存在如下几方面突出的问题需要解决。

（1）数据获取不全面。煤矿企业实际的数据采集时难以达到足够的多样性,如大多数企业仅考虑企业内部数据,忽略企业外部数据;重视环境和设备感知数据,忽视人的行为数据等。

（2）数据缺乏分析和挖掘。"数据是爆炸了,信息却很贫乏"的现象严重。数据和信息之间是不能画等号的,数据反映的是客观事物属性的记录,是信息的具体表现形式;数据经过加工处理之后,才能成为信息。煤炭行业存在的问题就是对数据的加工处理不足,导致信息的缺乏。

（3）不同信息系统之间缺乏关联,存在"信息孤岛"。比如煤矿企业的人员定位系统、安全监测监控系统、工业视频系统等等,全都是各自为政,互不关联。联系是沟通和进步的桥梁,只有在不同的系统之间建立联系,消除"信息孤岛",才能更进一步获取有价值的信息。

这就为双重预防机制的未来发展规划指明了方向,即实现不同信息系统之间的互联互通互操作,建设煤矿智慧安全"一张图"。

煤矿双重预防建设既是煤矿安全生产标准化的两个主体专业,但同时又与其他各个专业紧密相连,双重预防机制具有包容性和无限可扩展性,各个专业的安全数据都可以作为双重预防机制的基础数据上传至双重预防机制平台,通过大数据分析,人为筛选与计算机智能分析并存的方式,进行数据挖掘,科学合理、准确高效地进行安全分析、安全预警、安全决策等,最终实现安全生产。

双重预防机制管理信息系统在建设之初就预留与各个系统的对接串口,保证自己的兼容性和可扩展性,做到其他各类监测监控系统数据互通的流畅性和无阻碍性。通过数据仓库、云平台等技术,实现企业安全信息数据的采集、存储、分析、统计等规范化交互管理,建设基于双重预防机制的煤矿智慧安全"一张图"系统平台,实现安全管理类系统在双重预防平台上互联互通互操作、资源共享,达到发展双重预防机制应用范围和效果的作用,其示意如图 8-1 所示。

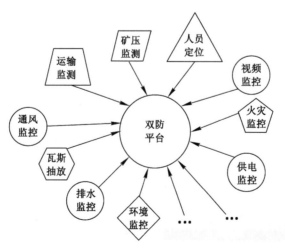

图 8-1　煤矿智慧安全"一张图"系统平台示意图

## 二、不断发展成熟,促进煤矿企业对新技术、新工艺、新设备的应用

通过扩展双重预防机制的内涵和外延,将安全生产责任制、培训、班组管理、应急等逐步纳入双重预防的范畴,强化企业安全生产标准化创建和年度自评,根据人员、设备、环境和管理因素的变化情况,持续进行风险辨识、评估、管控与更新完善,持续开展隐患排查治理,实现双重预防机制的持续改进。煤矿企业要在保持双重预防机制架构和格局不变的情况下,充分结合自身的特点,将自身的一些个性化特色注入双重预防机制的建设当中去,形成安全管理的大闭环,实现煤矿安全生产。

利用双重预防机制建设,促进企业使用新技术、新工艺、新设备等,推动企业逐步实现"机械化换人、自动化减人",有效降低安全风险。现阶段的双重预防机制,其信息的输入主要依靠人员手动录入,下一个阶段,其信息的获取要通过矿井的传感感知系统、自动化控制系统获取大量的数据,这些数据的获取离不开新技术、新工艺和新设备本身的更新换代。因此有必要建立激励公司引进和使用新技术、新工艺和新设备的制度措施。

## 三、助力煤炭行业安全监管

目前煤炭行业的安全监管正从传统监管方式向信息化、数字化、智能化等现代方式转变,而双重预防机制管理平台完全符合现代化监管的要求。双重预防信息技术的发展,会给煤矿生产结构、生产方式和安全方式带来深刻变化。基于双重预防机制的监管平台能够主动顺应发展趋势,主动对接互联网、大数据等新技术,加强安全监管监察信息化建设,强化互联互通和信息共享,深化安全生产规律性研究、关联性分析,加强重大风险和隐患监测监控、预测预警,运用现代管理方式提升安全监管效能,从治标为主向标本兼治、重在治本转变。对突发性、复杂性安全问题,通过双重预防监管平台,提高煤矿安全风险、安全隐患监管的可控性,有效遏制行业重特大事故发生势头。

煤矿双重预防机制的建设,是一个动态发展变化的过程,势必受到国家安全生产方针政策、政府职能调整转换、新技术、新理论成果的影响,要不断地完善内在机制体系,自我革新,将双重预防机制的建设工作坚持、完善下去,形成以双重预防为基础的监管模式,从而跟上时代的脚步,为做好煤矿安全生产工作发挥效力,新的监管模式真正做到激励措施和处罚措施相结合,做到两手抓、两手硬。双重预防监管模式基于煤矿安全大数据分析制定的激励措施有效提高企业建设改进双重预防机制的积极性,让其主动地去推动双重预防和各类安全建设;处罚措施则让煤矿痛定思痛,痛改前非,被动地接受双重预防和各类安全设施投入建设。

通过双重预防机制的监管平台,推进安全监管的进步,强化安全风险防控,加快构建全方位立体化安全生产监管架构,安全管理工作从事后调查处理向事前预防、源头治理转变。把事故消灭在发生之前,最大限度地保护人的生命和健康,是安全发展理念的必然要求。把安全生产工作的着力点,更多地放到事前预防和源头治理,把安全生产贯穿到煤矿生产经营的全过程,促进煤矿全面排查管控安全风险,深化事故隐患排查治理,严防风险演变、隐患升级导致生产安全事故发生,不断增强安全监管,掌握安全生产工作主动权。

# 附录一 国务院安委会办公室关于印发标本兼治遏制重特大事故工作指南的通知

安委办〔2016〕3 号

各省、自治区、直辖市及新疆生产建设兵团安全生产委员会,国务院安委会各成员单位,各中央企业:

为认真贯彻落实党中央、国务院决策部署,坚决遏制重特大事故频发势头,国务院安委会办公室在研究总结重特大事故发生规律特点、深入调查研究、广泛征求意见的基础上,制定了《标本兼治遏制重特大事故工作指南》(以下简称《指南》),现印发给你们,并就有关事项通知如下:

一、提高认识,加强组织领导。要进一步提高对防范遏制重特大事故重要性、紧迫性和事故规律性的认识,把遏制重特大事故工作作为安全生产"牛鼻子"工程,摆在重中之重的突出位置,采取有力措施抓实抓好,带动安全生产各项工作全面推进。要切实加强组织领导,结合实际制定本地区、本系统、本单位具体工作方案,明确目标任务,落实工作措施,细化责任分工,抓紧组织推进,力争取得实效。

二、突出重点,做到精准施策。要结合事故规律特点,抓住关键时段、关键地区、关键单位、关键环节,从构建双重预防性工作机制、强化技术保障、加大监管执法力度、推进保护生命重点工程建设、加强源头治理、提高应急处置能力等方面入手,从制度、技术、工程、管理等多个角度,制定采取有针对性的措施,对症下药、精准施策,力争尽快在减少重特大事故数量、频次和减轻危害后果上见到实效。

三、抓好试点,强化典型引路。要充分发挥基层首创精神,分级选取一批有代表性、领导重视、基础较好的地区和单位开展试点,逐步推进。经推荐研究,国家安全监管总局确定了河北省张家口市、山西省阳泉市、辽宁省大连市、浙江省宁波市、江西省赣州市、福建省福州市、山东省泰安市和枣庄市、湖北省鄂州市、广东省深圳市、甘肃省兰州市等 11 个试点城市,进行直接跟踪指导。各试点城市要根据《指南》并结合本地区实际,抓紧研究制定试点工作方案,积极探索创新、先行先试,尽快形成一批可复制、可借鉴的经验做法。

四、广泛发动,促进齐抓共管。要切实加强安全生产宣传教育,在各级广播、电视、报刊和政府网站全面开设安全生产专题栏目,充分利用政务微信、微博、新闻客户端和手机报,加强宣传、广泛发声。组织实施安全文化示范工程,积极推进"互联网＋安全培训"建设。充分发动社会各方面力量积极支持、参与安全生产工作,重点宣传基层安全生产好的经验做法,定期曝光一批重大隐患,惩治一批典型违法行为,通报一批"黑名单"生产经营单位,取缔一批非法违法企业,关闭一批不符合安全生产条件企业,形成齐抓共管、社会共治的工作格局。

五、加强督导，推动工作落实。要加大遏制重特大事故工作成效在安全生产工作考核中的比重，建立跟踪督办制度，定期通报工作完成情况。适时组织开展专项督查，加快各项工作推进步伐。地方各级人民政府安委会要切实加强组织协调，及时解决实施过程中存在的问题，督促指导工作措施落实，确保遏制重特大事故工作取得实效。

国务院安委会办公室

2016 年 4 月 28 日

## 标本兼治遏制重特大事故工作指南

为认真贯彻落实党中央、国务院决策部署，着力解决当前安全生产领域存在的薄弱环节和突出问题，强化安全风险管控和隐患排查治理，坚决遏制重特大事故频发势头，制定本工作指南。

一、指导思想和主要工作目标

（一）指导思想。坚持标本兼治、综合治理，把安全风险管控挺在隐患前面，把隐患排查治理挺在事故前面，扎实构建事故应急救援最后一道防线。坚持关口前移，超前辨识预判岗位、企业、区域安全风险，通过实施制度、技术、工程、管理等措施，有效防控各类安全风险；加强过程管控，通过构建隐患排查治理体系和闭环管理制度，强化监管执法，及时发现和消除各类事故隐患，防患于未然；强化事后处置，及时、科学、有效应对各类重特大事故，最大限度减少事故伤亡人数、降低损害程度。

（二）主要工作目标。到 2018 年，构建形成点、线、面有机结合、无缝对接的安全风险分级管控和隐患排查治理双重预防性工作体系，全社会共同防控安全风险和共同排查治理事故隐患的责任、措施和机制更加精准、有效；构建形成完善的安全技术研发推广体系，安全科技保障能力水平得到显著提升；构建形成严格规范的惩治违法违规行为制度机制体系，使违法违规行为引发的重特大事故得到有效遏制；构建形成完善的安全准入制度体系，淘汰一批安全保障水平低的小矿小厂和工艺、技术、装备，安全生产源头治理能力得到全面加强；实施一批保护生命重点工程，根治一批可能诱发重特大事故的重大隐患；健全应急救援体系和应急响应机制，事故应急处置能力得到明显提升。

二、着力构建安全风险分级管控和隐患排查治理双重预防性工作机制

（一）健全安全风险评估分级和事故隐患排查分级标准体系。根据存在的主要风险隐患可能导致的后果并结合本地区、本行业领域实际，研究制定区域性、行业性安全风险和事故隐患辨识、评估、分级标准，为开展安全风险分级管控和事故隐患排查治理提供依据。

（二）全面排查评定安全风险和事故隐患等级。在深入总结分析重特大事故发生规律、特点和趋势的基础上，每年排查评估本地区的重点行业领域、重点部位、重点环节，依据相应标准，分别确定安全风险"红、橙、黄、蓝"（红色为安全风险最高级）4 个等级，分别确定事

故隐患为重大隐患和一般隐患,并建立安全风险和事故隐患数据库,绘制省、市、县以及企业安全风险等级和重大事故隐患分布电子图,切实解决"想不到、管不到"问题。

(三)建立实行安全风险分级管控机制。按照"分区域、分级别、网格化"原则,实施安全风险差异化动态管理,明确落实每一处重大安全风险和重大危险源的安全管理与监管责任,强化风险管控技术、制度、管理措施,把可能导致的后果限制在可防、可控范围之内。健全安全风险公告警示和重大安全风险预警机制,定期对红色、橙色安全风险进行分析、评估、预警。落实企业安全风险分级管控岗位责任,建立企业安全风险公告、岗位安全风险确认和安全操作"明白卡"制度。

(四)实施事故隐患排查治理闭环管理。推进企业安全生产标准化和隐患排查治理体系建设,建立自查、自改、自报事故隐患的排查治理信息系统,建设政府部门信息化、数字化、智能化事故隐患排查治理网络管理平台并与企业互联互通,实现隐患排查、登记、评估、报告、监控、治理、销账的全过程记录和闭环管理。

三、强化安全生产技术保障

(一)强化信息化、自动化技术应用。针对可能引发重特大事故的重点区域、单位、部位、环节,加强远程监测预警、自动化控制和紧急避险、自救互救等设施设备的使用,强化技术防范。完善危险化学品生产装置、储存设施自动化控制和紧急停车(切断)系统,可燃有毒气体泄漏报警系统,鼓励推广"两客一危"车辆(长途客车、旅游包车、危险货物运输车)安装防碰撞系统。

(二)推进企业技术装备升级改造。及时发布淘汰落后和推广先进适用安全技术装备目录,通过法律、行政、市场等多种手段,推动、引导高风险企业开展安全技术改造和工艺设备更新,淘汰一批不符合安全标准、安全性能低下、职业危害严重、危及安全生产的工艺、技术和装备。推动一批高危行业企业实现"机械化换人、自动化减人"。

(三)加大安全科技支撑力度。充分利用高等院校、科研机构、社会团体等科研资源,加大对遏制重特大事故关键安防技术装备的研发力度。依托省部共建院校,建设一批安全工程学院、院士工作站。加大安全科技成果推广力度,搭建"产学研用"一体化平台,完善国家、地方和企业等多层次科研成果转化推广机制。

四、严厉打击惩治各类违法违规行为

(一)加强安全监管执法规范化建设。负有安全生产监督管理职责的部门要依法履职,结合实际分行业领域制定安全监管执法工作细则,进一步规范执法内容、执法程序、执法尺度和执法主体。坚持公开为常态、不公开为例外的原则,强化执法信息公开,加大执法监督力度。

(二)依法依规严格落实执法措施。健全"双随机"检查、暗查暗访、联合执法和重点执法制度,对情节恶劣、屡禁不止、可能导致重特大事故的严重违法违规行为,依法依规严格落实查封、扣押、停电、停止民用爆炸物品供应、吊销证照,以及停产整顿、上限处罚、关闭取缔、从严追责"四个一律"执法措施。

(三)运用司法手段强化从严治理。加强安全执法和刑事司法的衔接,建立公安、检察、审判机关介入安全执法工作机制。对抗拒执法、逾期不执行执法决定的,由公安机关依法强制执行或向人民法院申请强制执行,对涉嫌犯罪的违法案件,及时移送司法机关,坚决杜绝有案不移、有案不立、以罚代刑。探索设立安全生产审判庭、检察室,建立查办和审判安全生产案件沟通协调制度。

(四)强化群防群控。推行执法曝光工作机制,强化警示教育。加大举报奖励力度,进一步畅通渠道,鼓励发动群众举报、媒体曝光违法违规生产经营建设行为,加强社会监督。完善生产经营单位安全生产不良记录"黑名单"制度,完善联合惩戒机制。

五、全面加强安全生产源头治理

(一)严格规划准入。探索建立安全专项规划制度,把安全规划纳入地方经济社会和城镇发展总体规划,并加强规划之间的统筹与衔接。加强城乡规划安全风险的前期分析,完善城乡规划、设计和建设的安全准入标准,研究建立招商引资安全风险评估制度,严格高风险项目建设安全审核把关,科学论证高危企业的选址和布局,严禁违反国家标准、行业标准规范在高风险项目周边设置人口密集区。

(二)严格规模准入。根据产业政策、法律法规、国家标准、行业标准和本地区、本行业领域实际,明确高危行业企业最低生产经营规模标准,严禁新建不符合最低规模要求的小企业。建立大型经营性活动备案审批制度和人员密集场所安全预警制度,严格控制人流密度。推动实施劳动密集型作业场所空间物理隔离技术工程,严格限制劳动密集型作业场所单位空间作业人数。

(三)严格工艺设备和人员素质准入。实施更加严格的生产工艺、技术、设备安全标准,严禁使用国家明令禁止或淘汰的设备和工艺,对不符合相关国家标准、行业标准要求的,一律不准投入使用。明确高危行业企业负责人、安全管理人员和特种作业人员的文化程度、专业素质及年龄、身体状况等条件要求,完善高危行业从业人员安全素质准入制度。

(四)强力推动淘汰退出落后产能。紧密结合供给侧结构性改革和国家化解钢铁、煤炭等过剩产能工作要求,顺势而为,研究细化安全生产方面的配套措施,严格安全生产标准条件,依法关停退出达不到安全标准要求的产能和违法违规企业,及时注销到期不申请延期的安全生产许可证,提请有关人民政府关闭经停产整顿仍达不到安全生产条件的企业。加大政策支持力度,通过资金奖补、兼并重组等途径,引导安全保障能力低、长期亏损、扭转无望的企业主动退出。

六、着力加强保护生命重点工程建设

(一)加快建设实施一批重点工程。以高安全风险行业领域、关键生产环节为重点,紧盯重大事故隐患、重要设施和重大危险源,精准确定、高效建设实施一批保护生命重点工程。国家层面重点建设煤矿重大灾害隐患排查治理示范工程、金属非金属地下矿山采空区治理工程、尾矿库"头顶库"综合治理工程、公路安全生命防护工程、重大危险源在线监测及事故预警工程、危险化学品罐区本质安全提升工程、烟花爆竹生产机械化示范工程、工贸行业粉尘防爆治理工程等。

(二)强化政策和资金支持。探索建立有利于工程实施的财政、税收、信贷政策,建立以企业投入为主、市场筹资为辅,政府奖励支持的投入保障机制,引导、带动企业和社会各界积极主动支持实施保护生命重点工程,努力构建保护生命的"安全网"。

七、切实提升事故应急处置能力

（一）加强员工岗位应急培训。健全企业全员应急培训制度，针对员工岗位工作实际组织开展应急知识培训，提升一线员工第一时间化解险情和自救互救的能力。

（二）健全快速应急响应机制。建立健全部门之间、地企之间应急协调联动制度，加强安全生产预报、预警。完善企业应急预案，加强应急演练，严防盲目施救导致事态扩大。强化应急响应，确保第一时间赶赴事故现场组织抢险救援。

（三）加强应急保障能力建设。进一步优化布局，加强矿山、危险化学品、油气管道等专业化应急救援队伍和实训演练基地建设，强化大型先进救援装备、应急物资和紧急运输、应急通信能力储备。建立救援队伍社会化服务补偿机制，鼓励和引导社会力量参与应急救援。

# 附录二　山东省安全生产条例

## 第一章　总　　则

　　**第一条**　为了加强安全生产工作,防止和减少生产安全事故,保障人民群众生命和财产安全,促进经济社会持续健康发展,根据《中华人民共和国安全生产法》等法律、行政法规,结合本省实际,制定本条例。

　　**第二条**　在本省行政区域内从事生产经营活动的企业、事业单位、个体经济组织等单位(以下统称生产经营单位)的安全生产以及相关监督管理,适用本条例;法律、行政法规另有规定的,适用其规定。

　　**第三条**　安全生产工作应当以人为本,坚持安全发展、源头防范,坚持"安全第一、预防为主、综合治理"的方针。

　　安全生产工作应当以属地监管为主,并遵循管行业必须管安全、管业务必须管安全、管生产经营必须管安全的原则。

　　**第四条**　县级以上人民政府应当加强对安全生产工作的领导,根据国民经济和社会发展规划制定安全生产规划并组织实施,明确部门安全生产工作职责,支持、督促有关部门依法履行安全生产监督管理职责。

　　乡镇人民政府、街道办事处、开发区管理机构应当设立或者明确安全生产监督管理机构,加强对本行政区域内安全生产工作的监督检查,并协助上级人民政府有关部门依法履行安全生产监督管理职责。

　　乡镇人民政府、街道办事处应当指导村民委员会、居民委员会落实安全生产措施,推进安全社区建设。

　　**第五条**　县级以上人民政府安全生产监督管理部门依法对本行政区域内的安全生产工作实施综合监督管理;其他有关部门在各自职责范围内,依法对有关行业、领域的安全生产工作实施监督管理。

　　安全生产监督管理部门和对有关行业、领域的安全生产工作实施监督管理的部门,统称负有安全生产监督管理职责的部门。

　　**第六条**　生产经营单位应当建立健全全员安全生产责任制和安全生产规章制度,推进安全生产标准化建设,执行保障安全生产的国家标准、行业标准和地方标准,承担安全生产主体责任。

　　**第七条**　县级以上人民政府及其有关部门应当鼓励和支持安全生产科学技术研究、专业技术和技能人才培养,推广应用先进的安全生产技术、管理经验和科技成果,增强事故预防能力,提高安全生产管理水平。

第八条　各级人民政府及有关部门应当采取多种形式,加强安全生产法律法规和安全生产知识的宣传,推动安全文化建设,增强全社会的安全生产意识。

新闻、出版、广播、电影、电视、网络等媒体应当加强对社会公众的安全生产公益宣传教育,对安全生产违法行为进行舆论监督。

第九条　县级以上人民政府及其有关部门对在改善安全生产条件、防止生产安全事故、参加抢险救护、报告重大事故隐患、举报安全生产违法行为、研究和推广安全生产科学技术与先进管理经验等方面取得显著成绩的单位和个人,按照有关规定给予表彰和奖励。

## 第二章　生产经营单位的安全生产保障

第十条　生产经营单位应当具备法律、法规和国家标准、行业标准或者地方标准规定的安全生产条件;不具备安全生产条件的,不得从事生产经营活动。

第十一条　生产经营单位的主要负责人依法履行安全生产工作职责,对安全生产工作全面负责,其他负责人对职责范围内的安全生产工作负责。

主要负责人包括对本单位生产经营负有全面领导责任的法定代表人、实际控制人以及其他主要决策人。

第十二条　生产经营单位应当制定本单位安全生产管理制度和安全操作规程,依法保障从业人员的生命安全,不得有下列行为:

(一)违章指挥、强令或者放任从业人员冒险作业;

(二)超过核定的生产能力、生产强度或者生产定员组织生产;

(三)违反操作规程、生产工艺、技术标准或者安全管理规定组织作业;

(四)拒不执行安全生产行政执法决定。

第十三条　矿山、金属冶炼、道路运输、建筑施工单位,危险物品的生产、经营、储存、装卸、运输单位和使用危险物品从事生产并且使用量达到规定数量的单位(以下简称高危生产经营单位)以及其他生产经营单位,应当按照规定设置安全生产管理机构或者配备安全生产管理人员。

第十四条　从业人员在三百人以上的高危生产经营单位和从业人员在一千人以上的其他生产经营单位,应当按照规定设置安全总监,并建立安全生产委员会。

安全总监专项分管本单位安全生产管理工作,安全生产委员会负责协调、解决本单位有关安全生产工作的重大事项。

第十五条　生产经营单位的主要负责人和安全生产管理人员,应当具备与所从事的生产经营活动相适应的安全生产知识和管理能力;高危生产经营单位的主要负责人和安全生产管理人员,应当由主管的负有安全生产监督管理职责的部门对其考核合格。考核不得收费。

第十六条　生产经营单位应当依法对从业人员、被派遣劳动者、实习学生进行安全生产教育和培训,未经安全生产教育和培训合格的不得上岗作业。

生产经营单位可以自主组织培训,也可以委托具备安全生产培训条件的机构进行培训。生产经营单位委托培训的,应当对培训工作进行监督,保证培训质量。

第十七条　生产经营单位应当确保本单位具备安全生产条件所必需的资金投入,并按照规定提取安全生产费用,专项用于安全生产。

生产经营单位应当按照国家标准、行业标准或者地方标准为从业人员无偿提供合格的劳动防护用品,并督促、检查、教育从业人员正确佩戴和使用。

第十八条　生产经营单位新建、改建、扩建工程项目的,其安全设施应当与主体工程同时设计、同时施工、同时投入生产和使用。

矿山、金属冶炼和用于生产、储存、装卸危险物品的建设项目的安全设施设计,应当按照国家有关规定报经有关部门审查;设计单位应当对其安全设施设计负责。建设项目竣工投入生产或者使用前,建设单位应当依法对安全设施进行验收,验收可以聘请专家参与,专家应当对其出具的验收结果负责;负有安全生产监督管理职责的部门应当对建设单位验收活动和验收结果进行监督核查。

第十九条　生产经营单位应当建立安全生产风险分级管控制度,定期进行安全生产风险排查,对排查出的风险点按照危险性确定风险等级,对风险点进行公告警示,并采取相应的风险管控措施,实现风险的动态管理。

第二十条　生产经营单位应当建立健全生产安全事故隐患排查治理制度。对一般事故隐患,应当立即采取措施予以消除;对重大事故隐患,应当采取有效的安全防范和监控措施,制定和落实治理方案及时予以消除,并将治理方案和治理结果向县(市、区)人民政府负有安全生产监督管理职责的部门报告。县级以上人民政府负有安全生产监督管理职责的部门应当按照管理权限,对重大事故隐患治理情况进行督办。

生产经营单位应当将事故隐患排查治理情况向从业人员通报;事故隐患排除前和排除过程中无法保证安全的,应当从危险区域内撤出人员,疏散周边可能危及的其他人员,并设置警戒标志。

第二十一条　生产经营单位应当完善安全生产管理信息系统,对风险点和事故隐患进行实时监控并建立预报预警机制,利用信息技术加强安全生产能力建设。

第二十二条　高危生产经营单位应当建立安全生产承诺公告制度,对本单位有较大危险因素的生产经营场所和设施、设备的安全运行状态以及风险点的安全可控状态进行承诺,并定期向社会公告。

第二十三条　高危生产经营单位应当建立并落实单位负责人现场带班制度,制定带班考核奖惩办法和工作计划,建立和完善带班档案并予以公告,接受从业人员监督。

带班负责人应当掌握现场安全生产情况,及时发现并妥善处置事故隐患;遇到危及人身安全的险情时,应当采取紧急措施,组织人员有序撤离,并进行妥善处置。

第二十四条　生产经营单位进行爆破、悬挂、挖掘、大型设备吊装、危险装置设备试生产、危险场所动火、有限空间、有毒有害、建筑物和构筑物拆除作业,以及临近油气管道、高压输电线路等危险作业,应当制定具体的作业方案和安全防范措施,确定专人进行现场作业的统一指挥,并指定安全生产管理人员进行现场安全检查和监督。

第二十五条　学校、幼儿园应当加强安全管理,将安全知识纳入教育教学内容,进行安全知识教育,制定事故应急救援预案并定期组织演练。

禁止生产经营单位接受中小学生和其他未成年人从事接触易燃、易爆、放射性、有毒、有害等危险物品的劳动或者其他危险性劳动。禁止生产经营单位利用学校、幼儿园场所从事易燃、易爆、放射性、有毒、有害等危险物品的生产、经营、储存活动或者作为机动车停车场。

第二十六条　生产经营单位应当依法参加工伤保险,为从业人员缴纳工伤保险费。

矿山、交通运输、危险化学品、烟花爆竹、建筑施工、民用爆炸物品、金属冶炼、渔业生产等行业和领域的生产经营单位应当根据国家规定实施安全生产责任保险制度。保险公司应当发挥参与风险评估管控和事故预防功能,提高保险服务质量。

第二十七条　承担安全评价、认证、检测、检验工作的机构及其从业人员,应当对其作出的安全评价、认证、检测、检验结果负责,并不得有下列行为:

(一)违反规定程序开展安全评价、认证、检测、检验等活动;

(二)倒卖、出租、出借或者以其他形式转让资质或者资格;

(三)转让、转包承接的服务项目;

(四)出具严重失实或者虚假的报告、证明等材料。

第二十八条　生产经营单位的从业人员有权了解其作业场所和工作岗位存在的危险因素、防范措施以及事故应急措施,对本单位安全生产工作中存在的问题可以提出批评、检举、控告;发现直接危及人身安全的紧急情况时,有权停止作业或者在采取可能的应急措施后撤离作业场所。

## 第三章　监督管理

第二十九条　县级以上人民政府应当根据本行政区域的安全生产状况,组织开展安全生产监督检查和重点行业领域专项整治,及时协调解决安全生产管理中的重大问题。

县级以上人民政府应当增加安全生产投入,按照规定执行安全生产监管监察岗位津贴,落实安全生产专项资金,并纳入年度财政预算。

第三十条　县级以上人民政府安全生产监督管理部门应当履行安全生产综合监管职责,负责指导协调、监督检查、巡查考核有关政府和部门的安全生产监督管理工作,并承担职责范围内行业领域安全生产监管执法职责。

第三十一条　县级以上人民政府负有安全生产监督管理职责的部门应当根据监督管理权限,制定安全生产年度监督检查计划,明确监督检查的方式、内容、措施和频次;对安全生产问题突出的生产经营单位进行重点检查,发现问题及时处理。

第三十二条　从事安全生产监督管理工作的人员在行政许可、监督检查、考核等工作中应当忠于职守、秉公执法,不得索取或者接受生产经营单位的财物,不得谋取其他利益;在执行监督检查任务时,应当佩戴安全防护用品,出示有效执法证件,由二人以上共同进行。

第三十三条　乡镇人民政府、街道办事处、开发区管理机构应当按照职责对本辖区生产经营单位安全生产状况进行监督检查,并可以采取以下措施:

（一）进入生产经营单位进行检查，调阅有关资料，向有关单位和人员了解情况；

（二）对检查中发现的安全生产违法行为，当场予以纠正或者要求限期改正，可以采取必要的应急措施，并及时报告负有安全生产监督管理职责的部门；

（三）对检查中发现的事故隐患，责令立即排除，生产经营单位拒不排除的，报告负有安全生产监督管理职责的部门；对发现的重大事故隐患，责令立即排除的同时，报告负有安全生产监督管理职责的部门。

负有安全生产监督管理职责的部门，接到前款规定报告后应当及时予以处理。

第三十四条　县级以上人民政府负有安全生产监督管理职责的部门应当建立安全生产违法信息库，并与企业信用信息公示系统、公共信用信息平台相衔接，推进安全生产信用信息资源共享；建立安全生产不良信用记录制度，对违法行为情节严重的生产经营单位，应当向社会公告，并通报有关部门以及金融机构。

第三十五条　省人民政府负有安全生产监督管理职责的部门可以在其法定职权范围内，将安全生产许可证审核事项委托设区的市人民政府负有安全生产监督管理职责的部门实施。

## 第四章　事故应急救援与调查处理

第三十六条　县级以上人民政府应当组织有关部门制定本行政区域生产安全事故应急救援预案，建立应急救援体系，在重点行业、领域建立或者依托有条件的生产经营单位、社会组织共同建立应急救援基地或者专业应急救援队伍，增强应急救援处置能力，科学有效组织救援。

第三十七条　生产经营单位应当制定本单位生产安全事故应急救援预案，与所在地县级以上人民政府组织制定的生产安全事故应急救援预案相衔接。

生产安全事故发生后，生产经营单位应当立即启动应急救援预案。事故现场有关人员应当立即向本单位负责人报告，单位负责人接到报告后，应当于一小时内向事故发生地县级以上人民政府安全生产监督管理部门和其他有关的负有安全生产监督管理职责的部门报告；情况紧急时，事故现场有关人员可以直接向有关部门报告。

任何单位和个人对事故不得迟报、漏报、谎报或者瞒报。

第三十八条　生产安全事故发生后，县级以上人民政府应当按照国家、省关于事故等级和管理权限的有关规定，组织事故调查组进行调查，并做出处理。事故调查报告和事故处理情况应当依法向社会公布。

第三十九条　发生生产安全事故，造成生产经营单位的从业人员伤亡的，受伤人员和死亡者家属除依法享有工伤保险外，依照有关民事法律尚有获得赔偿权利的，有权提出赔偿要求。

第四十条　县级以上人民政府安全生产监督管理部门应当定期统计分析本行政区域内发生生产安全事故的情况，并向社会公布；其他负有安全生产监督管理职责的部门应当按照国家有关规定及时将本行业、领域的生产安全事故情况报送同级人民政府安全生产监督管理部门。

## 第五章 法律责任

第四十一条 违反本条例规定的行为,法律、行政法规已规定法律责任的,适用其规定。

第四十二条 违反本条例规定,生产经营单位有下列行为之一的,责令限期改正,可以处一万元以上五万元以下罚款;逾期未改正的,责令停产停业整顿,并处五万元以上十万元以下罚款,对其主要负责人、直接负责的主管人员和其他直接责任人员处一万元以上二万元以下罚款:

(一)未按照规定设置安全生产管理机构或者配备安全生产管理人员的;

(二)未按照规定设置安全总监、安全生产委员会的;

(三)高危生产经营单位的主要负责人或者安全生产管理人员,未按照有关规定经考核合格的;

(四)未按照规定提取和使用安全生产费用的;

(五)未按照规定建立落实安全生产风险分级管控制度的;

(六)未按照规定报告重大事故隐患治理方案和治理结果的;

(七)高危生产经营单位未按照规定执行单位负责人现场带班制度的。

第四十三条 生产经营单位违反本条例规定进行危险作业的,责令限期改正,可以处二万元以上十万元以下罚款;逾期未改正的,责令停产停业整顿,并处十万元以上二十万元以下罚款,对其主要负责人、直接负责的主管人员和其他直接责任人员处二万元以上五万元以下罚款。

第四十四条 违反本条例规定,生产经营单位接受中小学生和其他未成年人从事危险性劳动的,责令停止违法行为,限期迁出,并处一万元以上五万元以下罚款。

违反本条例规定,生产经营单位利用学校、幼儿园场所从事危险物品的生产、经营、储存活动或者作为机动车停车场的,责令停止违法行为,限期迁出,并处一万元以上五万元以下罚款。

第四十五条 违反本条例规定,生产经营单位有下列行为之一的,责令限期改正;逾期未改正的,责令停产停业整顿,并处五万元以上十万元以下罚款,对其直接负责的主管人员或者其他直接责任人员处一千元以上一万元以下罚款:

(一)违章指挥、强令或者放任从业人员冒险作业的;

(二)超过核定的生产能力、生产强度或者生产定员组织生产的;

(三)违反操作规程、生产工艺、技术标准或者安全管理规定组织作业的。

生产经营单位有前款规定的行为发生生产安全事故的,由安全生产监督管理部门对其直接负责的主管人员或者其他直接责任人员处一万元以上五万元以下罚款。

第四十六条 违反本条例规定,承担安全评价、认证、检测、检验工作的机构有下列行为之一的,责令改正,没收违法所得;违法所得在一万元以上的,并处违法所得二倍以上五倍以下罚款;没有违法所得或者违法所得不足一万元的,并处一万元以上五万元以下罚款;情节严重的,可以并处责令停业整顿,对其直接负责的主管人员和其他直接责任人员处一万元以上二万元以下罚款：

（一）违反规定程序开展安全评价、认证、检测、检验等活动的；

（二）倒卖、出租、出借或者以其他形式转让资质或者资格的；

（三）转让、转包承接的服务项目的；

（四）出具严重失实的报告、证明等材料的。

第四十七条　违反本条例规定，各级人民政府和负有安全生产监督管理职责的部门及其工作人员有下列行为之一的，对直接负责的主管人员和其他直接责任人员，依法给予处分；构成犯罪的，依法追究刑事责任：

（一）未依法履行行政许可职责，造成严重后果的；

（二）未依法履行监督管理职责导致发生生产安全事故的；

（三）未依法履行生产安全事故应急救援职责，造成严重后果的；

（四）对生产安全事故隐瞒不报、谎报或者拖延不报的；

（五）阻挠、干涉生产安全事故调查处理或者责任追究的；

（六）索取、接受生产经营单位的财物或者谋取其他利益的；

（七）其他滥用职权、玩忽职守、徇私舞弊的行为。

第四十八条　本条例规定的行政处罚，由安全生产监督管理部门和其他负有安全生产监督管理职责的部门按照职责分工决定。

县级以上人民政府安全生产监督管理部门根据工作需要，可以依照《中华人民共和国行政处罚法》的规定，委托符合条件的安全生产执法监察机构实施行政处罚。

## 第六章　附　　则

第四十九条　本条例自 2017 年 5 月 1 日起施行。2006 年 3 月 30 日山东省第十届人民代表大会常务委员会第十九次会议通过的《山东省安全生产条例》同时废止。

# 附录三 煤矿安全风险分级管控和隐患排查治理 双重预防机制实施指南

## 1 范围

本标准规定了煤矿双重预防机制的术语和定义、管理要素及要求,对安全风险分级管控、隐患排查治理、过程管控和信息化建设进行了重点明确。

本标准适用于山东省行政区域内各煤矿(企业)。

## 2 规范性引用文件

下列文件对于本文件的应用是必不可少的。凡是注日期的引用文件,仅所注日期的版本适用于本文件。凡是不注日期的引用文件,其最新版本(包括所有的修改单)适用于本文件。

GB/T 23694—2013 风险管理术语

DB 37/T 2882—2016 安全生产风险分级管控体系通则

DB 37/T 2883—2016 生产安全事故隐患排查治理体系通则

煤矿重大生产安全事故隐患判定标准(国家安全生产监督管理总局令第 85 号)

## 3 术语和定义

下列术语和定义适用于本文件。

### 3.1 风险 risk

生产安全事故或健康损害事件发生的可能性和严重性的组合。

注:改写 DB 37/T 2882—2016,定义 3.1。

### 3.2 风险点 risk site

风险伴随的系统、区域、场所和部位,及在其特定条件下的作业活动,或以上两者的组合。

注:改写 DB 37/T 2882—2016,定义 3.5。

### 3.3 危害因素 hazardous elements

存在能量或有害物质,或导致约束、限制能量或有害物质意外释放的管控措施失效或破坏的不安全因素。

### 3.4 风险辨识评估 risk identification assessment

识别风险点内的危害因素,评价导致事故的可能性及危害程度,确定风险等级的过程。

### 3.5 风险预警 risk early-warning

根据风险管控效果和隐患排查治理相关信息,监控危害因素的变动趋势,当其超过预设临界范围时发出信息警示。

**3.6 风险分级管控 risk classificaion management and control**

按照风险等级、所需管控资源、管控能力、管控措施复杂及难易程度等因素,确定不同管控层级的管控方式。

注:改写 DB 37/T 2882—2016,定义 3.9。

**3.7 风险管控措施 risk management measures**

为将风险降低至可接受程度,采取的相应消除、隔离、控制的方法和手段。

注:改写 DB 37/T 2882—2016,定义 3.10。

**3.8 隐患 hidden danger**

风险管控措施失效,在生产经营活动中存在可能导致职业健康损害和事故发生或导致事故后果扩大的物和环境的不安全状态、人的不安全行为和管理上的缺陷。

**3.9 隐患排查 screening for hidden danger**

对风险管控措施落实的有效性和生产过程中产生的隐患进行检查、监测、分析的过程。

**4 基本要求**

**4.1 明确职责**

煤矿(企业)是双重预防机制工作的责任主体,应当成立负责双重预防机制工作的领导小组,设置专职或兼职管理部门,配备专职管理人员,并明确:

——主要负责人为本单位双重预防机制工作的第一责任人;

——各分管负责人负责分管范围内的双重预防工作;

——分管安全负责人组织日常监督检查,负责双重预防工作的跟踪考核;

——各科室(部门)、区队(车间)、班组、岗位人员的双重预防工作职责。

**4.2 建立制度**

双重预防机制工作至少应包括以下制度:

——安全风险分级管控和隐患排查治理工作制度;

——双重预防机制教育培训制度;

——双重预防机制运行管理制度。

**5 风险分级管控**

**5.1 风险点**

**5.1.1 风险点划分**

煤矿(企业)可按照点、线、面相结合的原则,根据生产经营场所(单位)、生产系统、重点岗位(作业地点)、关键设备等划分风险点,应涵盖临时性特殊的作业活动。

示例1:供电系统:地面变电所、井下中央变电所、采区变电所、移动变电站、供电设备。

示例2:临时性特殊作业活动有:瓦斯排放、火区启封、探放水作业、动火作业、有限空间作业等。

**5.1.2 风险点排查**

按照风险点划分原则,排查风险点,形成风险点台账(参见附录 A)。

风险点台账内容应包括:风险点名称、风险类型、管控单位、排查日期、解除日期等信息。风险点台账应根据现场实际及时更新。

5.2 风险辨识

5.2.1 辨识组织

5.2.1.1 每年由煤矿（企业）主要负责人组织分管负责人和相关业务科室（部门）、区队（车间）进行全面、系统的风险辨识，形成年度安全风险辨识评估文件（参见附录 B）。

5.2.1.2 以下情况，应开展专项辨识，形成专项安全风险辨识评估文件（参见附录 C、附录 D）：

——煤矿建设项目在可行性研究阶段和投入生产使用前；

——新水平、新采区、新工作面设计和投入生产前；

——生产系统、生产工艺、主要设施设备等发生重大变化前；

—— 灾害因素发生重大变化时；

——启封火区、排放瓦斯、突出矿井过构造带及石门揭煤等高危作业实施前；

—— 新材料、新设备、新技术、新工艺试验或推广应用前；

——连续停工停产一个月以上的煤矿复工复产前；

——本矿发生死亡事故或较大涉险事故、出现重大隐患或本省行业内发生重特大事故后。

5.2.1.3 煤矿（企业）对各岗位的风险进行全面辨识（参见附录 E），制作岗位风险告知卡（参见附录 F）。

5.2.1.4 临时施工作业前应开展风险辨识。

5.2.2 风险类型

风险一般按照可能导致的事故和伤害类型划分为：水灾、火灾、瓦斯（爆炸、中毒、窒息、燃烧、突出）、煤尘爆炸、冲击地压、冒顶（片帮）、放炮、机电（触电、机械伤害）、运输、物体打击、起重伤害、淹溺、灼烫、高处坠落、坍塌、锅炉爆炸、容器爆炸、职业病危害（粉尘、噪声、辐射、热害等）及其他。

5.2.3 辨识方法

安全风险的辨识方法可选用但不限于以下方法：

——安全检查表法（SCL）（参见附录 G）；

——作业危害分析法（JHA）（参见附录 H）；

——事故树分析法。

5.3 风险评估

5.3.1 评估方法

可采用但不限于：

——经验类比法，根据关联的危害因素对应隐患的等级和数量，逐个评估风险等级，以最高风险等级确定为该风险的等级。风险动态管控时，风险等级比照隐患等级确定（参见附录 I）；

——风险矩阵分析法（LS）（参见附录 J）；

——作业条件危险性评价法（LEC）（参见附录 K）。

5.3.2 风险等级划分

风险等级从高到低划分为重大风险、较大风险、一般风险和低风险,分别用红、橙、黄、蓝四种颜色标示。

风险点的等级按风险点内风险的最高级别确定。

### 5.3.3　风险等级确定

风险等级按照评估方法(5.3.1)并结合各自实际情况自行确定。

有下列情形之一的,直接确定为重大风险:

——主副提升系统断绳、坠罐风险;

——主供电系统可能导致停电的风险;

——主通风机可能导致停风的风险;

——水文条件复杂、极复杂矿井的主排水系统可能导致淹井的风险;

——在强冲击地压危险区或顶板极难管理的区域进行采掘生产活动的;

——在受水害威胁严重区域进行采掘生产活动的;

——通风系统复杂,容易出现系统不稳定、不可靠及造成不合理通风状况的;

——在煤与瓦斯突出、高瓦斯区域进行采掘生产活动的;

——在具有煤尘爆炸危险的采煤工作面放炮作业的;

——在容易自燃煤层、自燃煤层采用放顶煤开采工艺生产的。

### 5.4　制定风险管控措施

辨识确定的风险,应考虑工程技术、安全管理、培训教育、个体防护和现场应急处置等方面,按照安全、可行、可靠的要求制定风险管控措施,对风险进行有效管控。

重大风险应编制风险管控方案。管控方案应当包括:风险描述、管控措施、经费和物资、负责管控单位和管控责任人、管控时限、应急处置等内容(参见附录L)。

### 5.5　管控责任

### 5.5.1　分级管控

对安全风险进行分级管控,逐一分解落实管控责任。上一级负责管控的风险,下一级必须同时负责管控。

——重大风险由煤矿(企业)主要负责人管控;

——较大风险由分管负责人和科室(部门)管控;

——一般风险由区队(车间)负责人管控;

——低风险由班组长和岗位人员管控。

### 5.5.2　分区域、分系统、分专业管控

对风险进行分区域、分系统、分专业管控,如下所示:

——区域管控:矿井各生产(服务)区域(场所)的风险由该区域风险点的责任单位管控;

——系统管控:矿井各系统的风险由该系统分管负责人和分管科室(部门)管控;

——专业管控:矿井各专业风险由该专业分管负责人和专业科室(部门)管控。

### 5.6　风险管控清单

年度风险辨识评估后,应建立安全风险管控清单,列出重大安全风险清单。专项和岗

位风险评估后,要完善更新安全风险分级管控清单。

安全风险管控清单内容主要包括:风险点、风险类型、风险描述、风险等级、危害因素、管控措施、管控单位和责任人、最高管控层级和责任人、评估日期、解除日期、信息来源(参见附录 M)。

### 5.7 评估结果应用

#### 5.7.1 年度风险评估结果

应用于:

——确定下一年度安全生产工作重点;

——指导和完善下一年度生产计划、灾害预防和处理计划、应急救援预案。

#### 5.7.2 专项风险评估结果

应用于:

——指导生产工艺选择、生产系统布置、设备选型、劳动组织确定;

——指导修订完善设计方案、作业规程、操作规程、安全技术措施;

——完善安全管理制度。

#### 5.7.3 岗位风险评估结果

应用于:

——修订完善作业规程、操作规程、安全技术措施;

——用于作业人员对照风险清单管控风险,防止隐患产生,照单排查治理隐患,防止事故发生;

——用于各层级管理人员对现场检查和监测,保持现场风险处于可接受状态。

#### 5.7.4 临时施工风险评估结果

用于编制安全技术措施。

### 6 隐患排查治理

#### 6.1 隐患分级

根据隐患整改、治理和排除的难度及其可能导致事故后果和影响范围,分为重大隐患和一般隐患。

#### 6.1.1 重大隐患

重大隐患判定依据国家煤矿重大生产安全事故隐患判定标准确定。

#### 6.1.2 一般隐患

一般隐患按照危害程度、解决难易、工程量大小等划分为 A、B、C 三级。

A 级:有可能造成人员伤亡或严重经济损失,治理工程量大,需由煤矿(企业)或上级企业、部门协调、煤矿(企业)主要负责人组织治理的隐患。

B 级:有可能导致人身伤害或较大经济损失,治理工程量较大,需由煤矿(企业)分管负责人组织治理的隐患。

C 级:治理难度和工程量较小,由煤矿(企业)基层区队(车间)主要负责人组织治理的隐患。

#### 6.2 隐患类型

隐患类型比照风险类型(见 5.2.2)划分。

### 6.3 排查组织

煤矿(企业)应根据组织机构确定不同的排查组织级别,一般包括:煤矿(企业)级、科室(部门)级、区队(车间)级、班组级、岗位级。

### 6.4 隐患治理

#### 6.4.1 治理措施

隐患治理应制定或落实治理措施,在治理过程中对伴随的风险进行管控,存在较大及以上风险的,应有专人现场指挥和监督,并设置警示标识。

重大隐患和 A 级隐患,必须编制隐患治理方案(参见附录 N),应当包括下列主要内容:

——治理的目标和任务;

——采取的治理方法和措施;

——经费和物资;

——机构和人员的责任;

——治理的时限;

——治理过程中的风险管控措施(含应急处置)。

#### 6.4.2 分级管理

隐患应根据煤矿(企业)管理层级,实行分级治理、分级督办、分级验收。验收合格的予以销号,实现闭环管理。未按规定完成治理的隐患,应提高督办层级。

重大隐患治理,由煤矿(企业)主要负责人组织实施。

### 6.5 隐患清单

对隐患排查的结果进行记录,建立隐患清单。

隐患清单内容主要包括:风险点、隐患类型、隐患描述、隐患等级、治理措施、责任单位、责任人、治理期限、排查日期、销号日期、信息来源等(参见附录 O)。

## 7 过程管控

### 7.1 管控要求

煤矿(企业)应以风险点为基本单元,对照安全风险管控清单开展安全风险管控效果检查分析和隐患排查。

### 7.2 综合管控

煤矿(企业)主要负责人每月组织一次综合安全检查活动:

——检查矿井安全风险管控措施落实情况,开展隐患排查;

——分析安全风险管控效果和隐患产生原因,调整完善风险管控措施;

——补充新增风险及其管控措施;

——通报隐患治理情况,补充完善隐患清单,明确隐患分级治理责任。

### 7.3 专业管控

煤矿(企业)各专业分管负责人每旬组织一次安全检查活动:

——检查分析各专业的安全风险管控措施落实情况,开展隐患排查;

——补充完善安全风险管控清单和隐患清单。

### 7.4　动态管控

#### 7.4.1　区队(车间)

区队(车间)每天开展安全检查:

——检查风险管控措施落实情况,排查治理隐患;

——不能立即整改的隐患及时上报,危及人身安全时停止作业,按程序处置;

——对新增风险采取临时风险管控措施,并及时上报。

#### 7.4.2　班组

班组长每班组织对作业环境和重点工序进行安全检查:

——检查风险管控措施落实情况,排查治理隐患;

——不能立即整改的隐患及时上报,危及人身安全时停止作业,按程序处置;

——对新增风险采取临时风险管控措施,并及时上报。

#### 7.4.3　岗位

作业人员对岗位作业条件进行安全检查:

——依照岗位风险落实风险管控措施,排查治理隐患;

——检查结果及时汇报,危及人身安全时停止作业;

——发现新增风险及时汇报。

### 7.5　公示报告

#### 7.5.1　公示告知

重大安全风险、重大隐患应公示告知:

——入井口醒目位置公示重大安全风险和重大隐患;

——存在重大安全风险的区域公示告知重大安全风险;

——重大安全风险公示风险点、风险描述、主要管控措施、管控责任人等;

——重大隐患公示风险点、隐患描述、主要治理措施、责任人、治理时限等。

#### 7.5.2　信息上报

煤矿(企业)每季度应向负有安全生产监督管理职责和安全监察职责的部门报告重大风险和重大隐患。

重大风险报告应当包括以下内容:风险点的基本情况,风险类型、风险描述、风险管控措施、风险分级管控责任单位和责任人。

重大隐患报告应当包括以下内容:隐患的现状、产生原因、危害程度、整改难易程度分析、治理方案、治理责任。

## 8　信息平台建设

### 8.1　基本要求

煤矿(企业)应采用信息化管理手段,建立安全生产双重预防信息平台,具备安全风险分级管控、隐患排查治理、统计分析及风险预警等主要功能,实现风险与隐患数据应用的无缝链接;保障数据安全,具有权限分级功能。宜使用移动终端提高安全管理信息化水平。

8.2 功能模块

8.2.1 风险分级管控

风险分级管控模块应实现对安全风险的记录、跟踪、统计、分析和上报全过程的信息化管理。应具备以下功能：

——风险点的管理（增加、删除、编辑、查询等功能）；

——年度、专项、岗位、临时施工风险辨识评估的管理（辨识数据的录入、辅助辨识评估、辅助生成文件、审核、结果上传等）。

8.2.2 隐患排查治理

隐患排查治理模块实现对隐患的记录统计、过程跟踪、逾期报警、信息上报的信息化管理。应具备以下功能：

——隐患信息录入及与风险的关联。

——隐患整改、复查、销号等过程跟踪，实现闭环管理，对于整改超期或整改未达要求的，进行预警。

——实现重大隐患上报、跟踪督办。

8.2.3 统计分析及预警

模块应具备以下功能：

——实现安全风险和隐患的多维度统计分析，自动生成报表。

——实现安全风险等级变化和隐患数据变化的预警功能。

——与风险点关联，实现安全风险动态管理的直观展现。

宜与安全生产相关系统集成。

8.2.4 系统接口

系统接口应具备以下功能：

——应具备短信或微信提醒接口，实现预警信息的及时推送；

——应具备对外提供数据接口，实现风险、隐患等数据与其他系统的对接；

——宜具备与人员定位、监测监控等系统的接口，抓取实时监控数据。

9 培训

每年对安全管理技术人员至少组织一次风险管理、辨识评估、隐患排查治理知识培训。

开展职工全员安全培训，内容至少应包括：双重预防的基本知识、年度和专项辨识评估结果、与本岗位相关的风险管控措施。

10 文件管理

10.1 资料建档

煤矿（企业）应完整保存机制运行的记录资料，并分类建档管理。至少应包括：

——风险点台账、安全风险管控清单、年度和专项评估文件等；

—— 旬、月检查记录；

——隐患台账、重大隐患治理方案等；

——隐患治理、验收、销号记录。

## 10.2 保存期限

风险辨识评估和隐患排查治理资料保存期限:年度和专项评估报告至少保存2年,重大风险和重大隐患销号后保存2年,其他风险和隐患销号后保存1年。

## 11 持续改进

煤矿(企业)应每年至少对本单位机制运行进行一次系统性评审。当以下情况变化对机制运行产生影响时,应及时更新:

——相应法律法规标准变化时;

——煤矿(企业)组织机构发生重大调整时;

——其他需要更新的情况。

## 附 录 A

(资料性附录)

### 风险点台账

### A.1 风险点台账

煤矿按照点、线、面相结合的原则,排查风险点,形成风险点台账,示例如表 A.1 所示。

表 A.1 ××煤矿风险点台账

| 序号 | 风险点名称 | 风险类型 | 管控单位 | 排查日期 | 解除日期 |
|------|-----------|---------|---------|---------|---------|
| 1 | ××综采工作面 | 冒顶(片帮) | ××区(队) | 2018.7.20 | ××.×.× |
| 2 | …… | …… | …… | …… | …… |
| 3 | ××综掘工作面 | 冲击地压 | ××区(队) | 2018.7.20 | ××.×.× |
| 4 | …… | …… | …… | …… | …… |

注:(1) 风险点名称以风险点划分原则划分为生产经营场所、生产系统、作业地点、关键设备、临时性特殊作业活动等。

(2) 风险类型(见5.2.2)。

(3) 管控单位:即该风险点的管理责任单位。

(4) 解除日期:该风险点解除后填写。

## 附 录 B

(资料性附录)

### 年度安全风险辨识评估示例

### B.1 辨识组织

2017 年 12 月 1 日—12 月 7 日,由矿长×××组织分管副矿长、总工程师、安监处长(安全总监)和相关业务科室、区队,分专业、分区域、分系统进行全面风险辨识。风险辨识责任分工如表 B.1 所示。

表 B.1　辨识组织表

| 组长:×××(矿长) | | 副组长:××× | |
|---|---|---|---|
| 小组成员:×××、××× | | | |

| 序号 | 专业组 | 分管领导 | 牵头部门 | 责任单位 |
|---|---|---|---|---|
| 1 | 采煤 | ×××(采煤副矿长) | 生产技术科 | ×××采煤队 |
| 2 | 掘进 | ×××(掘进副矿长) | 生产技术科 | ×××掘进队 |
| 3 | 机电 | ×××(机电副矿长) | 机电科 | 供电工区、运转工区 |
| 4 | 一通三防 | ×××(总工程师) | 通防科 | 通防工区 |
| 5 | 地测防治水 | ×××(总工程师) | 地测科 | 钻机队等 |
| 6 | 辅助运输 | ×××(掘进副矿长) | 生产技术科 | 运搬工区 |
| 7 | 调度通讯 | ×××(采煤副矿长) | 调度室 | 通讯队 |
| 8 | 煤炭洗选 | ×××(选煤副矿长) | 选煤管理科 | 选煤厂 |
| 9 | 安全管理 | ×××(安监处长) | 安监处 | 各单位 |
| 10 | 其他 | ××× | ×××科 | ×××(部门) |

B.2　辨识评估

按照辨识组织分工,分专业、分系统,排查风险点,对风险点内的危害因素进行辨识,确定风险等级。

B.2.1　采煤专业

B.2.1.1　风险点排查

根据当前生产情况及2018年生产接续安排,采煤专业风险点如表B.2所示。

表 B.2　采煤专业风险点列表

| 序号 | 风险点 | 开采日期 | 结束日期 |
|---|---|---|---|
| 1 | ××××综放工作面 | 2018.1.1 | 2018.6.30 |
| 2 | ××××综采工作面 | 2018.2.1 | 2018.8.20 |
| 3 | ××××普采工作面 | 2018.8.20 | 2019.5.31 |

B.2.1.2　风险辨识评估

对××综放工作面一般及以上安全风险辨识评估如表B.3所示。

**表 B.3　××综放工作面安全风险列表**

| 风险点 | 风险类型 | 风险描述 | 危害因素 | 风险等级 |
|---|---|---|---|---|
| ××综放工作面 | 火灾 | 煤层自燃倾向性为Ⅰ级,放顶煤开采工艺,回采过程中推进速度不均衡及采空区遗煤,可发生自燃发火事故 | 煤层自燃倾向性为Ⅰ级 | 重大 |
| | | | 未敷设预防性灌浆管路 | 较大 |
| | | | 未开展工作面火灾标志性气体监测 | 一般 |
| | | | 工作面推进速度低于规定要求 | 较大 |
| | | | …… | …… |
| | 冲击地压 | 经鉴定煤层冲击倾向性较强,受开采因素影响,回采期间工作面可发生冲击地压事故 | 工作面回采速度超规定 | 较大 |
| | | | 未采取超前预卸压措施 | 较大 |
| | | | 无安装矿压监测系统 | 较大 |
| | | | …… | …… |
| | 冒顶(片帮) | | …… | …… |
| | …… | | …… | …… |

经辨识评估,××综放工作面重大风险有:火灾……较大风险有:冲击地压……一般风险有:水灾……

对××综采工作面一般及以上安全风险辨识评估,重大风险有:火灾……较大风险有:冲击地压……一般风险有:水灾……

对××普采工作面一般及以上安全风险辨识评估……

B.2.1.3　采煤专业风险清单

采煤专业风险清单(参见附录 M)。

B.2.2　掘进专业

……

B.3　年度重大安全风险管控清单

年度重大安全风险管控清单(参见附录 M)。

附　录　C

(资料性附录)

×××运输平巷排放瓦斯专项安全风险辨识评估示例

C.1　基本情况

根据矿井生产接续安排,计划于×月×日破除×××运输平巷密闭,排放封闭段瓦斯,排放瓦斯巷道长度 275 m,封闭巷道采用锚网支护。本次瓦斯排放采用局部通风机通风排放,密闭基本情况如下所述。

密闭名称:×××运输平巷密闭;材料:砖;厚度:0.5 m;建筑日期:2017.6.20。

密闭外气体情况:$CH_4$,0.00%;$CO_2$,0.08%;$O_2$,20.5%。

密闭内气体情况:$CH_4$,0.20%;$CO_2$,8%;$O_2$,10.5%;CO,0%。

C.2 辨识评估组织

×月×日,矿总工程师组织通防科、机电科、通防工区、综掘一区、供电工区……单位人员对瓦斯排放工作进行了风险辨识评估。

C.3 风险类型确定

根据此次瓦斯排放工作中可能导致的事故和伤害类型,确定的风险类型有:

瓦斯(爆炸、中毒、窒息、燃烧):排放巷道内积存瓦斯,可造成人员中毒、窒息,可发生瓦斯燃烧、爆炸事故。

冒顶(片帮):密闭内巷道封闭时间较长,巷道原支护情况不明,可能发生冒顶(片帮)。

机电(触电、机械伤害):本次排放采用局部通风机通风,局部通风机供电及运转过程可发生人员触电、机械伤害。

……

C.4 危害因素辨识

根据此次瓦斯排放确定存在的风险类型,逐一辨识导致风险的各类危害因素。危害因素辨识如表 C.1 所示。

表 C.1 危害因素辨识表

| 风险类型 | 序号 | 危害因素 | 风险等级 |
|---|---|---|---|
| 瓦斯<br>(爆炸、中毒、窒息、燃烧) | 1 | 密闭内瓦斯积聚 | 低 |
| | 2 | 排放出的瓦斯浓度超过规定 | 低 |
| | 3 | 人员进入警戒区域 | 一般 |
| | 4 | …… | …… |
| 冒顶(片帮) | 1 | 巷道内支护不完整 | 较大 |
| | 2 | 未将巷道内危岩活矸清除 | 一般 |
| | 3 | 人员冒险进入冒顶区域 | 一般 |
| | 4 | …… | …… |
| 机电(触电、机械伤害) | 1 | 局部通风机及其开关不完好 | 一般 |
| | 2 | 局部通风机安装不牢固 | 一般 |
| | 3 | …… | …… |
| …… | 1 | …… | …… |
| | | | |

C.5 辨识结论

经辨识评估:此次瓦斯排放不存在重大风险,存在的较大风险有:冒顶(片帮)……其余均为一般以下风险。排放瓦斯过程中,要针对辨识的各类风险,制定管控措施。

C.6 风险清单

参照附录 M 编制(略)。

附　录　D

（资料性附录）

××综采工作面安全风险辨识评估示例

### D.1　工作面基本情况

#### D.1.1　工作面范围及四邻采掘情况

8303 综采工作面位于八采区,走向长 1 200 m,面长 130 m,面积 156 000 m²,可采储量 69.3 万 t。北部为 8301 已采工作面,南部为 8305 设计工作面,对应地表为农田及水系。

工作面煤层底板标高:−651.8～−512 m,平均−581.9 m。

#### D.1.2　煤层情况

该工作面所采煤层为 3 煤层,煤层赋存稳定,结构简单,煤质较硬。煤的普氏硬度系数为 $f=2\sim3$;煤厚 3.5～4.0 m,平均 3.6 m,煤层倾角 3°～5°。

#### D.1.3　顶底板情况

工作面范围内伪顶不发育,老顶即为直接顶,老顶:深灰色粉砂岩,泥炭质胶结,含植物根部化石及膜状黄铁矿,岩石普氏硬度 $f=3\sim4$;直接底:灰色中砂岩,以石英为主,顶部为黏土质粉砂岩,含根化石,水平波状层理,岩石普氏系数 $f=6\sim7$;老底:粉细砂岩互层,上部以灰白色细砂岩为主,下部以灰黑色粉砂岩为主,并含椭球状菱铁矿结核,缓波状层理,下部发育底栖动物通道及浑浊状层理,岩石普氏系数 $f=4\sim5$。

#### D.1.4　水文情况

本面回采时,主要充水含水层为 3 煤顶板砂岩和侏罗系红层。3 煤顶板砂岩:厚度 0.2～7.8 m,平均 2.48 m,单位涌水量 0.002～0.038 L/(s·m),富水性弱。侏罗系红层:厚 378.95～568.75 m,平均 473.85 m,单位涌水量 0～0.023 44 L/(s·m),富水性弱。

工作面北靠 8301 工作采空区,8301 面回采期间观测最大涌水量 42.06 m³/h,主要依靠下平巷尾部泄水巷和泄水立井自流排泄,采空区无积水条件,泄水效果良好。

#### D.1.5　瓦斯情况

根据瓦斯鉴定结果,预计本面 $CH_4$ 相对涌出量为 0.4 m³/t, $CO_2$ 相对涌出量为 2.86 m³/t。

#### D.1.6　煤尘及自然发火情况

该工作面的地温为 24～28 ℃,属地温正常区;该工作面有煤尘爆炸危险,爆炸指数为 44.78%;煤有自然发火倾向,自然发火期 58 d。

#### D.1.7　工作面设备情况

采煤机的型号:MG400/940-WD;总功率:2×400+2×55+30 kW。

液压支架的型号:ZY6800-19.5/40 ,共计 86 架;支护强度:0.88～0.97 MPa。

工作面运输机的前部输送机 1 部,型号:SGZ1000/1050;电动机功率:2×525 kW。

转载机的型号：SZZ-1000/700；运输能力：2 200 t/h；电动机功率：700 kW。

PCM3000 型破碎机一台，电机功率：250 kW。

胶带输送机的型号：DSJ120/180/4×315；功率：1 260 kW。

......

D.2  风险类型确定

按照本工作面回采过程中可能导致的事故和伤害类型，确定该工作面存在的风险类型有以下几种。

水灾：工作面用水及正常涌水排放不及时，可造成工作面淹面。

火灾：煤层自燃倾向性等级为Ⅰ级，回采过程推进速度不均衡及采空区遗煤，可发生煤层自燃。

瓦斯（爆炸、中毒、窒息、燃烧）：工作面回采过程，瓦斯自然涌出，通风不良，可发生瓦斯积聚，使人中毒、窒息，发生瓦斯燃烧、爆炸事故。

煤尘爆炸：工作面煤尘爆炸指数 44.78%，工作面回采时，产生的煤尘，可引发煤尘爆炸。

冒顶（片帮）：工作面回采过程中，支护不及时，可发生冒顶（片帮）事故。

冲击地压：根据该工作面冲击地压危险性评价，结合 3 层煤的冲击倾向性鉴定结果，综合评定该工作面的冲击地压危险状态等级综合指数为 0.47。其中，地质技术因素影响高于开采因素影响。本工作面冲击危险状态属 B 级，即具有弱冲击危险。

机电（触电、机械伤害）：工作面机电设备较多，设备运转、检维修作业等过程中，可造成机械伤害、人员触电事故。

运输：工作面物料运输由轨道平巷采用无极绳牵引车运输，运输过程可发生车辆掉道、断绳跑车、挤伤人员等运输事故。

物体打击：采煤机割煤过程、破碎机、运输机等运转时，可发生煤矸及异物飞出伤人事故。

职业病危害（粉尘、噪声）：工作面生产过程产生粉尘，设备运转中产生的噪声可对人员造成职业病危害。

......

D.3  危害因素辨识

根据工作面确定存在的风险类型，逐一辨识导致该风险的各类危害因素。辨识情况如表 D.1 所示。

表 D.1 危害因素辨识表

| 风险类型 | 序号 | 危害因素 | 风险等级 |
|---|---|---|---|
| 水灾 | 1 | 工作面排水设备配备不齐全 | 低 |
| | 2 | 工作面排水系统不完善 | 低 |
| | 3 | 未对产生水害威胁的老空水体进行探放 | 低 |
| | 4 | 未探明采动区域内的地质构造与老空水体联系 | 一般 |
| 火灾 | 1 | 煤层自燃倾向性为Ⅰ级 | 较大 |
| | 2 | 未敷设预防性灌浆管路 | 一般 |
| | 3 | 未开展工作面火灾标志性气体监测 | 较大 |
| | 4 | 工作面推进速度低于规定要求 | 一般 |
| | 5 | 工作面回采率低,采空区遗煤多 | 较大 |
| 瓦斯(爆炸、中毒、窒息、燃烧) | 1 | 工作面通风系统不符合要求 | 一般 |
| | 2 | 工作面回风隅角瓦斯积聚 | 一般 |
| | 3 | 工作面未按规定检查瓦斯 | 一般 |
| | 4 | 未按规定安设瓦斯监测传感器 | 一般 |
| | 5 | 人员违章进入工作面切顶线里侧(采空区) | 一般 |
| 煤尘爆炸 | 1 | 采煤机割煤时未开启喷雾降尘 | 重大 |
| | 2 | 各转载点未安设转载喷雾 | 较大 |
| | 3 | 采煤机割煤时,跟机喷雾不能正常工作 | 一般 |
| | 4 | 采煤机下风侧架间喷雾雾化效果不好 | 一般 |
| | 5 | 支架工推移支架时,未开启架间喷雾 | 一般 |
| 冒顶(片帮) | 1 | 支架初撑力达不到规定要求 | 较大 |
| | 2 | 采煤机割煤后,未及时拉移支架 | 一般 |
| | 3 | 未伸出伸缩梁、护帮板 | 一般 |
| | 4 | 支架前梁结顶不实,局部空顶 | 一般 |
| | 5 | 超前支护质量不符合规程要求 | 较大 |
| 冲击地压 | 1 | 工作面具有弱冲击危险 | 一般 |
| | 2 | 回采期间未采取综合性的监测措施 | 一般 |
| | 3 | 未按规定施工卸压孔预卸压 | 一般 |
| 机电(触电、机械伤害) | 1 | 电气设备未定期检修,未达到完好标准 | 一般 |
| | 2 | 带电检修、搬迁电气设备、电缆 | 一般 |
| | 3 | 电器开关把手在切断电源后未闭锁 | 一般 |
| | 4 | 容易碰到的、裸露的带电体及机械外露的转动和传动部分未安设防护设施 | 一般 |
| | 5 | 电气设备安全保护不齐全、不灵敏、不可靠 | 一般 |

| 风险类型 | 序号 | 危害因素 | 风险等级 |
|---|---|---|---|
| 运输 | 1 | 绞车、轨道等设备设施不完好 | 一般 |
| | 2 | 安全设施缺失、不完好 | 一般 |
| | 3 | 牵引车数超过规定 | 一般 |
| | 4 | 斜巷运输未执行"行车不行人、行人不行车"制度 | 一般 |
| | 5 | 绞车司机、信号把钩工未经培训合格,持证上岗 | 一般 |
| 物体打击 | 1 | 采煤机割煤时,人员未躲在安全位置 | 低 |
| | 2 | 采煤机滚筒缠绕异物,未经处理后运转 | 低 |
| | 3 | 人员在运输机卸载滚筒前方违规停留 | 低 |
| | 4 | 转载机未按规定要求进行封闭 | 一般 |
| 职业病危害 | 1 | 人员未佩戴防尘口罩 | 一般 |
| | 2 | 人员未佩戴防噪音耳塞 | 一般 |
| | 3 | 未按规定监测工作面粉尘浓度 | 一般 |
| | 4 | 工作面综合防尘措施落实不到位 | 一般 |
| …… | …… | …… | …… |

### D.4 辨识结论

经辨识评估,工作面在回采期间存在的重大风险有煤尘爆炸;较大风险有火灾、冒顶(片帮);一般风险有瓦斯(爆炸、中毒、窒息、燃烧)、冲击地压、机电(触电、机械伤害)、运输、职业病危害;低风险有水灾、物体打击。

### D.5 风险管控清单

风险管控清单(参见附录 M)。

### 附 录 E
### (资料性附录)
### 岗位风险辨识评估示例

### E.1 岗位风险辨识评估

辨识步骤如下。

E.1.1 由基层单位负责人组织技术人员、员工代表,结合本单位工作实际,排查列出本单位的工作岗位,填入《岗位风险辨识评估表》(表 E.1)"岗位"栏中。

E.1.2 辨识岗位作业活动伴随的安全风险,确认岗位存在的风险类型(见 5.2.2),填入《岗位风险辨识评估表》"风险类型"栏中。

E.1.3 针对岗位作业规程辨识影响风险变化的危害因素,填入《岗位风险辨识评估表》"危害因素"栏中。

E.1.4 岗位人员作业前检查是否存在影响风险的危害因素,该因素存在,则在《岗位风险辨识评估表》"风险"栏中画"√",不存在画"×";如该因素已转化成隐患,则在"隐患"栏中画"√"。

表 E.1　岗位风险辨识评估表

| 单位 | 岗位 | 风险类型 | 风险等级 | 危害因素 | 风险 | 隐患 |
|---|---|---|---|---|---|---|
| 综采工区 | 采煤机司机 | 煤尘爆炸 | 一般 | 割煤时未开启喷雾降尘 | √ | |
| | | | | 采煤机内外喷雾压力小于规定值 | √ | |
| | | | | 喷头堵塞或雾化效果不好 | | √ |
| | | | | 采煤机未安装跟机喷雾装置 | √ | |
| | | | | 跟机喷雾装置不能正常工作 | √ | |
| | | | | 回风侧架间喷雾雾化效果不好 | | √ |
| | | | | 职工不能正确佩戴自救器 | √ | |
| | | | | …… | | |
| | | 冒顶(片帮) | …… | …… | | |
| | | | | …… | | |
| | | 触电 | …… | …… | | |
| | | | | …… | | |
| | | 机械伤害 | …… | …… | | |
| | | | | …… | | |
| | | 物体打击 | …… | …… | | |
| | | | | …… | | |
| | | …… | …… | …… | | |
| | | | | …… | | |

注:当出现本岗位不可控风险或不能处理的隐患时,按规定及时汇报。

附　录　F

(资料性附录)

岗位风险告知卡(胶带机司机)

F.1　风险类型

机电(触电、机械伤害)、物体打击、职业病危害(粉尘、噪声)。

F.2　危害因素

本岗位存在如下危险因素:

a) 司机未经培训合格,持证上岗;

b) 胶带机各种保护装置不齐全有效,控制按钮、信号不灵敏可靠;

c) 胶带机运转时,清理机头附近的浮煤;

d) 胶带运行异常时,未及时停机检查;

e) 胶带停机后,未停电闭锁;

f）人员跨越胶带时，未走行人过桥；

g）司机未佩戴防尘口罩和耳塞；

h）胶带机头喷雾装置不完好，使用不正常；

……

### F.3 管控措施

本岗位主要风险管控措施：

a）胶带机司机必须经培训合格后，持证上岗；

b）上岗后，要检查胶带及各类保护装置是否齐全有效，连接固定部位螺栓是否齐全牢固；

c）上岗前必须佩带好安全帽、防护手套、防尘口罩等劳保用品，穿好工作服并扣全扣子、扎紧袖口；

d）开机时，必须先发出信号，收到回复信号后，方可开机；

e）运转过程中，司机应注意观察胶带输送机的运行情况，当出现跑偏、胶带弹跳、撕裂或托辊损坏时，应立即停机、停电维修处理；

f）在进行清理滚筒刮煤板上浮煤、调整 H 架及上托辊、延长机架、胶带纠偏等工作时，必须先停止胶带运转并将紧停置于闭锁位置，并上锁，挂牌，记录后，方准作业；

g）胶带机头护罩内喷雾装置必须齐全，雾化良好，使用正常；

……

### F.4 应急处置

出现紧急情况时，按如下应急措施处置：

a）出现紧急情况时，立即停止胶带机运转，切断电源并闭锁；

b）突发事故时，现场人员应立即采取有效措施安全避险，并及时向矿调度汇报灾情，通知现场带班人员和班组长。听从安排，积极开展现场急救、互救工作，有序撤离。撤退前应断开与救灾无关的电源，告知矿调度避灾行走路线与目的地；

……

### F.5 事故报告电话

矿调度信息中心：……"♯"键、急呼键；

本单位值班电话：……

安监处值班电话：……

<br>

## 附 录 G
（资料性附录）
### 安全检查表法（SCL）

安全检查表法是依据相关的标准、规范，对工程、系统中已知的危险类别、设计缺陷以及与一般工艺设备、操作、管理有关的潜在危险性和有害性进行判别检查。它是运用安全系统工程的方法，发现系统以及设备、机器装置和操作管理、工艺、组织措施中的各种不安全因素,列成表格进行分析。综采工作面安全检查如表 G.1 所示。

表 G.1　综采工作面安全检查表

日期:××××年××月××日　　　　　　　　班次:××　　　　　　　　　　检查人:×××

| 序号 | 危害因素(检查内容) | 检查结果 |
|---|---|---|
| 一 | 安全出口 | |
| 1 | 是否至少有 2 个畅通的安全出口 | |
| 2 | 工作面运输、回风巷到煤壁线 20 m 内支护是否完整 | |
| 3 | 是否有超前支护 | |
| 4 | 端头支架是否符合规程要求 | |
| 5 | 人行通道宽度是否大于 0.6 m,高度是否低于采高的 90% | |
| 二 | 工作面回采巷道 | |
| 1 | 巷道净高是否低于 1.8 m,宽度是否符合作业规程 | |
| 2 | 巷道支护是否完整牢靠,无断梁折柱、空帮空顶 | |
| 3 | 机电设备设置是否符合规定,电缆吊挂整齐 | |
| 4 | 巷道有无积水、浮渣、杂物,材料设备码放是否整齐,有无标志牌 | |
| 三 | 工作面支护 | |
| 1 | 支架布置是否符合作业规程,成一直线,柱距、排距偏差不超过 100 mm | |
| 2 | …… | |
| 四 | …… | |
| …… | …… | |

## 附　录　H
（资料性附录）
### 作业危害分析法(JHA)

作业危害分析(表 H.1)是一种定性风险分析方法。从作业活动清单中选定一项作业活动,将作业活动分解为若干个相连的工作步骤,识别每个工作步骤的潜在危害因素,然后通过风险评价判定风险等级,制定控制措施。

主要步骤是:

a) 确定(或选择)待分析的作业;

b) 将作业划分为一系列的步骤;

c) 辨识每一步骤的潜在危害;

d) 确定相应的预防措施。

表 H.1  作业危害分析表

工作任务:采煤机割煤          工作岗位:采煤机司机

分析人员:×××                                    日期:××××年××月××日      班次:××

| 序号 | 工作步骤 | 潜在危害 | 风险等级 | 现有控制措施 | 建议改正/控制措施 |
|------|----------|----------|----------|--------------|-------------------|
| 1 | 检查采煤机完好性 | 设备不完好,人员触电或机械伤害 | 低风险 | 采煤机开机前应检查完好性,各操控部件灵活可靠 | |
| 2 | 检查作业环境 | 环境不安全,人员受到物体打击等伤害 | 低风险 | 采煤机开机前应检查周边环境,确保安全后方可开机 | |
| 3 | 试运转 | 采煤机运转,人员受到机械伤害 | 低风险 | 检查并确定机器转动范围内无人员及障碍物后,启动采煤机,检查确认各部件运转是否正常 | |
| 4 | 割煤 | 采煤机割煤,人员受到机械伤害、物体打击、职业病危害 | 一般风险 | 采煤机工作过程中,要随时观察采煤机各部运转情况及周围环境条件有无异常现象,人员站在安全位置 | |
| 5 | 停机 | 采煤机未停电闭锁,人员触电、机械伤害 | 一般风险 | 采煤机停机后,要将所有操作手把复"零"位,停电闭锁 | |

# 附　录　I

（资料性附录）

## 经验类比评估法

在企业的生产作业现场,安全风险是动态变化的,隐患的存在会直接导致相关安全风险等级的变化。隐患多,相关安全风险等级升高,存在的隐患级别越大,相关安全风险等级也会越高。经验类比评估法就是通过对现场存在隐患的数量和级别来类比评估相关安全风险,确定风险等级。现场存在隐患数量、级别与相关安全风险的类比对应关系如表 I.1 所示。

表 I.1  隐患与风险等级类比对应表

| 序号 | 隐患 | 类比对应安全风险等级 | 备注 |
|------|------|----------------------|------|
| 1 | 存在1项及以上重大隐患 | 重大安全风险 | |
| 2 | 存在2项及以上A级隐患 | 重大安全风险 | |
| 3 | 存在1项及以上B级隐患 | 较大安全风险 | |
| 4 | 存在3项及以上C级隐患 | 较大安全风险 | |
| 5 | 存在2项及以下C级隐患 | 一般安全风险 | |

# 附　录　J
（资料性附录）
## 风险矩阵分析法

### J.1　风险矩阵分析法

该方法按照风险发生的概率、特征、损害程度等技术指标，由风险发生的可能性和可能造成的损失评定分数，进而确定相应的风险等级，其计算公式是：

风险度　　　　　　　　　　　　$R = L \cdot S$

式中：

　　$R$——表示风险度；

　　$L$——表示危险事件发生可能性；

　　$S$——表示危险事件可能造成的损失。

| 风险矩阵 | 一般风险（Ⅲ级） | | 较大风险（Ⅱ级） | | 重大风险（Ⅰ级） | | 有效类别 | 赋值 | 人员伤害程度及范围 | 由于伤害估算的损失/元 |
|---|---|---|---|---|---|---|---|---|---|---|
| 低风险（Ⅳ级） | 6 | 12 | 18 | 24 | 30 | 36 | A | 6 | 多人死亡 | 500万以上 |
| | 5 | 10 | 15 | 20 | 25 | 30 | B | 5 | 一人死亡 | 100万到500万之间 |
| | 4 | 8 | 12 | 16 | 20 | 24 | C | 4 | 多人受严重伤害 | 4万到100万 |
| | 3 | 6 | 9 | 12 | 15 | 18 | D | 3 | 一人受严重伤害 | 1万到4万 |
| | 2 | 4 | 6 | 8 | 10 | 12 | E | 2 | 一人受到伤害，需急救；或多人受轻微伤害 | 2 000到1万 |
| | 1 | 2 | 3 | 4 | 5 | 6 | F | 1 | 一人受轻微伤害 | 0到2 000 |
| | L | K | J | I | H | G | 有效类别 | | | |
| | 1 | 2 | 3 | 4 | 5 | 6 | 赋值 | | | |
| | 不可能 | 很少 | 低可能 | 可能发生 | 能发生 | 有时发生 | 发生的可能性 | | | |
| | 估计从不可发生 | 10年以上可能发生一次 | 10年内可能发生一次 | 5年内可能发生一次 | 每年可能发生一次 | 1年内能发生10次以上 | 发生可能性的衡量（发生频率） | | | |
| | 1/100年 | 1/40年 | 1/10年 | 1/5年 | 1/1年 | ≥10/1年 | 发生频率量化 | | | |

| 风险值 | 风险等级 | 说明 |
|---|---|---|
| 30～36 | Ⅰ级 | 重大风险 |
| 18～25 | Ⅱ级 | 较大风险 |
| 9～16 | Ⅲ级 | 一般风险 |
| 1～8 | Ⅳ级 | 低风险 |

图 J.1　风险矩阵图

示例：评估"井下人员登高作业未系安全带，高处坠落伤害"风险。

$L$：可能性，人员登高作业时未系安全带发生坠落的可能性，可能发生，取值4；

$S$：损失，人员高处坠落造成的伤害程度，一人受到严重伤害，取值3；

$R$：风险值，$4 \times 3 = 12$。

根据矩阵图，值在黄色区间，即一般风险，则"井下人员登高作业未系安全带，高处坠落伤害"风险大小为一般风险。

# 附　录　K

## （资料性附录）

## 作业条件危险性评价法（LEC）

作业条件危险性评价法（LEC）用与系统风险有关的三种因素指标值的乘积来评价风险大小，这三种因素分别是：

$L$（事故发生的可能性，likelihood）；

$E$（人员暴露于危险环境中的频繁程度，exposure）；

$C$（一旦发生事故可能造成的后果，consequence）。

给三种因素的不同等级分别确定不同的分值，再以三个分值的乘积 $D$（危险性，danger）来评价作业条件危险性的大小。

即　　　　　　　　　　　　　　　$D=L \cdot E \cdot C$

表 K.1　$L$——事故发生的可能性

| 分数值 | 事故发生的可能性 |
|---|---|
| 10 | 完全可以预料 |
| 6 | 相当可能 |
| 3 | 可能，但不经常 |
| 1 | 可能性小，完全意外 |
| 0.5 | 很不可能，可以设想 |
| 0.2 | 极不可能 |
| 0.1 | 实际不可能 |

表 K.2　$E$——暴露于危险环境的频繁程度

| 分数值 | 暴露于危险环境的频繁程度 |
|---|---|
| 10 | 连续暴露 |
| 6 | 每天工作时间内暴露 |
| 3 | 每周一次或偶然暴露 |
| 2 | 每月一次暴露 |
| 1 | 每年几次暴露 |
| 0.5 | 非常罕见暴露 |

表 K.3　C——发生事故产生的后果

| 分数值 | 发生事故产生的后果 |
|---|---|
| 100 | 10 人以上死亡 |
| 40 | 3～9 人死亡 |
| 15 | 1～2 人死亡 |
| 7 | 严重 |
| 3 | 重大,伤残 |
| 1 | 引人注意 |

表 K.4　D——风险大小

| D 值 | 危险程度 |
|---|---|
| >320 | 重大风险 |
| 160～320 | 较大风险 |
| 70～160 | 一般风险 |
| <70 | 低风险 |

　　注:LEC 风险评价法是一种简单易行的,评价操作人员在具有潜在危险性环境中作业时危险性的半定量评价法。值得注意的是,LEC 风险评价法对危险等级的划分,一定程度上凭经验判断,应用时需要考虑其局限性,根据实际情况予以修正。

示例:

评估"综掘掘进作业,顶板冒落,人员受到伤害"风险。

$L$:可能性,即冒顶的可能性,取值 3(可能,但不经常);

$E$:暴露频度,取值 6(每天工作时间内暴露);

$C$:后果,取值 15(1～2 人死亡);

$D$:风险大小,$3 \times 6 \times 15 = 270$;

查表,$D$ 值在"160～320"区间,即较大风险,则"综掘掘进作业,顶板冒落,人员受到伤害"风险大小为:较大风险。

# 附　录　L
## (资料性附录)
### 重大风险管控方案

L.1　重大风险管控方案封面

L.2　重大风险管控方案正文(图 L.1)

L.2.1　风险描述

2017 年,矿井进行了煤尘爆炸性鉴定,经鉴定,煤层具有爆炸性,火焰长度>400 mm,挥发分 38.61%。根据安全风险评估,煤尘爆炸风险为重大安全风险,为管控煤尘爆炸风险。

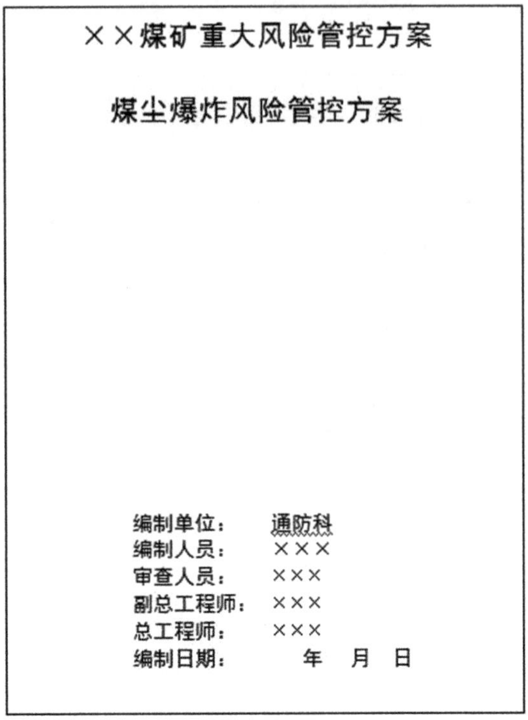

```
┌─────────────────────────────────────────────┐
│                                             │
│        ××煤矿重大风险管控方案                │
│                                             │
│        煤尘爆炸风险管控方案                   │
│                                             │
│                                             │
│                                             │
│                                             │
│                                             │
│                                             │
│                                             │
│                                             │
│         编制单位：   通防科                  │
│         编制人员：   ×××                   │
│         审查人员：   ×××                   │
│         副总工程师： ×××                   │
│         总工程师：   ×××                   │
│         编制日期：      年  月  日          │
│                                             │
└─────────────────────────────────────────────┘
```

图 L.1  封面

L.2.2  管控措施

L.2.2.1  综合防尘工程技术措施

a) 采取综合防尘措施,并建立完善的防尘供水系统;

……

b) 井下风速必须严格控制,改变通风系统时,必须相应地调节风速,防止煤尘飞扬;

……

c) 产生粉尘的地点,必须采用有效的防尘措施;

……

d) 杜绝引爆火源;

……

L.2.2.2  隔绝煤尘爆炸工程技术措施

主要采用隔爆水棚来隔绝煤尘爆炸的传播。隔爆棚分为主要隔爆棚及辅助隔爆棚,分别设置在以下地点。

a) 主要隔爆棚,应在下列地点设置:

……

b) 辅助隔爆棚,应在下列地点设置:

……

c) 隔爆水棚安设标准:

……

d）隔爆水棚的管理

……

**L.2.2.3　安全管理措施**

……

**L.2.2.4　培训教育措施**

……

**L.2.2.5　个体防护措施**

……

**L.2.3　经费和物资统计（表L.1）**

表L.1　经费和物质统计表

| 工程项目名称 | 计量单位 | 工程量 | 计划资金/万元 |
|---|---|---|---|
| 软质水袋 | 个 | ××× | ××× |
| 喷雾喷头 | 个 | ××× | ××× |
| 机械式喷雾装置 | 套 | ××× | ××× |
| 多功能自动喷雾配件 | 个 | ××× | ××× |
| 放炮喷雾装置 | 台 | ××× | ××× |
| …… | …… | …… | …… |
| 总　计 | | | ××× |

**L.2.4　管控单位和责任人**

矿井成立工作领导小组，总工程师任组长，副总工程师×××任副组长，通防科、调度信息中心、机电环保科、安全监察处及各生产区队主要负责人为成员，全面负责矿井预防和隔绝煤尘爆炸工作。

通防科：负责……（职责说明）。

调度信息中心：负责……（职责说明）。

生产技术科：负责……（职责说明）。

安全监察处：负责……（职责说明）。

机电环保科：负责……（职责说明）。

通防工区：负责……（职责说明）。

机电工区：负责……（职责说明）。

……

**L.2.5　管控时限**

本重大风险管控时限为：2018.01.01—2018.12.31

**L.2.6　应急处置措施**

**L.2.6.1**　当发生煤尘爆炸后，现场人员应立即组织灾区以及受威胁区域人员沿避灾路线撤离现场,并立即向调度信息中心汇报,调度信息中心立即启动应急救援预案,按照矿《矿井灾害预防和处理计划》要求,通知有关人员。受威胁区域的人员在沿避灾路线撤离灾区时应首先以逃生为主,并可使用沿线的"六大系统"实施自救,当无法顺利逃生时可就近进入避险硐室等待救援。

L.2.6.2 ······

# 附 录 M
## (资料性附录)
## 安全风险管控清单

M.1 安全风险管控清单

风险辨识评估后,应建立风险管控清单(表 M.1)。

表 M.1 ××煤矿 2018 年度安全风险管控清单

| 序号 | 风险点 | 风险类型 | 风险描述 | 风险等级 | 危害因素 | 管控措施 | 管控单位和责任人 | 最高管控层级和责任人 | 评估日期 | 解除日期 | 信息来源 |
|---|---|---|---|---|---|---|---|---|---|---|---|
| 1 | ××综放工作面 | 煤尘爆炸 | 煤尘具有爆炸性,爆炸指数 37.21%,可发生煤尘爆炸事故 | 重大风险 | 矿井未建立完善的防尘系统 | 矿井建立完善的防尘系统 | 综采工区 ××× | ×××× ××× | 2017.12.20 | ××.×.× | |
| | | | | | 矿井防尘管路敷设不完全 | 井下所有地点敷设防尘管路 | 综采工区 ××× | | | | |
| | | | | | ······ | ······ | | | | | |
| 2 | | 火灾 | 煤层自燃倾向性等级为Ⅰ类,工作面回采过程推进速度不均衡及采空区遗煤等因素造成自然发火 | 重大风险 | 工作面未敷设注浆管路 | 在轨、运平巷敷设注浆管路,完善注浆系统 | 综采工区 ××× | ×××× ××× | 2017.12.20 | ××.×.× | |
| | | | | | 回采期间未按进行预防性灌浆 | 工作面回采期间对采空区进行预防性灌浆 | 综采工区 ××× | | | | |
| | | | | | ······ | ······ | | | | | |
| 3 | | ······ | ······ | ······ | ······ | ······ | ······ | ······ | ······ | ······ | |
| 4 | ××综掘工作面 | ······ | ······ | ······ | ······ | ······ | ······ | ······ | ······ | ······ | |
| 5 | | ······ | ······ | ······ | ······ | ······ | ······ | ······ | ······ | ······ | |
| 6 | | ······ | ······ | ······ | ······ | ······ | ······ | ······ | ······ | ······ | |

注:(1)风险类型(见 5.2.2)。

(2)风险等级按重大风险、较大风险、一般风险、低风险填写。

(3)危害因素:为辨识的导致该风险的各种危害因素。

(4)管控单位和责任人是每条管控措施负责落实的单位和具体责任人。

(5)最高管控层级和责任人是指本条风险的最高管控层级,如矿井、矿长、科室、科长、区队、区长等。

(6)信息来源注明是年度、专项、岗位、临时施工辨识获得,还是综合、专项、区队、班组、岗位动态管控发现,其中科室管理干部日常下井检查发现归入专项。初次辨识归入年度。

附 录 N

（资料性附录）

重大隐患治理方案

N.1 重大隐患治理方案封面(图 N.1)

图 N.1 重大隐患治理方案封面

N.2 重大隐患治理方案正文

N.2.1 矿井概况

×××煤矿属生产矿井,矿区面积为 2.67 km²。该矿属高瓦斯矿井,开采的煤层自燃倾向性等级为Ⅲ级,属不易自燃煤层,煤尘无爆炸性,矿井核定生产生产能力为 15 万吨/年,矿井法定允许开采的三叠纪须家河组二段,可采煤层为两层,即××炭、上下连炭。矿井目前只开采×××炭。×××炭厚度为 0.67～0.79 m,平均厚度为 0.75 m,属极薄煤层开采,煤层倾角为 10°～12°;矿井水文地质类型为中等类型,矿井地温无异常区,无冲击地压。

……

N.2.2 重大隐患描述

矿井采掘失调严重:111 对拉采煤工作面目前处于收尾阶段,并且全矿井只有一个回采工作面,即 111 对拉采煤工作面,2018 年 7—9 月矿井无采煤工作面,只有掘进工作面施工,矿井符合原国家安全生产监督管理总局令第85号《煤矿重大事故隐患判定标准》第四条第二款"矿井开拓、准备、采煤可采期小于有关标准规定的最短时间组织生产、造成接续紧张或者采用'剃头下山'开采的"属于煤矿重大隐患。

N.2.3　治理的目标和任务

通过隐患排查治理，矿井重新部署，通过优化设计，优选掘进工艺，利用新设备，力争在最短的时间内达到三量平衡。

N.2.4　采取的治理方法和措施

N.2.4.1　合理调整人员，组织一个掘进队伍，增加掘进队伍力量。

N.2.4.2　加快掘进速度，强化管理，在确保安全的前提下，力争于在8月中旬完成××平巷施工，在××水平形成×××采煤工作面。

N.2.4.3　调整掘进布局，于9月底前在×××采区形成×××采煤工作面备用。

……

N.2.5　隐患治理责任

N.2.5.1　矿长是全矿安全生产的第一责任者，对矿井安全煤矿重大事故隐患治理全面负责，每月召开安全办公会，听取安全隐患的排查、处理及整改落实情况，研究解决必需的人、财、物。

N.2.5.2　总工程师对矿井安全煤矿重大事故隐患具体负责，组织落实矿井安全隐患的排查并制定相应的技术措施，对"一通三防"和防治水等重大隐患的排查处理具体负责。

N.2.5.3　各分管副矿长负责对安全隐患按照制定的整改措施进行治理整改。

N.2.5.4　安全管理科对安全煤矿重大事故隐患、治理工作负监督检查责任，对危及安全生产隐患不进行排查处理而继续生产时有权停止作业。安全管理科对安全煤矿重大事故隐患汇总、整改、落实、监督、组织验收负直接责任。

N.2.5.5　各专业副总工程师协助总工程师对所分管范围内安全隐患的排查及处理工作。

N.2.5.6　各业务科室在分管领导统一部署下，负责所辖范围内的安全煤矿重大事故隐患、处理工作，及时检查督促，并对各单位按要求落实整改措施，参加验收。

……

N.2.6　治理时限和要求

治理期限从2018年7月1日开始，2018年12月31日结束。

N.2.7　落实的经费和物资

为保障掘进工作面施工期间正常有序地开展隐患治理工作，共施巷道1 600 m，所需经费×××万元，由矿长×××负责安排。

N.2.8　安全措施和应急预案

N.2.8.1　施工安全技术措施

……

N.2.8.2　应急预案

……

# 附　录　O

## （资料行附录）

## 隐患清单

隐患清单

对隐患排查的结果进行记录,建立隐患清单(表 O.1)。

表 O.1　隐患清单

填表日期:××年××月××日

| 序号 | 风险点 | 隐患类型 | 隐患描述 | 隐患等级 | 治理措施 | 责任单位 | 责任人 | 治理期限 | 排查日期 | 销号日期 | 信息来源 |
|---|---|---|---|---|---|---|---|---|---|---|---|
| 1 | ××胶带运输巷 | 冒顶(片帮) | 西翼二部胶带运输巷205#~245#架顶板离层,需对顶板进行支护 | C | 由普掘工区对顶板进行锚网加固处理。要求锚杆锚固力不低于规程要求,出现钢带不切岩面时应加垫木托盘或用短锚索勒紧钢带 | 普掘工区 | ××× | 2018.08.01 | 2018.07.20 | ××.×.× | |
| 2 | …… | …… | …… | …… | …… | …… | …… | …… | …… | …… | |
| | | | | | | | | | | | |

注:(1) 风险点即隐患存在的风险点名称,均以风险点为基本单元。

(2) 隐患类型(见 6.2)。

(3) 隐患等级填写重大、A 级、B 级、C 级其中之一。

(4) 治理措施:简要说明隐患治理采取的措施。

(5) 信息来源注明综合、专项、区队(车间)、班组、岗位动态管控发现,还是外来检查发现。其中,科室管理干部日常下井检查发现归入专项。

# 附录四 山东省煤矿(企业)双重预防机制评估表

被评估单位：　　　　　　　　　　评估总分：　　　　　　　　　　日期：

| 考核指标 | 考核要点 | 达标标准 | 评分标准 | 考核方法 | 考核记录 | 扣分 |
|---|---|---|---|---|---|---|
| 基本要求（20分） | 组织机构（2分） | 企业应成立"双重预防机制"建设工作领导机构,设置专职或兼职管理部门,配备专职管理人员 | (1) 未明确"双重预防机制"建设工作领导机构,设置专职或兼职管理部门的,扣2分。<br>(2) 基层部门不知晓"双重预防机制"建设工作领导机构文件的,每个部门扣0.5分。<br>(3) 未配备专职管理人员(一般不少于2人)的,每少1人扣1分 | 查文件：<br>"双重预防机制"建设工作领导机构红头文件。<br>询问：<br>相关人员是否知晓成立"双重预防机制"建设机构的文件,并掌握其中主要内容 | | |
| | 制度建设（3分） | (1) 应建立"双重预防机制"工作制度,制度涵盖安全风险辨识评估、风险分级管控、安全隐患排查治理、重大风险和重大隐患公示报告、信息系统管理、教育培训、机制运行、更新以及考核等内容<br>(2) 根据"双重预防机制"工作要求,完善安全生产责任制、岗位责任制 | (1) 未用正式文件公布制度的,扣0.3分。<br>(2) 制度中未明确主要负责人、分管负责人、安全负责人责任的,每人次扣0.5分。<br>(3) 制度缺少关键内容,每项扣1.5分。<br>(4) 制度不符合相关要求或企业实际的,每处扣0.2分。<br>(5) 安全生产责任制、岗位责任制未修改完善的,每职位(岗位)扣0.2分。<br>(6) 基层单位没有制度留存和学习记录的,每单位扣0.2分 | 查文件：<br>公布或修改制度的正式文件。<br>询问：<br>相关人员是否掌握"双重预防机制"基本制度 | | |
| | 培训教育（3分） | (1) 每年对安全管理技术人员至少组织一次风险管理、辨识评估、隐患排查治理知识培训。<br>(2) 开展职工全员安全培训,内容至少应包括："双重预防机制"的基本知识、年度和专项辨识评估结果、与本岗位相关的风险管控措施 | (1) 未制定培训计划或计划不符合要求,不具体的,扣0.5分。<br>(2) 培训无教案、课程安排、考勤、试卷等档案材料的,每项扣0.3分。<br>(3) 全员"双重预防机制"培训覆盖不全,缺少部门或岗位的,每个岗位或部门扣0.2分。<br>(4) 未组织闭卷考试或培训记录弄虚作假的,扣1分。<br>(5) 原卷抽考10人,培训效果差不及格(60分)的,每人扣0.3分 | 查资料：<br>培训计划、培训档案等。<br>抽查问询：<br>(1) 各层级、各岗位人员是否掌握"双重预防机制"培训内容,原卷抽考。<br>(2) 主要负责人、分管负责人、部门负责人是否熟练掌握"双重预防机制"运行流程 | | |

| 考核指标 | 考核要点 | 达标标准 | 评分标准 | 考核方法 | 考核记录 | 扣分 |
|---|---|---|---|---|---|---|
| 基本要求<br>(20分) | 公示报告<br>(2分) | (1) 入井口醒目位置公示重大安全风险和重大隐患。<br>(2) 存在重大安全风险的区域公示告知重大安全风险。<br>(3) 重大安全风险公示风险点、风险描述、主要管控措施、管控责任人等。<br>(4) 重大隐患公示风险点、隐患描述、主要治理措施、责任人、治理时限等。<br>(5) 每季度应向负有安全生产监督管理职责和安全监察职责的部门报告重大风险和重大隐患。<br>(6) 重大风险报告应当包括以下内容：风险点的基本情况、风险类型、风险描述、风险管控措施、风险分级管控责任单位和责任人。<br>(7) 重大隐患报告应当包括以下内容：隐患的现状、产生原因、危害程度、整改难易程度分析、治理方案、治理责任 | (1) 未在入井口醒目位置公示告知重大安全风险和重大隐患的，扣1分。<br>(2) 未在重大安全风险存在区域公示告知重大安全风险的，扣1分。<br>(3) 重大安全风险和重大安全隐患告知内容不全的，每处扣0.2分。<br>(4) 未按季度上报重大风险和重大隐患的，每次扣0.5分。<br>(5) 重大风险和重大安全隐患报告内容不全的，每项扣0.2分 | 查文件：<br>重大风险清单、安全隐患清单、上报重大风险和重大安全隐患的文件。<br>现场检查：<br>(1) 重大安全风险和重大安全隐患告知牌板。<br>(2) 向有关安全监管监察部门核对情况 | | |
| | 文件管理<br>(2分) | 应按照期限完整保存机制运行的记录资料，并分类建档管理：<br>(1) 风险点台账、安全风险管控清单、年度和专项评估文件等。<br>(2) 旬、月检查记录。<br>(3) 隐患台账、重大隐患治理方案等。<br>(4) 隐患治理、验收、销号记录。<br>(5) 年度和专项评估报告至少保存2年。<br>(6) 重大风险和重大隐患销号后保存2年。<br>(7) 其他风险和隐患销号后保存1年 | (1) 未保存机制运行记录资料(纸质或电子文档)的，扣2分。<br>(2) 记录资料不全的，每项扣0.5分。<br>(3) 保存年限不足的，每件扣0.2分 | 查资料、信息系统：<br>风险点台账、安全风险管控清单、年度和专项评估文件、旬、月检查记录、隐患台账、重大隐患治理方案、隐患治理、验收、销号记录等 | | |
| | 持续改进<br>(3分) | (1) 每年至少对本单位机制运行进行一次系统性评审。<br>(2) 当相应法律法规标准变化时、煤矿(企业)组织机构发生重大调整时或其他需要更新的情况发生变化对机制运行产生影响时，应及时更新 | (1) 未进行评审的，扣1分。<br>(2) 评审内容简单，未解决实际问题的，扣0.5分。<br>(3) 相应法律法规标准变化后，有过渡期的生效前、没有过渡期的生效后20日内，未更新的，扣1分。<br>(4) 煤矿组织机构发生重大调整后30日内未更新的，扣1分。<br>(5) 其他影响"双重预防机制"发挥作用的情况发生后未及时更新的，扣0.5分 | 查资料、信息系统：<br>评审记录或评审报告，煤矿组织机构变化文件，当年国家新颁布的法律、法规和标准等 | | |

续表

| 考核指标 | 考核要点 | 达标标准 | 评分标准 | 考核方法 | 考核记录 | 扣分 |
|---|---|---|---|---|---|---|
| 基本要求（20分） | 责任考核（5分） | （1）"双重预防机制"考核制度明确考核奖惩的标准、频次、方式方法等，并将考核结果与员工薪酬相联系。<br>（2）考核制度得到有效落实，并根据考核结果予以奖惩 | （1）制度未明确考核奖惩的标准、频次、方式、方法，考核结果未与员工薪酬相联系的，每项扣1分。<br>（2）未根据考核结果落实奖惩的，每个基层单位扣1分 | 查资料：<br>制度、考核奖惩记录，相关财务报表、工资记录。<br>询问：<br>个别职工 | | |
| 风险分级管控（25分） | 风险点（2分） | （1）煤矿（企业）可按照点、线、面相结合的原则，根据生产经营场所（单位）、生产系统、重点岗位（作业地点）、关键设备等划分风险点，应涵盖临时性特殊的作业活动。<br>（2）按照风险点划分原则，排查风险点，形成风险点台账（参见附录A）。<br>（3）风险点台账内容应包括：风险点名称、风险类型、管控单位、排查日期、解除日期等信息。<br>（4）风险点台账应根据现场实际及时更新 | （1）未建立风险点台账，扣1分。<br>（2）风险点未覆盖煤矿井上下所有生产经营场所、系统、岗位、设备设施和各类作业活动的，扣1分。<br>（3）风险点台账缺项，或确定新增风险点后5日内未更新风险点台账的，扣0.5分 | 查资料、信息系统：<br>风险点台账、矿井图纸。<br>现场检查：<br>通过生产系统、生产现场判断是否遗漏风险点 | | |
| | 危害因素辨识（3分） | （1）煤矿应组织开展危害因素辨识，建立专项和岗位危害因素数据库。<br>（2）对危害因素数据库进行不断完善 | （1）未建立危害因素数据库的，扣2分。<br>（2）没有对危害因素库进行不断完善的（半年内没有新增数据），扣1分。<br>（3）危害因素数据类型不全，每个类型扣0.5分 | 查资料、信息系统：<br>危害因素数据信息、作业规程、安全技术措施、操作规程等 | | |
| | 风险辨识评估（6分） | （1）开展年度、专项、岗位和临时施工风险辨识。<br>（2）风险判定方法应用，类型等级判定合理。<br>（3）正确应用风险辨识评估结果。<br>（4）安全风险录入及时 | （1）未开展年度辨识的，扣3分。年度风险辨识时间晚于年度生产计划、灾害预防处理计划、应急救援预案的，扣1分。<br>（2）专项、岗位、临时施工未如期开展风险辨识的，每次扣2分。<br>（3）采区设计、作业规程、专项技术措施、操作规程等没有应用辨识评估结果的，每份扣1分。<br>（4）重大风险判定为低级别风险的，每条扣2分。<br>（5）风险类型划分错误、风险级别判定明显不当的，每项扣0.2分。<br>（6）未制作岗位风险告知卡的，每个岗位扣0.2分。<br>（7）辨识评估人员不熟悉评估流程、方法、评估基本知识的，每人次扣0.1分 | 查资料、信息系统：<br>（1）年度风险辨识报告、专项、岗位和临时施工风险辨识评估文件、年度生产计划、灾害预防处理计划、应急救援预案等。<br>（2）生产作业记录、采区设计、作业规程、专项技术措施、操作规程等。<br>询问：<br>相关人员是否熟知风险辨识评估流程、评估方法、评估基本知识 | | |

| 考核指标 | 考核要点 | 达标标准 | 评分标准 | 考核方法 | 考核记录 | 扣分 |
|---|---|---|---|---|---|---|
| 风险分级管控(25分) | 管控措施(5分) | (1)应考虑工程技术、安全管理、培训教育、个体防护和现场应急处置等方面,按照安全、可行、可靠的要求制定风险管控措施。<br>(2)重大风险应编制风险管控方案。管控方案应当包括:风险描述、管控措施、经费和物资、负责管控单位和管控责任人、管控时限、应急处置等内容 | (1)管控措施与实际不符,可操作性较差,未有效落实、有遗漏的,每项扣0.2分。<br>(2)重大风险未编制风险管控方案的,扣1分。<br>(3)重大风险管控方案内容缺项的,每项扣0.5分 | 查资料、信息系统:风险管控措施、重大风险管控方案。抽查10条风险的管控措施 |  |  |
| | 管控责任(6分) | (1)对安全风险进行分级管控,逐一分解落实管控责任。上一级负责管控的风险,下一级必须同时负责管控。<br>(2)重大、较大、一般和低风险分别由煤矿(企业)主要负责人、分管负责人和科室(部门)、区队(车间)负责人和班组长、岗位人员管控。<br>(3)矿井应对安全风险实行分区域、分系统、分专业管控,矿井各生产(服务)区域(场所)的风险由该区域风险点的责任单位管控;各系统的风险由该系统分管负责人和分管科室(部门)管控;各专业风险由该专业分管负责人和专业科室(部门)管控 | (1)风险管控层级不符合要求的,每条扣0.5分。<br>(2)风险未落实管控责任的,每条扣0.5分。<br>(3)企业主要负责人、分管负责人、部门负责人、岗位人员对分管主要风险的管控措施的不熟悉,每人次扣0.2分。<br>(4)上级管控的风险,下一级未落实管控责任的,每条扣0.2分。<br>(5)管控责任同区域、系统和专业管控责任规定不相符的,每条扣0.2分 | 查资料、信息系统:风险分级管控清单、动态管控检查记录等资料。<br>询问:企业主要负责人、分管负责人部门负责人、岗位人员是否清楚应管控主要风险及相关控制措施 |  |  |
| | 风险管控清单(3分) | (1)年度风险辨识评估后,应建立安全风险管控清单,列出重大安全风险清单。专项和岗位风险评估后,要完善更新安全风险分级管控清单。<br>(2)安全风险管控清单内容主要包括:风险点、风险类型、风险描述、风险等级、危害因素、管控措施、管控单位和责任人、最高管控层级和责任人、评估日期、解除日期、信息来源 | (1)风险管控清单缺项或内容错误的,每项扣0.2分。<br>(2)年度风险辨识评估出的安全风险7日内录入信息系统,更新风险管控清单的,每次扣1分。<br>(3)专项、岗位、临时工施辨识出的安全风险3日内未录入信息系统,并更新风险管控清单的,每次扣0.3分 | 查资料、信息系统:<br>(1)风险管控清单。<br>(2)重大安全风险清单。<br>(3)年度、专项、岗位和临时施工风险辨识评估文件 |  |  |

| 考核指标 | 考核要点 | 达标标准 | 评分标准 | 考核方法 | 考核记录 | 扣分 |
|---|---|---|---|---|---|---|
| 隐患治理<br>(20分) | 隐患排查<br>(8分) | (1)煤矿应定期排查隐患。<br>(2)煤矿(企业)应根据组织机构确定不同的排查组织级别,一般包括:煤矿(企业)级、科室(部门)级、区队(车间)级、班组级、岗位级。<br>(3)煤矿隐患分为重大隐患和一般隐患。一般隐患按照危害程度、解决难易、工程量大小等划分为A、B、C三级。<br>(4)重大隐患判定依据国家煤矿重大生产安全事故隐患判定标准确定。<br>(5)隐患类型比照风险类型划分 | (1)重大隐患判定错误,每条扣2分。<br>(2)隐患类型和等级明显划分错误的,每条扣0.2分。<br>(3)未落实分层级隐患排查责任的,每条扣0.5分 | 查资料、信息系统:隐患清单、隐患排查记录 | | |
| | 隐患治理<br>(8分) | (1)隐患治理应制定或落实治理措施,在治理过程中对伴随的风险进行管控,存在较大及以上风险的,应有专人现场指挥和监督,并设置警示标识。<br>(2)重大隐患和A级隐患,必须编制隐患治理方案,方案应当包括下列主要内容:治理的目标和任务,采取的治理方法和措施,经费和物资、机构和人员的责任,治理的时限,治理过程中的风险管控措施(含应急处置)。<br>(3)隐患应根据煤矿(企业)管理层级,实行分级治理、分级督办、分级验收。验收合格的予以销号,实现闭环管理。未按规定完成治理的隐患,应提高督办层级。<br>(4)重大隐患治理,由煤矿(企业)主要负责人组织实施 | (1)隐患未制定或落实治理措施的,每条扣1分。<br>(2)隐患治理措施未考虑伴随风险的,治理隐患过程中存在较大以上风险,未落实专人现场指挥和监督的,每条扣0.5分。<br>(3)隐患治理措施缺乏针对性、安全性、可操作性的,每条隐患扣0.1分。<br>(4)重大隐患和A级隐患,未编制隐患治理方案的,扣2分。治理方案缺项的,每项扣0.5分。重大隐患未落实煤矿主要负责人责任的,扣1分。<br>(5)隐患治理未实行分级治理、分级督办、分级验收和闭环管理的,每条扣1分。<br>(6)治理超期的隐患未提级督办的,每条扣0.5分 | 查资料、信息系统:隐患清单、隐患治理方案、治理措施、验收销号记录、延期提级督办记录等资料 | | |
| | 隐患清单<br>(4分) | (1)对隐患排查的结果进行记录,建立隐患清单。<br>(2)隐患清单内容主要包括:风险点、隐患类型、隐患描述、隐患等级、治理措施、责任单位、责任人、治理期限、排查日期、销号日期、信息来源等 | 隐患清单缺项或记录错误的,每项扣0.5分 | 查资料、信息系统:隐患清单、月度检查隐患排查记录、其他各层级隐患排查记录 | | |

| 考核指标 | 考核要点 | 达标标准 | 评分标准 | 考核方法 | 考核记录 | 扣分 |
|---|---|---|---|---|---|---|
| 过程管控<br>(25分) | 综合管控<br>(6分) | (1) 应以风险点为基本单元,对照安全风险管控清单开展安全风险管控效果检查分析和隐患排查。<br>(2) 煤矿(企业)主要负责人每月组织一次综合安全检查活动。综合检查应做好以下工作:<br>① 检查矿井安全风险管控措施落实情况,开展隐患排查;<br>② 分析安全风险管控效果和隐患产生原因,调整完善风险管控措施;<br>③ 补充新增风险及其管控措施;<br>④ 通报隐患治理情况,补充完善隐患清单,明确隐患分级治理责任 | (1) 主要负责人无故未组织综合安全检查活动的,每次扣2分。<br>(2) 未根据风险管控措施,以风险点为单元编制专门检查表的,每次扣1分。<br>(3) 综合检查内容缺项的,每项扣0.5分。<br>(4) 检查后2日内,未补充新增风险及其管控措施的,未补充完善隐患清单,明确隐患分级治理责任的,每条扣0.2分 | 查资料、信息系统:隐患清单、风险清单、月度检查表原件等资料。<br>现场检查:风险管控情况,隐患治理情况 | | |
| | 专业管控<br>(6分) | (1) 煤矿(企业)各专业分管负责人每旬组织一次专业安全检查活动。其中上旬可合并到月度综合检查活动中,中下旬根据本专业工作进行安排。<br>(2) 专业检查活动应做以下工作:<br>① 检查分析各专业的安全风险管控措施落实情况,开展隐患排查;<br>② 补充完善安全风险管控清单和隐患清单 | (1) 分管负责人无故未组织专项安全检查活动的,每次扣1分。<br>(2) 未根据风险管控措施,编制专门检查表的,每次扣0.5分。<br>(3) 专业检查活动内容缺项的,每项扣0.3分。<br>(4) 检查后2日内,未补充新增风险及其管控措施的,未补充完善隐患清单,明确隐患分级治理责任的,每条扣0.1分 | 查资料、信息系统:专业原始检查表、隐患清单、风险清单等资料。<br>现场检查:风险管控情况,隐患治理情况 | | |
| | 区队<br>(车间)<br>管控<br>(5分) | (1) 区队(车间)每天开展安全检查。<br>(2) 区队(车间)检查活动应做好以下工作:<br>① 检查风险管控措施落实情况,排查治理隐患;<br>② 不能立即整改的隐患及时上报,危及人身安全时停止作业,按程序处置;<br>③ 对新增风险采取临时风险管控措施,并及时上报 | (1) 区队(车间)无故未组织安全检查活动的,每次扣0.5分。<br>(2) 未根据风险管控措施,编制专门检查表的,扣0.5分。<br>(3) 区队(车间)检查活动内容缺项的,每项扣0.3分。<br>(4) 当天未录入隐患和风险的,每条扣0.1分 | 查资料、信息系统:隐患清单、风险清单、区队原始检查表、区队值班记录等资料。<br>现场检查:风险管控情况,隐患治理情况 | | |

| 考核指标 | 考核要点 | 达标标准 | 评分标准 | 考核方法 | 考核记录 | 扣分 |
|---|---|---|---|---|---|---|
| 过程管控（25分） | 班组管控（4分） | （1）班组长每班组织对作业环境和重点工序进行安全检查。<br>（2）班组每班检查做好以下工作：<br>①检查风险管控措施落实情况，排查治理隐患；<br>②不能立即整改的隐患及时上报，危及人身安全时停止作业，按程序处置；<br>③对新增风险采取临时风险管控措施，并及时上报 | （1）班组无故未组织安全检查活动的，每次扣0.5分。<br>（2）未根据风险管控措施，编制专门检查表的，扣0.5分。<br>（3）检查活动内容缺项的，每项扣0.3分。<br>（4）班后未及时录入风险和隐患的，每条扣0.1分 | 查资料、信息系统：<br>隐患清单、风险清单、班组原始检查表、区队值班记录等资料。<br>现场检查：<br>风险管控情况，隐患治理情况 | | |
| | 岗位管控（2分） | （1）作业人员对岗位作业条件进行安全检查。<br>（2）作业人员岗前检查做好以下工作：<br>①依照岗位风险落实风险管控措施，排查治理隐患；<br>②检查结果及时汇报，危及人身安全时停止作业；<br>③发现新增风险及时汇报 | （1）作业人员未进行检查的，每次扣0.3分。<br>（2）未携带岗位检查表或岗位风险告知卡上岗的，每人次扣0.2分。<br>（3）岗位人员岗位检查活动内容缺项的，每人次扣0.3分 | 查资料、信息系统：<br>岗位检查表、岗位风险告知卡、隐患清单、风险清单、区队值班记录等资料。<br>现场检查：<br>风险管控情况，隐患治理情况 | | |
| | 基本要求（2分） | （1）煤矿（企业）应采用信息化管理手段，建立安全生产"双重预防机制"信息平台。<br>（2）保障数据安全，具有权限分级功能。<br>（3）实现风险与隐患数据应用的无缝链接。<br>（4）宜使用移动终端提高安全管理信息化水平 | （1）不能保障数据安全，能够随意修改数据内容和录入时间的，扣1分。<br>（2）未实现权限分级，对各层级、各专业用户进行个性化管理的，扣0.5分。<br>（3）隐患和风险联系精准率达不到80%，扣1分。<br>（4）使用相匹配的移动终端进行"双重预防机制"管理的，加0.5分 | 查资料、信息系统：<br>（1）比照原始记录对系统资料进行查询。<br>（2）以不同用户登录，查询个性化界面情况。<br>（3）抽取20条隐患在试验，测算联系精准率。<br>（4）查询移动终端使用情况 | | |

续表

| 考核指标 | 考核要点 | 达标标准 | 评分标准 | 考核方法 | 考核记录 | 扣分 |
|---|---|---|---|---|---|---|
| 信息化管理（10分） | 风险分级管控功能（3分） | 风险分级管控模块应实现对安全风险的记录、跟踪、统计、分析和上报全过程的信息化管理，应具备以下功能：<br>(1)风险点的管理（增加、删除、编辑、查询等功能）；<br>(2)年度、专项、岗位、临时施工风险辨识评估的管理（辨识数据的录入、辅助辨识评估、辅助生成文件、审核、结果上传等） | (1)风险分级管控功能缺项，每项扣0.5分。<br>(2)风险点管理功能缺项，每项扣0.5分。<br>(3)风险辅助辨识功能缺项，每项扣0.5分 | 查信息系统；逐项功能测试 | | |
| | 隐患排查治理功能（3分） | 隐患排查治理模块实现对隐患的记录统计、过程跟踪、逾期报警、信息上报的信息化管理，应具备以下功能：<br>(1)隐患信息录入及与风险的关联；隐患整改、复查、销号等过程跟踪，实现闭环管理，对于整改超期，或整改未达要求的，实施预警；<br>(2)实现重大隐患上报、跟踪督办 | (1)未实现隐患的记录统计、过程跟踪、逾期报警、信息上报等功能的，每项扣0.5分。<br>(2)未实现隐患录入、分级治理、超期预警、跟踪督办、复查、销号等闭环管理各项功能的，每项扣0.5分。<br>(3)未实现重大安全隐患上报、跟踪督办功能的，每项扣0.5分 | 查信息系统；逐项功能测试 | | |
| | 统计分析预警功能（3分） | (1)实现安全风险和隐患的多维度统计分析，自动生成报表。<br>(2)实现安全风险等级变化和隐患数据变化的预警功能。<br>(3)与风险点关联，实现安全风险动态管理的直观展现。<br>(4)宜与安全生产相关系统集成 | (1)未实现安全风险和隐患的基本统计功能的，每项扣0.5分。<br>(2)未实现安全风险等级随隐患数据变化而变化预警功能的，扣0.5分。<br>(3)未实现风险点与安全风险动态关联直观展现功能（风险点四色图）的，扣0.5分。<br>(4)矿井风险点四色图不能自行修改的，扣1分 | 查信息系统；逐项功能测试 | | |
| | 系统接口（1分） | (1)应具备短信或微信提醒接口，实现预警信息的及时推送；<br>(2)应具备对外提供数据接口，实现风险、隐患等数据与其他系统的对接；<br>(3)宜具备与人员定位、监测监控等系统的接口，抓取实时监控数据 | (1)不具备短信或微信提醒接口，未实现预警信息及时推送功能的，扣0.5分。<br>(2)不具备对外提供数据接口，实现风险、隐患等数据与其他系统的对接功能的，扣0.5分 | 查信息系统；查阅系统说明书。逐项功能测试 | | |

备注：(1)本评审标准适用于煤矿"双重预防机制"评估，表中风险和隐患均包含安全生产和职业病危害两个方面。

(2)考核记录应详细描述扣分、加分原因。

(3)以抽查形式检查的项目，应将总数、抽查数目、不符合情况等描述清楚。

# 附录五 安全生产风险分级管控体系通则

### 1 范围

本标准规定了山东省内企业风险分级管控体系建设的基本要求。

本标准适用于指导山东省内各行业领域风险分级管控体系细则、实施指南的编制。

### 2 规范性引用文件

下列文件对于本文件的应用是必不可少的。凡是标注日期的引用文件,仅所注日期的版本适用于本文件。凡是不注日期的引用文件,其最新版本(包括所有的修改单)适用于本文件。

GB/T 23694—2013 风险管理 术语

### 3 术语和定义

GB/T 23694—2013界定的以及下列术语和定义适用于本文件。

#### 3.1 风险 risk

生产安全事故或健康损害事件发生的可能性和严重性的组合。可能性,是指事故(事件)发生的概率。严重性,是指事故(事件)一旦发生后,将造成的人员伤害和经济损失的严重程度。风险＝可能性·严重性。

注:改写GB/T 23694—2013,定义2.1。

#### 3.2 可接受风险 acceptable risk

根据企业法律义务和职业健康安全方针已被企业降至可容许程度的风险。

#### 3.3 重大风险 major risk

发生事故可能性与事故后果二者结合后风险值被认定为重大的风险类型。

#### 3.4 危险源 hazard

可能导致人身伤害和(或)健康损害和(或)财产损失的根源、状态或行为,或它们的组合。

注:在分析生产过程中对人造成伤亡、影响人的身体健康甚至导致疾病的因素时,危险源可称为危险有害因素,分为人的因素、物的因素、环境因素和管理因素四类。

#### 3.5 风险点 risk site

风险伴随的设施、部位、场所和区域,以及在设施、部位、场所和区域实施的伴随风险的作业活动,或以上两者的组合。

#### 3.6 危险源辨识 hazard identification

识别危险源的存在并确定其分布和特性的过程。

#### 3.7 风险评价 risk assessment

对危险源导致的风险进行分析、评估、分级,对现有控制措施的充分性加以考虑,以及对风险是否可接受予以确定的过程。

3.8　风险分级 risk classification

通过采用科学、合理方法对危险源所伴随的风险进行定性或定量评价,根据评价结果划分等级。

3.9　风险分级管控 risk classification management and control

按照风险不同级别、所需管控资源、管控能力、管控措施复杂及难易程度等因素而确定不同管控层级的风险管控方式。

3.10　风险控制措施 risk control measure

企业为将风险降低至可接受程度,针对该风险而采取的相应控制方法和手段。

3.11　风险信息 risk information

风险点名称、危险源名称、类型、所在位置、当前状态以及伴随风险大小、等级、所需管控措施、责任单位、责任人等一系列信息的综合。

3.12　风险分级管控清单 risk classification control list

企业各类风险信息(3.11)的集合。

4　基本要求

4.1　组织有力、制度保障

企业应建立由主要负责人牵头的风险分级管控组织机构,应建立能够保障风险分级管控体系全过程有效运行的管理制度。

4.2　全员参与、分级负责

企业从基层操作人员到最高管理者,应参与风险辨识、分析、评价和管控;企业应根据风险级别,确定落实管控措施责任单位的层级;风险分级管控以确保风险管控措施持续有效为工作目标。

4.3　自主建设、持续改进

企业应依据本行业领域同类型企业实施指南,建设符合本企业实际的风险分级管控体系。企业应自主完成风险分级管控体系的制度设计、文件编制、组织实施和持续改进,独立进行危险源辨识、风险分析、风险信息整理等相关具体工作。

4.4　系统规范、融合深化

企业风险分级管控体系应与企业现行安全管理体系紧密结合,应在企业安全生产标准化、职业健康安全管理体系等安全管理体系的基础上,进一步深化风险分级管控,形成一体化的安全管理体系,使风险分级管控贯彻于生产经营活动全过程。

4.5　注重实际、强化过程

企业应根据自身实际,强化过程管理,制定风险管控体系配套制度,确保体系建设的实效性和实用性。安全管理基础比较薄弱的小微企业,应找准关键风险点,合理确定管控层级,完善控制措施,确保重大风险得到有效管控。

4.6　激励约束、重在落实

企业应建立完善的风险管控目标责任考核制度,形成激励先进、约束落后的工作机制。

应按照"全员、全过程、全方位"的原则,明确每一个岗位辨识分析风险、落实风险控制措施的责任,并通过评审、更新,不断完善风险分级管控体系。

5　总体结构

5.1　标准层级

安全生产风险分级管控标准体系应包括通则、细则和实施指南三个层级。

5.2　安全生产风险分级管控体系通则

应规定本行业领域企业风险分级管控体系建设的原则要求、任务目标、基本程序和建设内容。

5.3　安全生产风险分级管控体系细则

应规定本行业领域风险分级管控体系建设的具体任务目标,应对确定风险点、危险源辨识、风险评价、风险分级管控等工作程序提出具体要求,应确定本行业常用的危险源辨识方法、风险评价方法,以及风险控制措施的选择与实施。

5.4　安全生产风险分级管控实施指南

应根据本行业领域同类型企业中的风险分级管控体系建设标杆企业的典型经验做法,制定同类型企业风险分级管控体系建设的工作方法、实施步骤,明确风险点划分、风险判定、控制措施确定和分级管控等具体原则,确定同类型企业常用的危险源辨识方法、风险评价方法和典型风险控制措施,以及相关配套制度、记录文件等,指导同类型企业开展风险分级管控体系建设。

6　工作程序和内容

6.1　风险判定准则

应结合企业可接受风险实际,制定事故(事件)发生的可能性、严重性和风险度取值标准,明确风险判定准则,以便准确判定风险等级。风险等级判定应按从严从高原则。

6.2　风险点确定

6.2.1　风险点划分原则

6.2.1.1　设施、部位、场所、区域

应遵循大小适中、便于分类、功能独立、易于管理、范围清晰的原则。

示例:如储存罐区、装卸站台、生产装置、作业场所、人员密集场所等。

6.2.1.2　操作及作业活动

应涵盖生产经营全过程所有常规和非常规状态的作业活动。

示例:动火、进入受限空间等特殊作业活动。

6.2.2　风险点排查

6.2.2.1　风险点排查的内容

企业应组织对生产经营全过程进行风险点辨识,形成风险点名称、所在位置、可能导致事故类型、风险等级等内容的基本信息。

6.2.2.2　风险点排查的方法

应按生产(工作)流程的阶段、场所、装置、设施、作业活动或上述几种方式的结合进行风险点排查。

6.3　危险源辨识

6.3.1　危险源辨识的内容

企业应采用适用的辨识方法,对风险点内存在的危险源进行辨识,辨识应覆盖风险点内全部的设备设施和作业活动,并充分考虑不同状态和不同环境带来的影响。

6.3.2　危险源辨识的方法

设备设施危险源辨识应采用安全检查表分析法(SCL)等方法,作业活动危险源辨识应采用作业危害分析法(JHA)等方法,对于复杂的工艺应采用危险与可操作性分析法(HAZOP)或类比法、事故树分析法等方法进行危险源辨识。

6.4　风险评价

6.4.1　评价方法

企业应选择以下的评价方法对危险源所伴随的风险进行定性、定量评价并根据评价结果划分等级:

——风险矩阵分析法(LS);

——作业条件危险性分析法(LEC);

——风险程度分析法(MES);

——危险指数方法(RR);

——职业病危害分级法等。

6.4.2　重大风险确定原则

以下情形为重大风险:

——违反法律、法规及国家标准中强制性条款的;

——发生过死亡、重伤、职业病、重大财产损失事故,或三次及以上轻伤、一般财产损失事故,且现在发生事故的条件依然存在的;

——涉及重大危险源的;

——具有中毒、爆炸、火灾等危险的场所,作业人员在 10 人以上的;

——经风险评价确定为最高级别风险的。

6.4.3　风险点级别确定

按风险点各危险源评价出的最高风险级别作为该风险点的级别。

6.5　风险控制措施

6.5.1　风险控制措施类别

风险控制措施类别包括:

——工程技术措施;

——管理措施;

——培训教育措施;

——个体防护措施;

——应急处置措施。

6.5.2　风险控制措施确定的要求

6.5.2.1　基本原则

企业在选择风险控制措施时应考虑：

——可行性；

——安全性；

——可靠性；

——重点突出人的因素。

6.5.2.2 评审

风险控制措施应在实施前针对以下内容进行评审：

——措施的可行性和有效性；

——是否使风险降低至可接受风险；

——是否产生新的危险源或危险有害因素；

——是否已选定最佳的解决方案。

6.5.3 重大风险控制措施

6.5.3.1 需通过工程技术措施和（或）技术改造才能控制的风险，应制定控制该类风险的目标，并为实现目标制定方案。

6.5.3.2 属于经常性或周期性工作中的不可接受风险，不需要通过工程技术措施，但需要制定新的文件（程序或作业文件）或修订原来的文件，文件中应明确规定对该种风险的有效控制措施，并在实践中落实这些措施。

6.5.3.3 对于某些重大风险，可同时采取 6.5.3.1 和 6.5.3.2 规定的措施。

6.6 风险分级管控

6.6.1 风险分级

企业选择适用的评价方法进行风险评价分级后，应确定相应原则，将同一级别或不同级别风险按照从高到低的原则划分为重大风险、较大风险、一般风险和低风险，分别用"红橙黄蓝"四种颜色标示，实施分级管控。

6.6.2 风险分级管控的要求

风险分级管控应遵循风险越高管控层级越高的原则，对于操作难度大、技术含量高、风险等级高、可能导致严重后果的作业活动应重点进行管控。上一级负责管控的风险，下一级必须同时负责管控，并逐级落实具体措施。风险管控层级可进行增加或合并，企业应根据风险分级管控的基本原则，结合本单位机构设置情况，合理确定各级风险的管控层级。

6.7 编制风险分级管控清单

企业应在每一轮风险辨识和评价后，编制包括全部风险点各类风险信息的风险分级管控清单，并按规定及时更新。

7 文件管理

企业应完整保存体现风险管控过程的记录资料，并分类建档管理。至少应包括风险管控制度、风险点台账、危险源辨识与风险评价表，以及风险分级管控清单等内容的文件化成果；涉及重大风险时，其辨识、评价过程记录，风险控制措施及其实施和改进记录等，应单独建档管理。

8 分级管控的效果

通过风险分级管控体系建设,企业应至少在以下方面有所改进:

——每一轮风险辨识和评价后,应使原有管控措施得到改进,或者通过增加新的管控措施提高安全可靠性;

——重大风险场所、部位的警示标识得到保持和改善;

——涉及重大风险部位的作业、属于重大风险的作业建立了专人监护制度;

——员工对所从事岗位的风险有更充分的认识,安全技能和应急处置能力进一步提高;

——保证风险控制措施持续有效的制度得到改进和完善,风险管控能力得到加强;

——根据改进的风险控制措施,完善隐患排查项目清单,使隐患排查工作更有针对性。

## 9 持续改进

### 9.1 评审

企业每年至少对风险分级管控体系进行一次系统性评审或更新。企业应当根据非常规作业活动、新增功能性区域、装置或设施等适时开展危险源辨识和风险评价。

### 9.2 更新

企业应主动根据以下情况变化对风险管控的影响,及时针对变化范围开展风险分析,及时更新风险信息:

——法规、标准等增减、修订变化所引起风险程度的改变;

——发生事故后,有对事故、事件或其他信息的新认识,对相关危险源的再评价;

——组织机构发生重大调整;

——补充新辨识出的危险源评价;

——风险程度变化后,需要对风险控制措施的调整。

### 9.3 沟通

企业应建立不同职能和层级间的内部沟通和用于与相关方的外部风险管控沟通机制,及时有效传递风险信息,树立内外部风险管控信心,提高风险管控效果和效率。重大风险信息更新后应及时组织相关人员进行培训。

# 附录六 生产安全事故隐患排查治理体系通则

## 1 范围

本标准规定了山东省内企业隐患排查治理体系建设的基本要求。

本标准适用于指导各行业领域隐患排查治理体系细则、实施指南的编制。

## 2 规范性引用文件

下列文件对于本文件的应用是必不可少的。凡是注日期的引用文件,仅所注日期的版本适用于本文件。凡是不注日期的引用文件,其最新版本(包括所有的修改单)适用于本文件。

GB/T 23694—2013 风险管理 术语

## 3 术语和定义

下列术语和定义适用于本文件。

### 3.1 事故隐患 hidden risk of work safety accident

企业违反安全生产、职业卫生法律、法规、规章、标准、规程和管理制度的规定,或者因其他因素在生产经营活动中存在可能导致事故发生或导致事故后果扩大的物的危险状态、人的不安全行为和管理上的缺陷。

### 3.2 隐患排查 screening for hidden risk

企业组织安全生产管理人员、工程技术人员、岗位员工以及其他相关人员依据国家法律法规、标准和企业管理制度,采取一定的方式和方法,对照风险分级管控措施的有效落实情况,对本单位的事故隐患进行排查的工作过程。

### 3.3 隐患治理 elimination of hidden risk

消除或控制隐患的活动或过程。

### 3.4 隐患信息 hidden risk information

包括隐患名称、位置、状态描述、可能导致后果及其严重程度、治理目标、治理措施、职责划分、治理期限等信息的总称。

## 4 基本要求

### 4.1 组织有力、制度保障

企业应根据实际建立由主要负责人或分管负责人牵头的组织领导机构,建立能够保障隐患排查治理体系全过程有效运行的管理制度。

### 4.2 全员参与、重在治理

从企业基层操作人员到最高管理层,都应当参与隐患排查治理;企业应当根据隐患级别,确定相应的治理责任单位和人员;隐患排查治理应当以确保隐患得到治理为工作目标。

### 4.3　系统规范、融合深化

企业应在安全标准化等安全管理体系的基础上,进一步改进隐患排查治理制度,形成一体化的安全管理体系,使隐患排查治理贯彻于生产经营活动全过程,成为企业各层级、各岗位日常工作重要的组成部分。

### 4.4　激励约束、重在落实

企业应建立隐患排查治理目标责任考核机制,形成激励先进、约束落后的鲜明导向。企业应明确每一个岗位都有排查隐患、落实治理措施的责任,同时应配套制定奖惩制度。

## 5　总体结构

### 5.1　标准层级

生产安全事故隐患排查治理标准体系包括通则、细则和实施指南三个层级。

### 5.2　生产安全事故隐患排查治理体系通则

应规定企业隐患排查治理体系建立的原则要求、任务目标和基本程序。

### 5.3　生产安全事故隐患排查治理体系细则

应规范各行业领域隐患排查治理体系建立的具体任务目标和工作程序,明确隐患排查组织方式、排查内容与标准、隐患治理原则和要求。

### 5.4　生产安全事故隐患排查治理体系实施指南

应依托各行业领域同类型企业中的隐患排查治理体系建设标杆企业,制定隐患排查治理体系建设的工作方法、实施步骤,确定同类型企业常用的隐患排查项目清单、明确组织实施、隐患治理和验收的具体要求,及相关配套制度、记录文件等,指导同类型企业开展隐患排查治理体系建设。

## 6　隐患分级与分类

### 6.1　分级

#### 6.1.1　基本要求

根据隐患整改、治理和排除的难度及其可能导致事故后果和影响范围,分为一般事故隐患和重大事故隐患。

#### 6.1.2　一般事故隐患

危害和整改难度较小,发现后能够立即整改排除的隐患。

#### 6.1.3　重大事故隐患

危害和整改难度较大,无法立即整改排除,需要全部或者局部停产停业,并经过一定时间整改治理方能排除的隐患,或者因外部因素影响致使生产经营单位自身难以排除的隐患。

以下情形为重大事故隐患:

——违反法律、法规有关规定,整改时间长或可能造成较严重危害的;

——涉及重大危险源的;

——具有中毒、爆炸、火灾等危险的场所,作业人员在 10 人以上的;

——危害程度和整改难度较大,一定时间得不到整改的;

——因外部因素影响致使生产经营单位自身难以排除的;

——设区的市级以上负有安全监管职责部门认定的。

## 6.2 分类

### 6.2.1 基本要求

事故隐患分为基础管理类隐患和生产现场类隐患。

### 6.2.2 生产现场类隐患

生产现场类隐患包括以下方面存在的问题或缺陷：

——设备设施；

——场所环境；

——从业人员操作行为；

——消防及应急设施；

——供配电设施；

——职业卫生防护设施；

——辅助动力系统；

——现场其他方面。

### 6.2.3 基础管理类隐患

基础管理类隐患包括以下方面存在的问题或缺陷：

——生产经营单位资质证照；

——安全生产管理机构及人员；

——安全生产责任制；

——安全生产管理制度；

——教育培训；

——安全生产管理档案；

——安全生产投入；

——应急管理；

——职业卫生基础管理；

——相关方安全管理；

——基础管理其他方面。

## 7 工作程序和内容

### 7.1 编制排查项目清单

### 7.1.1 基本要求

企业应依据确定的各类风险的全部控制措施和基础安全管理要求,编制包含全部应该排查的项目清单。隐患排查项目清单包括生产现场类隐患排查清单和基础管理类隐患排查清单。

### 7.1.2 生产现场类隐患排查清单

应以各类风险点为基本单元,依据风险分级管控体系中各风险点的控制措施和标准、规程要求,编制该排查单元的排查清单。至少应包括：

——与风险点对应的设备设施和作业名称；

——排查内容；

——排查标准；

——排查方法。

### 7.1.3　基础管理类隐患排查清单

应依据基础管理相关内容要求，逐项编制排查清单。至少应包括：

——基础管理名称；

——排查内容；

——排查标准；

——排查方法。

### 7.2　确定排查项目

实施隐患排查前，应根据排查类型、人员数量、时间安排和季节特点，在排查项目清单中选择确定具有针对性的具体排查项目，作为隐患排查的内容。隐患排查可分为生产现场类隐患排查或基础管理类隐患排查，两类隐患排查可同时进行。

### 7.3　组织实施

#### 7.3.1　排查类型

排查类型主要包括日常隐患排查、综合性隐患排查、专业性隐患排查、专项或季节性隐患排查、专家诊断性检查和企业各级负责人履职检查等。

#### 7.3.2　排查要求

隐患排查应做到全面覆盖、责任到人，定期排查与日常管理相结合，专业排查与综合排查相结合，一般排查与重点排查相结合。

#### 7.3.3　组织级别

企业应根据自身组织架构确定不同的排查组织级别和频次。排查组织级别一般包括公司级、部门级、车间级、班组级。

#### 7.3.4　治理建议

按照隐患排查治理要求，各相关层级的部门和单位对照隐患排查清单进行隐患排查，填写隐患排查记录。

根据排查出的隐患类别，提出治理建议，一般应包含：

——针对排查出的每项隐患，明确治理责任单位和主要责任人；

——经排查评估后，提出初步整改或处置建议；

——依据隐患治理难易程度或严重程度，确定隐患治理期限。

### 7.4　隐患治理

#### 7.4.1　隐患治理要求

隐患治理实行分级治理、分类实施的原则。主要包括岗位纠正、班组治理、车间治理、部门治理、公司治理等。

隐患治理应做到方法科学、资金到位、治理及时有效、责任到人、按时完成。能立即整改的隐患必须立即整改，无法立即整改的隐患，治理前要研究制定防范措施，落实监控责任，防止隐患发展为事故。

### 7.4.2 事故隐患治理流程

事故隐患治理流程包括：通报隐患信息、下发隐患整改通知、实施隐患治理、治理情况反馈、验收等环节。

隐患排查结束后，将隐患名称、存在位置、不符合状况、隐患等级、治理期限及治理措施要求等信息向从业人员进行通报。隐患排查组织部门应制发隐患整改通知书，应对隐患整改责任单位、措施建议、完成期限等提出要求。隐患存在单位在实施隐患治理前应当对隐患存在的原因进行分析，并制定可靠的治理措施。隐患整改通知制发部门应当对隐患整改效果组织验收。

### 7.4.3 一般隐患治理

对于一般事故隐患，根据隐患治理的分级，由企业各级（公司、车间、部门、班组等）负责人或者有关人员负责组织整改，整改情况要安排专人进行确认。

### 7.4.4 重大隐患治理

经判定或评估属于重大事故隐患的，企业应当及时组织评估，并编制事故隐患评估报告书。评估报告书应当包括事故隐患的类别、影响范围和风险程度以及对事故隐患的监控措施、治理方式、治理期限的建议等内容。

企业应根据评估报告书制定重大事故隐患治理方案。治理方案应当包括下列主要内容：

——治理的目标和任务；

——采取的方法和措施；

——经费和物资的落实；

——负责治理的机构和人员；

——治理的时限和要求；

——防止整改期间发生事故的安全措施。

### 7.4.5 隐患治理验收

隐患治理完成后，应根据隐患级别组织相关人员对治理情况进行验收，实现闭环管理。重大隐患治理工作结束后，企业应当组织对治理情况进行复查评估。对政府督办的重大隐患，按有关规定执行。

### 7.5 隐患排查周期

企业应根据法律、法规要求，结合企业生产工艺特点，确定综合、专业、专项、季节、日常等隐患排查类型的周期。

### 8 文件管理

企业在隐患排查治理体系策划、实施及持续改进过程中，应完整保存体现隐患排查全过程的记录资料，并分类建档管理。至少应包括：

——隐患排查治理制度；

——隐患排查治理台账；

——隐患排查项目清单等内容的文件成果。

重大事故隐患排查、评估记录，隐患整改复查验收记录等，应单独建档管理。

9　隐患排查的效果

通过隐患排查治理体系的建设,企业应至少在以下方面有所改进:

——风险控制措施全面持续有效;

——风险管控能力得到加强和提升;

——隐患排查治理制度进一步完善;

——各级排查责任得到进一步落实;

　　员工隐患排查水平进一步提高;

——对隐患频率较高的风险重新进行评价、分级,并制定完善控制措施;

——生产安全事故明显减少;

——职业健康管理水平进一步提升。

10　持续改进

10.1　评审

企业应适时和定期对隐患排查治理体系运行情况进行评审,以确保其持续适宜性、充分性和有效性。评审应包括体系改进的可能性和对体系进行修改的需求。评审每年应不少于一次,当发生更新时应及时组织评审。应保存评审记录。

10.2　更新

企业应主动根据以下情况对隐患排查治理体系的影响,及时更新隐患排查治理的范围、隐患等级和类别、隐患信息等内容,主要包括:

——法律法规及标准规程变化或更新;

——政府规范性文件提出新要求;

——企业组织机构及安全管理机制发生变化;

——企业生产工艺发生变化、设备设施增减、使用原辅材料变化等;

——企业自身提出更高要求;

——事故事件、紧急情况或应急预案演练结果反馈的需求;

——其他情形出现应当进行评审。

10.3　沟通

企业应建立不同职能和层级间的内部沟通和用于与相关方的外部沟通机制,及时有效传递隐患信息,提高隐患排查治理的效果和效率。

企业应主动识别内部各级人员隐患排查治理相关培训需求,并纳入企业培训计划,组织相关培训。企业应不断增强从业人员的安全意识和能力,使其熟悉、掌握隐患排查的方法,消除各类隐患,有效控制岗位风险,减少和杜绝安全生产事故发生,保证安全生产。

# 参 考 文 献

[1] 国家安全生产监督管理总局.安全生产事故隐患排查治理暂行规定[EB/OL].(2007-12-28)[2008-01-10]. https://www. mem. gov. cn/gk/gwgg/agwzlfl/zjl_01/200801/t20080110_233738. shtml.

[2] 国务院安委会办公室.关于实施遏制重特大事故工作指南构建双重预防机制的意见[EB/OL](2016-10-09)[2016-10-11]. https://www. mem. gov. cn/awhsy_3512/awh-bgswj/201610/t20161011_247664. shtml.

[3] 国务院安委会办公室.关于印发标本兼治遏制重特大事故工作指南的通知[EB/OL].(2016-04-28)[2016-04-29]. http://ishare. iask. sina. com. cn/f/DuPJY08v81D. html.

[4] 全国安全生产标准化技术委员会煤矿安全分技术委员会.煤矿安全风险预控管理体系规范:AQ/T 1093—2011[S/OL]. (2011-07-12)[2011-12-01]. https://wenku. baidu. com/view/f7b780ed172ded630b1cb673. html? fr＝search－3－wk_sea.

[5] 全国信息分类与编码标准化技术委员会.生产过程危险和有害因素分类与代码:GB/T 13861—2009[S/OL]. (2009-10-15)[2009-12-01]. https://wenku. baidu. com/view/bb2ce08232d4b14e852458fb770bf78a65293aa5. html? fr＝search－3－wk_sea.

[6] 山东安全生产标准化技术委员会.安全生产风险分级管控体系通则:DB 37/T 2882—2016［S/OL］. （2016-12-07）[2017-01-08]. https://wenku. baidu. com/view/1075093fc67da26925c52cc58bd63186bdeb9262. html.

[7] 山东安全生产标准化技术委员会. 生产安全事故隐患排查治理体系通则:DB 37/T 2883—2016[S/OL]. (2016-12-07)[2017-01-08]. https://wenku. baidu. com/view/b2499818df80d4d8d15abe23482fb4daa58d1d62. html.

[8] 山东煤矿安全监察局.关于推进煤矿安全风险预控管理体系建设试点工作的通知[EB/OL]. （2015-06-10）[2015-06-10]. http://www. sdcoal. gov. cn/articles/ch00051/201506/0137BB30A2994E14ADDEC571C61FB87E. shtml.

[9] 山东能源肥矿集团白庄煤矿.构建双防机制 提升安全生产管理水平:山东能源肥矿集团白庄煤矿双重预防机制建设与实施纪实[N].中国煤炭报,2019-02-21(007).

[10] 山东省人民代表大会常务委员会. 山东省安全生产条例[Z/OL].(2017-01-18)[2019-05-21]. http://yjt. shandong. gov. cn/zwgk/flfg/201905/t20190521_2219113. html.

[11] 山东省人民政府办公厅.关于建立完善风险管控和隐患排查治理双重预防机制的通知[Z/OL]. （2016-03-18）[2016-3-20]. http://yjt. shandong. gov. cn/xwzx/zt/rdzt/fxgk/201810/t20181025_2265432. html.

［12］山东省人民政府办公厅.山东省生产经营单位安全生产主体责任规定［Z/OL］.（2018-01-24）［2018-02-23］.http：//yjt.shandong.gov.cn/xwzx/yjxx/201810/t20181025_2209415.html.

［13］山东省人民政府办公厅.转发省安监局关于进一步做好安全生产风险分级管控和隐患排查治理双重预防体系建设工作的通知［Z/OL］.（2017-12-04）［2017-12-05］.http：//www.shandong.gov.cn/art/2017/12/5/art_2267_18906.html？from＝groupmessage http：//www.shandong.gov.cn/art/2017/12/5/art_2267_18906.html？from＝groupmessage.

［14］山东省政府安全生产委员会办公室.山东省安委办关于印发《2018年全省安全生产风险分级管控和隐患排查治理双重预防体系建设推进工作方案》的通知［Z/OL］（2018-05-02）［2018-05-03］.http：//www.sdtzsb.com/index.php/News/view/id/3026.html.

［15］山东泰山能源有限责任公司翟镇煤矿.实施超前管控双重预防筑牢矿井安全根基：记翟镇煤矿双重预防机制建设现场实践与信息化应用［N］.中国煤炭报,2019-02-14(007).

［16］兖矿集团兴隆庄煤矿.构建双重预防机制,堵塞安全生产漏洞［J］.山东煤炭科技，2017(8)：2.

［17］中共中央 国务院.关于推进安全生产领域改革发展的意见［EB/OL］.（2016-12-09）［2016-12-18］.http：//www.gov.cn/zhengce/2016－12/18/content_5149663.htm.

［18］中国国家标准化管理委员会.职业健康安全管理规范体系 要求：GB/T 28001—2011［S/OL］.（2011-12-30）［2012-02-01］.https：//wenku.baidu.com/view/c7aa7457185f312b3169a45177232f60dccce769.html？fr＝search－3－wk_sea.